国家开放大学
THE OPEN UNIVERSITY OF CHINA

医学生物化学

（第 2 版）

张秋菊　主编

中央广播电视大学出版社·北京

图书在版编目（CIP）数据

医学生物化学／张秋菊主编．—2版．—北京：中央广播
电视大学出版社，2017.1（2017.3重印）

ISBN 978-7-304-08379-3

Ⅰ.①医…　Ⅱ.①张…　Ⅲ.①医用化学—生物化学—
教材　Ⅳ.①Q5

中国版本图书馆CIP数据核字（2017）第003622号

版权所有，翻印必究。

医学生物化学（第2版）
YIXUE SHENGWU HUAXUE

张秋菊　主编

出版·发行：中央广播电视大学出版社
电话：营销中心 010-66490011　　总编室 010-68182524
网址：http://www.crtvup.com.cn
地址：北京市海淀区西四环中路45号　邮编：100039
经销：新华书店北京发行所

策划编辑：王国华　　　　　　　版式设计：赵　洋
责任编辑：王国华　　　　　　　责任校对：赵　洋
责任印制：赵连生

印刷：北京市平谷早立印刷厂　　印数：5001～9000
版本：2017年1月第2版　　　　2017年 3 月第 2 次印刷
开本：787mm×1092mm　1/16　印张：19.75　字数：437千字

书号：ISBN 978-7-304-08379-3
定价：39.00元

（如有缺页或倒装，本社负责退换）

PREFACE 第2版前言

本教材为国家开放大学护理学专业学生编写，在第1版教材基础上，设计和开发了《医学生物化学》（第2版）学习资源包，这套学习资源包囊括全媒体数字教材、文字教材、形成性考核册及其他多种数字化学习资源。通过图、文、声、像、画全媒体展示学习内容，并将学、练内容和拓展内容有机地结合，使学生获得更全面和有效的课程内容。

学生通过扫描文字教材上的二维码，登录"开放云书院"后可下载获得全媒体数字教材和其他数字化学习资源。学习资源包不仅方便学生在线或离线学习，还可以与远程教学平台结合起来，更好地发挥数字化媒体的优势，满足随时、随地学习的需求。

本教材图文并茂、内容生动、可读性强，将基础生物化学知识和临床生物化学知识衔接起来，结合工作和生活实际，通过激发学习兴趣，可进一步提高学生分析和解决问题的能力，为后续课程学习打下较好的基础。

在编写过程中，各位编者通力合作，结合自身实践和多年教学经验，认真编写和修改，为本教材的出版付出了最大努力，希望能收到预期的教学效果。

本教材也适合其他网络教育、普通高校同层次护理学专业学生使用，还可供各层次从事护理学教学的教师作为参考教材使用。

由于医学生物化学内容丰富、知识更新速度快以及编者学识有限，本教材难免存在不当之处，敬请广大师生在使用中多提宝贵意见。

编　者

2016年11月

PREFACE 第1版前言

　　本书主要是为国家开放大学护理学等专科专业学生编写的。医学生物化学是一门重要的医学基础课程，是学习病理学、药理学等医学基础课及临床专业课的基础。在确定教学内容的过程中，课程组充分考虑本课程的课程体系，结合国家开放大学学生的特点，使得本课程内容更具针对性和可读性。

　　全书分为13章，每章分为"学习目标""本章知识导图""正文""本章小结""本章重点名词解释"和"思考与练习"。书后附有选择题参考答案。本书的特色是"好学、易懂、有新鲜感"。本书图文并茂，内容生动、好读，可激发学习兴趣；每章后有本章小结和思考与练习等内容，便于复习。

　　"学习目标"依据教学大纲要求，以简明扼要的语言叙述。"本章知识导图"以图形方式，清晰展现该章主要内容及其逻辑关系。"正文"基本按传统的内容介绍方式呈现。为了方便同学们在学习时更好地掌握重点内容，"正文"中"提示"的内容多数表示需要掌握的内容，"重点提示"的内容是必须要掌握的，"难点提示"的内容，一般是与临床关系密切的，需要掌握。有些图或反应式中出现了"★"或"☆"，提示此处有ATP的生成或消耗，有的表示此处是关键酶催化的反应，也有的表示此处是重要的化合物。

　　本书第一章、第六章、第七章由北京中医药大学张秋菊教授编写，第二章、第三章、第八章由北京中医药大学孙丽萍副教授编写，第四章、第五章由北京中医药大学杨晓敏讲师编写，第九章、第十章、第十一章由北京中医药大学刘连起副教授编写，第十二章、第十三章由国家开放大学唐巳婷副教授编写。在编写过程中，各位编者通力合作，结合自身的实践和多年教学经验，认真编写和修改，为本书的出版付出了最大努力，希望能收到预期的教学效果。

　　在本书的大纲和书稿审定过程中，北京卫生职业学院张秀英副教授、首都医科大学文朝阳副教授以及北京中医药大学唐炳华教授三位专家提出了许多宝贵意见和修改建议，在此表示衷心感谢！

　　本教材既适合国家开放大学护理学等专业专科学生，也适合其他网络教育、普通高校同层次护理学专业学生使用，还可供各层次从事护理学教学的教师作为参考教材使用。

由于医学生物化学内容丰富、知识更新速度快，编者学识有限，本教材难免出现不当之处，请广大师生在使用中多提宝贵意见。

编　者

2013 年 8 月

CONTENTS 目 录

第一章　CHAPTER

绪　论

学习目标

掌握：

1. 医学生物化学的概念
2. 医学生物化学的重要性
3. 物质代谢及其调节

熟悉：

1. 生物体的物质组成及生物分子的结构与功能
2. 遗传信息的传递与调控

了解：

1. 医学生物化学的学习方法
2. 医学生物化学课程的系统性和关联性

本章知识导图

```
          ┌ 医学生物化学的概念及重要性 ┤┌ 医学生物化学的概念
          │                          └ 医学生物化学的重要性
          │                          ┌ 生物体的物质组成及生物分子的结构与功能
绪论 ┤ 医学生物化学课程的主要内容 ┤ 物质代谢及其调节
          │                          └ 遗传信息的传递与调控
          │                          ┌ 医学生物化学内容的抽象性
          └ 医学生物化学的学习方法与要求 ┤
                                       └ 医学生物化学课程的系统性和关联性
```

第一节　医学生物化学的概念及重要性

一、医学生物化学的概念

> **提　示**
>
> 医学生物化学是运用物理和化学的方法，在分子水平上研究人体的化学组成和结构、化学变化及规律的学科。简言之，医学生物化学又称为生命的化学。

生物化学可分为动物生物化学、植物生物化学、微生物生物化学和医学生物化学。

医学生物化学是以化学、生物学、遗传学、解剖学、组织学、生理学为基础，同时又与病理学、药理学等后续基础课程和临床课程密切相关，因此，医学生物化学起着承前启后的重要作用。

> **提　示**
>
> 作为一名医学工作者，无论是医生还是护士，都应该明确自己的服务对象是患者，他们希望能在医疗和护理各方面得到准确的治疗和良好的护理，这就要求我们医护人员必须具有深厚的基础医学知识，医学生物化学就是其中最重要的基础学科之一。医学生物化学就是生命的化学。

二、医学生物化学的重要性

随着近代医学的发展，生物化学的理论和技术越来越多地应用于疾病的预防、诊断及治疗。从分子水平探讨各种疾病的发生和发展机制，也已成为当代医学和临床研究的共同目标和任务。医学生物化学在基础课程中有非常重要的地位。

医学与生物化学有着重要的关系，医学生物化学是医学专业的一门重要的专业基础课，学好医学生物化学对于医学院校的学生来说至关重要。医学生物化学的特点是从分子水平探讨生命奥秘的学科，与其他学科的不同点是分子结构式多、代谢途径多、概念抽象、内容深奥复杂等。本课程可以利用多媒体技术，设置用动画的方式，可以将静态、抽象、枯燥的教学内容动态化、具体化、形象化、生动化，将微观过程宏观化，这将有助于我们更好地理解和掌握教材的重点和难点，提高学习兴趣，从而提高我们的学习质量。

提 示

由于患者是医务工作者的服务对象，只有学习和掌握了正常人体内化学物质的组成、物质代谢规律及调控人体物质代谢的平衡机制，才能正确认识疾病的发生与发展过程、诊治的原理和预防措施，使人们得到健康的身体和达到延年益寿的目的。

第二节　医学生物化学课程的主要内容

众所周知，一切具有生命现象的生物的最基本特征是个体的成长和繁殖后代，而这一切都依赖于物质的新陈代谢。就人体而言，维持正常生理功能的营养素有：糖类、脂类、蛋白质、维生素、无机盐、水和氧气。氧气是机体一刻都离不开的。除此之外是水，人活到 60岁，大约需要 6 万 kg 水、1 万 kg 糖类、0.6 万 kg 蛋白质、0.1 万 kg 脂肪、0.4 万 kg 无机盐。人体需要的各种营养物质来源于动物和植物，而植物需要的养料来源于人和动物的排泄物。可见生命活动要靠物质代谢来维持。探讨这些问题是医学生物化学的主要内容。

一、生物体的物质组成及生物分子的结构与功能

生物体是由多种物质按照严格的规律组成高度有序的整体，包括糖类、脂类、蛋白质、核酸、维生素和无机盐以及它们的复合物，这些物质种类繁多、结构复杂，如蛋白质在体内就有 10 万多种。各种蛋白质的组成和结构不同，生理功能也不同。生物大分子的重要特征之一是具有信息功能，也称为生物信息分子。生物大分子的功能还可以通过分子之间的相互识别和相互作用来完成。例如，蛋白质与蛋白质的相互作用在细胞信号转导中起重要作用；蛋白质与核酸的相互作用在基因表达调控中发挥决定性的作用。由此可见，分子结构、分子识别的相互作用是执行生物信息分子功能的基本要素，这一领域的研究是当今医学生物化学的热点之一。

提 示

学习医学生物化学课程需要熟悉生物体重要的物质组成及理化性质，物质的结构决定其功能的理论尤为重要。生物大分子的空间结构改变，意味着生物功能的丧失。

二、物质代谢及其调节

在生物体内发生的化学反应称为代谢。生物体的基本特征是新陈代谢，也是医学生物化学内容中最基本、最重要和最具有特色的部分。生物体在个体的生长、发育、繁殖等生命活动中，每日要从外界环境中不断摄取各种营养物质，如经消化吸收后进入体内的葡萄糖、脂

类、氨基酸、水、维生素和无机盐等。上述物质作为原料被机体用来合成体内的蛋白质、核酸、糖原等生物分子，这一过程称为合成代谢；与此同时，生物体内的各种固有成分又不断进行分解代谢为小分子代谢废物，例如，二氧化碳、水、尿素、尿酸等被排出体外，同时释放出能量供机体利用，这一过程称为分解代谢。体内几乎所有的代谢过程都是在酶的催化下完成的。糖、脂肪和蛋白质三大营养物质的合成代谢与分解代谢在细胞内进行的部位、反应过程及生理意义、能量代谢及调控机制是生物化学学习的重点内容。掌握生理条件下各种物质的代谢规律和调节机制，研究临床上出现的代谢异常，如糖尿病、高脂血症、动脉粥样硬化、肥胖症、阿尔茨海默病、骨质疏松症等病症，既是医学生物化学的重要任务，也是医学生物化学与病理学、药理学以及临床学科的结合点。

> **提 示**
>
> 医学生物化学课程最重要的内容是三大物质代谢，其中要特别重视物质的分解代谢，包括分解代谢进行的部位、代谢的途径、能量生成方式及生理意义。只有掌握了正常的物质代谢过程，才能对临床出现的各种疾病做出正确的诊断、合理的治疗及护理。

三、遗传信息的传递与调控

基因信息以 DNA（Deoxyribonucleic Acid，脱氧核糖核酸）碱基序列的形式存在于细胞核内的染色质中。遗传物质的复制（DNA 的生物合成）、转录 [RNA（Ribonucleic Acid，核糖核酸）的生物合成] 和翻译（蛋白质的生物合成）等基因信息的传递以及基因表达的时空调控规律，既关系到细胞的增殖、分化、衰老、凋亡，也与肿瘤、免疫系统疾病、高血压、冠心病等的发病密切相关。在分子水平上研究疾病与某个或某些基因及其表达产物的关系，观察相关药物的干预机制，是当前一些生物化学的重要研究课题，也是 21 世纪生物化学、分子生物学和临床药理学研究的重要方向。

> **提 示**
>
> 医护工作者不仅要做好本职工作，还要从事科学研究，发表科研论文。这就需要医学从业者，要掌握更多的最新理论和方法，更好地服务于患者。

第三节 医学生物化学的学习方法与要求

医学生物化学及分子生物学是 21 世纪生命科学腾飞的两翼，也是医学院校最重要的基础理论课程之一。由于新知识的不断更新，加上医学生物化学内容抽象、反应式复杂枯燥，学生普遍感到医学生物化学比较难学，有些内容不易掌握。作为一门远程教育课程，怎样才能学好这门课程呢？首先要了解医学生物化学课程的特点。

一、医学生物化学内容的抽象性

医学生物化学课程与解剖学、组织胚胎学、病理学课程相比较，学习起来比较困难，原因是医学生物化学内容抽象，不像上述课程用肉眼可以看到，或者用显微镜能观察到。医学生物化学要用化学的方法研究生物体的结构和功能，要使用化学的语言——化学结构式和反应式，来描述生物分子的性质以及生命活动过程中物质及能量代谢的规律。这些分子水平的变化既不像形态学课程那样直观，也很难在现有条件下用完全演示来证明。因此，学习医学生物化学除须具有一定的化学和生物学基础外，在学习方法上需要注意将记忆与逻辑思维更加紧密地联系起来。记忆是理解的基础，而深入的理解又为牢固的记忆和今后的灵活运用提供了保证。

> **提　示**
>
> 因为医学生物化学需要化学的知识，所以要边学习生物化学，边复习无机化学和有机化学的知识，还要复习生物学的内容，这样对于记忆生物化学的反应式、物质的结构式比较有帮助。

二、医学生物化学课程的系统性和关联性

医学生物化学课程一般分为十几章来叙述，各章之间的内容相互关联，在生物体内形成了一个完整的反应体系。例如，葡萄糖或糖原在体内氧化分解生成 CO_2 和 H_2O 并释放能量的过程就包括二十几步连续的化学反应，涉及几十种不同的中间代谢物，更需要多种酶的催化，其中一些代谢物还与氨基酸、脂肪酸、甘油、H^+、K^+ 等其他物质的代谢存在相互转变或相互影响的错综关系。如此庞杂的内容的确给初学者带来很多困难，甚至会挫伤学习者学习医学生物化学的兴趣。因此，建议学习医学生物化学时注意以下两方面：

（一）在学习过程中注意纲目结合

在学习过程中注意纲目结合，即以基本概念和基本代谢过程为纲，以关键酶催化的反应为重点，以各章后面的小结、重点名词解释和思考与练习为课后回顾的线索，在此基础上不断充实具体内容。这样才能做到脉络清楚，纲举目张。

（二）在学习过程中注意与生活、医药学知识结合

在学习医学生物化学的过程中，可以结合生活中每日接触的食物（其实就是体内的物质在体外的存在形式），联系教材中的物质代谢过程。将复杂抽象的代谢过程与病理和生理现象相结合，以加深对医学生物化学知识的记忆和理解。

医学生物化学是医学生一门必修的基础医学课程，它的理论和技术已经渗透到其他基础学科和临床医学的各个领域，被用以解决医学各门学科中存在的问题。学习和掌握医学生物

化学知识，除理解生命现象的本质与人体生理过程的分子机制外，更重要的是为进一步学习其他各门基础课程和临床医学打下扎实的医学生物化学基础。

> **提 示**
>
> 　　医学生物化学是生命科学中进展迅速的基础学科，为此也产生了许多新兴的交叉学科，如分子遗传学、分子免疫学、分子微生物学、分子病理学和分子药理学等。

　　医学生物化学已经对恶性肿瘤、心脑血管疾病、免疫性疾病、神经系统疾病等重大疾病的发病机制进行了分子水平的研究，已取得了一些丰硕的成果，如依据基因结构与性质应用重组 DNA 技术合成的胰岛素、依据酶学理论研制的助消化药物及某些溶栓药物等。可以相信，医学生物化学与分子生物学的发展，必将给临床医学的诊断和治疗带来全新的理念。

本章小结

　　绪论主要明确了医学生物化学的含义和内容，激发学生学习的主动性和自觉性。

　　医学生应该清楚医学生物化学是研究生命现象与生命本质的学科。生物体的最基本特征是个体生长和繁殖后代，这种活动都依赖于物质（主要是营养物质）的运动变化。因此，学习医学生物化学应从生命现象的感性知识入手，逐步熟悉生命活动与物质运动变化的关系，进而掌握物质运动变化的特点、生物体物质组成、物质代谢以及与外界环境相互交换的重要性，进一步明确医学生物化学的含义是应用化学、生物学的理论和方法，从分子水平阐述人体的化学组成以及在生命活动中所进行的化学变化和调控规律等。

　　总之，要想掌握医学生物化学的知识，就要及时复习，进行归纳、分析、对比，认真做好每章的思考题。同时，也要复习与本学科有关的课程，以加深理解。

本章重点名词解释

1. 生物化学
2. 医学生物化学

思考与练习

简答题
1. 简述医学生物化学的主要内容。
2. 简述生物化学与医学的关系。

第二章 CHAPTER

蛋白质化学

学习目标

掌握：

1. 氨基酸的结构、分类
2. 蛋白质的分子结构、理化性质
3. 酶的概念、分子组成
4. 酶促反应的特点

熟悉：

1. 维持蛋白质分子空间结构的作用力
2. 影响酶促反应的因素
3. 辅酶与维生素的关系

了解：

1. 维生素的概念、种类
2. 蛋白质分子结构与功能的关系
3. 酶在疾病治疗中的应用

本章知识导图

- 蛋白质化学
  - 蛋白质的分子组成
    - 蛋白质的元素组成
    - 氨基酸的结构与分类
    - 氨基酸的理化性质
  - 蛋白质的分子结构
    - 蛋白质分子的基本结构
    - 蛋白质的空间结构
  - 蛋白质分子结构与功能的关系
    - 蛋白质一级结构与功能的关系
    - 蛋白质空间结构与功能的关系
  - 蛋白质的理化性质
    - 蛋白质的两性解离与等电点
    - 蛋白质的胶体性质
    - 蛋白质的沉淀
    - 蛋白质的变性
    - 蛋白质的呈色反应
  - 酶
    - 酶的概念
    - 酶促反应的特点
    - 酶的结构与功能
    - 酶的作用机制
    - 酶促反应动力学
    - 酶的命名、分类与编号
    - 酶与医学的关系
    - 酶与维生素

蛋白质是生命的物质基础，是一切细胞和组织的重要组成成分。蛋白质具有复杂的空间结构，其多种多样的生理功能承载着几乎所有的生命活动。在细胞中，蛋白质可与其他分子发生特异性相互作用，从而发挥生物学功能。蛋白质结构与功能揭示的是目前生命科学中极具挑战性的研究领域。

第一节　蛋白质的分子组成

19世纪30年代前期，对蛋白质的研究主要集中在认识其元素组成情况以及原子之间的结合比例等。到1935年，人们历经100多年的时间最终完成了组成动植物蛋白质的20种氨基酸的完全分离和化学结构鉴定。1955年，英国科学家弗雷德里克·萨格（F. Sanger）经过10年苦战确定了牛胰岛素的完整氨基酸序列，清楚地证实了"蛋白质具有固定氨基酸序列"的假说，于1958年被授予诺贝尔化学奖。

一、蛋白质的元素组成

碳、氢、氧和氮是组成蛋白质的主要元素，有些蛋白质含有少量的硫，还有些蛋白质含有磷、铁、铜、碘、锌和钼等。

重点提示

氮是蛋白质的特征性元素，各种蛋白质的含氮量很接近，平均值为16%，所以只要测定生物样品的含氮量就可以大致算出其蛋白质含量：

样品蛋白质含量=样品氮含量×6.25

式中，6.25为1g氮所代表的蛋白质的量（克数）。

二、氨基酸的结构与分类

提示

氨基酸是组成蛋白质的基本单位。存在于自然界的氨基酸有300余种，但用来合成蛋白质的氨基酸只有20种，这20种氨基酸称为标准氨基酸。

（一）氨基酸的结构

在20种标准氨基酸中，除脯氨酸外，这些氨基酸在结构上的共同点是与羧基相邻的α-碳原子上都有一个氨基，因此称为α-氨基酸。连接在α-碳原子上的还有一个氢原子和一个可变的侧链，称R基，如图2-1（a）所示，各种氨基酸的区别就在于R基的不同。脯氨酸为亚氨基酸。α-碳原子是手性碳原子，氨基酸是手性分子（除甘氨酸外），有D型与L型之分。标准氨基酸均为 L-氨基酸（甘氨酸没有构型），D-氨基酸只发现于细菌细胞壁的部分肽及某些肽类抗生素中。

氨基酸的碳原子有两套编号规则：一套是将碳原子按照与羧基碳原子的距离依次编号为 α、β、γ、δ 等；另一套是用阿拉伯数字编号，羧基是主要功能基团，其碳原子编为 1 号，其他碳原子依次编为 2 号、3 号……如图 2 - 1（b）所示。

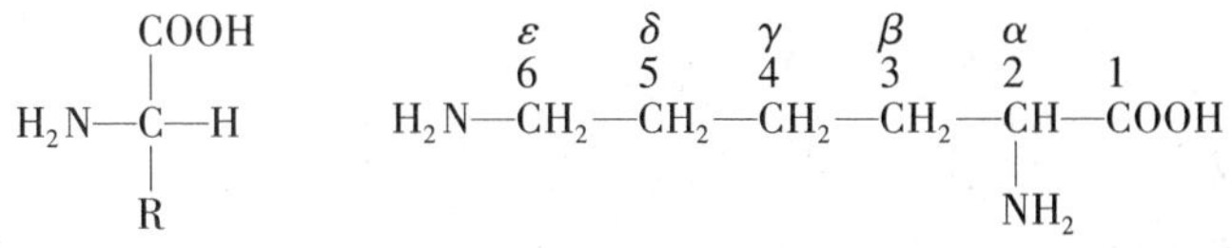

图 2 - 1 L-α-氨基酸的结构与碳原子编号

（二）氨基酸的分类

对氨基酸进行分类有助于认识氨基酸的结构、性质和作用，如表 2 - 1 所示。依据不同的研究目的，氨基酸分类也不同，本章重点介绍氨基酸的结构和性质，综合考虑将氨基酸分为 4 类：

（1）根据 R 基团结构分为脂肪族氨基酸、芳香族氨基酸、杂环氨基酸；

（2）根据 R 基团酸碱性分为酸性氨基酸、碱性氨基酸、中性氨基酸；

（3）根据人体内能否自己合成分为必需氨基酸、非必需氨基酸；

（4）根据分解产物的进一步转化分为生糖氨基酸、生酮氨基酸、生糖兼生酮氨基酸。

表 2 - 1 标准氨基酸的分类与性质

类型	名称	略写		相对分子质量	解离常数			等电点	在蛋白质中的相对摩尔量
					羧基	氨基	侧链		
非极性疏水 R 基氨基酸	甘氨酸	Gly	G	75	2.34	9.60		5.97	7.2
	丙氨酸	Ala	A	89	2.34	9.69		6.01	7.8
	缬氨酸	Val	V	117	2.32	9.62		5.97	6.6
	亮氨酸	Leu	L	131	2.36	9.60		5.98	9.1
	异亮氨酸	Ile	I	131	2.36	9.68		6.02	5.3
	脯氨酸	Pro	P	115	1.99	10.96		6.48	5.2
	甲硫氨酸	Met	M	149	2.28	9.21		5.74	2.3
	苯丙氨酸	Phe	F	165	1.83	9.13		5.48	3.9
	色氨酸	Trp	W	204	2.38	9.39		5.89	1.4

续表

类型	名称	略写		相对分子质量	解离常数			等电点	在蛋白质中的相对摩尔量
					羧基	氨基	侧链		
极性不带电荷R基氨基酸	酪氨酸	Tyr	Y	181	2.20	9.11	10.07	5.66	3.2
	丝氨酸	Ser	S	105	2.21	9.15		5.68	6.8
	苏氨酸	Thr	T	119	2.11	9.62		5.87	5.9
	半胱氨酸	Cys	C	121	1.96	10.28	8.18	5.07	1.9
	天冬酰胺	Asn	N	132	2.02	8.8		5.41	4.3
	谷氨酰胺	Gln	Q	146	2.17	9.13		5.65	4.2
带正电荷R基氨基酸	赖氨酸	Lys	K	146	2.18	8.95	10.53	9.74	5.9
	精氨酸	Arg	R	174	2.17	9.04	12.48	10.76	5.1
	组氨酸	His	H	155	1.82	9.17	6.00	7.59	2.3
带负电荷R基氨基酸	天冬氨酸	Asp	D	133	1.88	9.60	3.65	2.77	5.3
	谷氨酸	Glu	E	147	2.19	9.67	4.25	3.22	6.3

1. 非极性疏水R基氨基酸

这类氨基酸有九种，其R基是非极性疏水的。其中丙氨酸、缬氨酸、亮氨酸和异亮氨酸的R基在蛋白质分子内可以借助于疏水作用结合在一起，以稳定蛋白质结构。甘氨酸的结构最简单，它的R基太小，因而与其他氨基酸间无疏水作用。甲硫氨酸是两种含硫氨基酸之一，它的R基含有非极性硫醚基。脯氨酸的R基形成环状结构，这种结构具有刚性，在蛋白质的空间结构中具有特殊意义，还有两种含芳香环氨基酸（苯丙氨酸和酪氨酸），如图2-2所示。

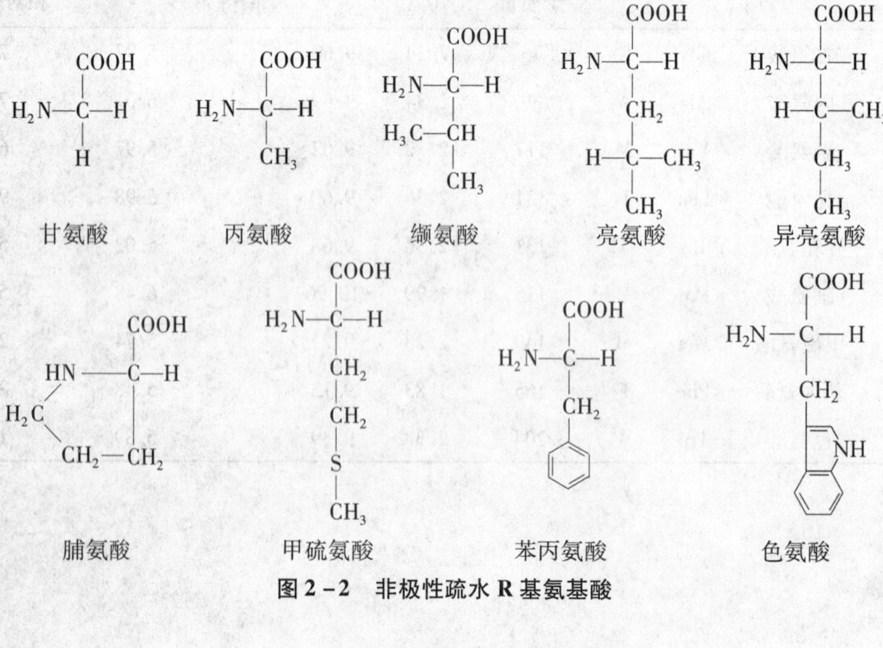

图2-2 非极性疏水R基氨基酸

2. 极性不带电荷 R 基氨基酸

这类氨基酸有六种，其 R 基具有亲水性，可以与 H_2O 形成氢键（半胱氨酸除外）。因此，与非极性氨基酸相比，它们较易溶于水。丝氨酸、苏氨酸和酪氨酸侧链含有羟基，半胱氨酸侧链含有巯基，天冬酰胺和谷氨酰胺侧链含有酰胺基，如图 2－3 所示。

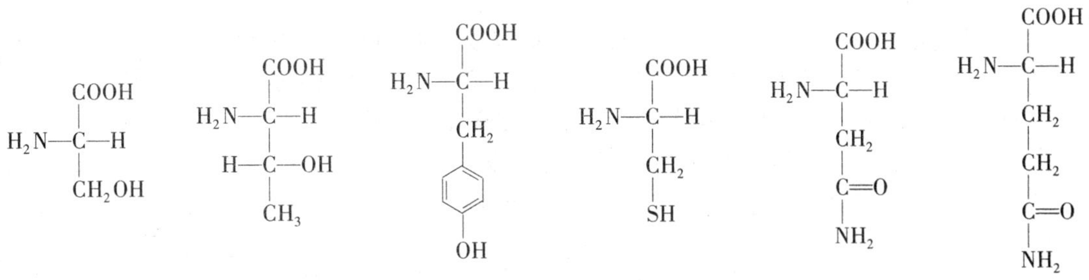

丝氨酸　苏氨酸　酪氨酸　半胱氨酸　天冬酰胺　谷氨酰胺

图 2－3　极性不带电荷 R 基氨基酸

3. 带正电荷 R 基氨基酸

这类氨基酸有三种，其中赖氨酸 R 基所含的氨基、精氨酸 R 基所含的胍基和组氨酸 R 基所含的咪唑基均为碱性基团，在生理条件下可以结合 H^+ 而带正电荷。组氨酸咪唑基的 $pK_R=6.0$，接近 $pH=7$，所以咪唑基既可以作为 H^+ 供体也可以作为 H^+ 受体参与催化反应。如图 2－4 所示。

4. 带负电荷 R 基氨基酸

天冬氨酸和谷氨酸 R 基所含的羧基在生理条件下可以给出 H^+ 而带负电荷，如图 2－5 所示。

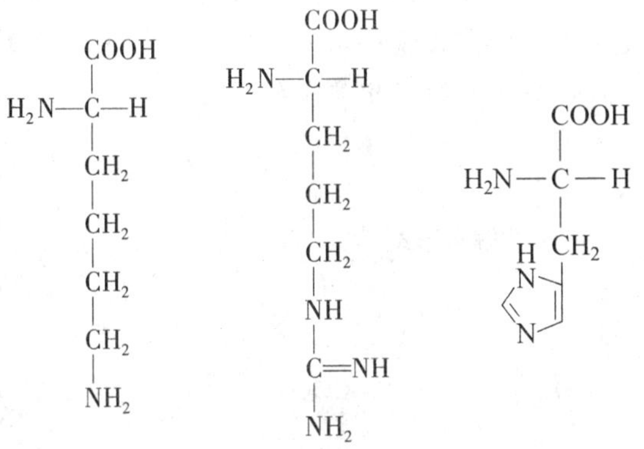

赖氨酸　精氨酸　组氨酸

图 2－4　带正电荷 R 基氨基酸

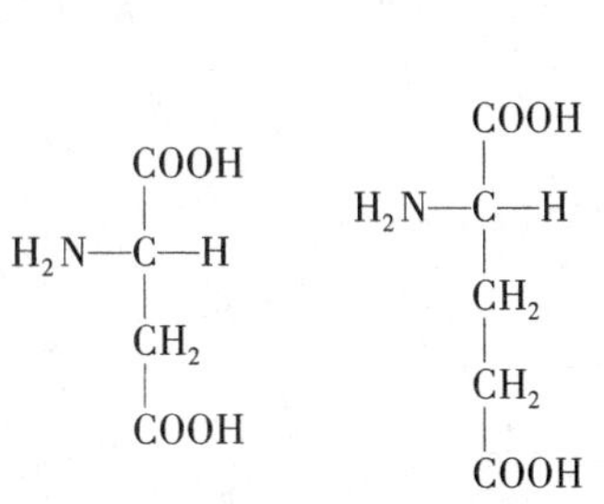

天冬氨酸　谷氨酸

图 2－5　带负电荷 R 基氨基酸

三、氨基酸的理化性质

⎡ **重点提示** ⎤

1. 紫外吸收特征

根据氨基酸的吸收光谱，色氨酸和酪氨酸在 280 nm 波长附近存在吸收峰，如图 2-6所示。由于大多数蛋白质含有酪氨酸和色氨酸，所以测定蛋白质溶液对 280 nm 紫外线的吸光度是快速简便地分析溶液中蛋白质含量的方法。

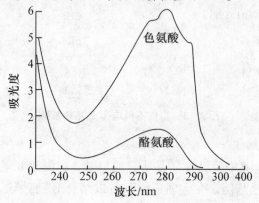

图 2-6　色氨酸和酪氨酸的紫外吸收光谱

⎡ **重点提示** ⎤

2. 两性解离与等电点

氨基酸含有氨基和羧基，氨基可以结合 H^+ 而形成带正电荷的阳离子，羧基可以给出 H^+ 而形成带负电荷的阴离子，因此氨基酸是一种两性电解质，氨基酸的这种解离特性称为两性解离。氨基酸在溶液中的解离受 pH 影响，在某一 pH 条件下，氨基酸解离成阳离子和阴离子的趋势及程度相等，成为兼性离子，溶液中氨基酸的净电荷为零，此时溶液的 pH 称为该氨基酸的等电点（pI），如图 2-7 所示。

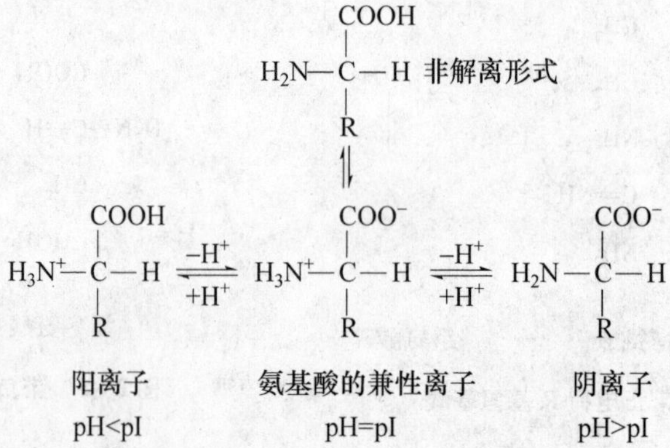

$$
\begin{array}{c}
COOH \\
| \\
H_2N-C-H \quad \text{非解离形式} \\
| \\
R
\end{array}
$$

$$
\begin{array}{ccc}
\begin{array}{c}COOH \\ | \\ H_3N^+-C-H \\ | \\ R\end{array}
\xrightleftharpoons[+H^+]{-H^+}
\begin{array}{c}COO^- \\ | \\ H_3N^+-C-H \\ | \\ R\end{array}
\xrightleftharpoons[+H^+]{-H^+}
\begin{array}{c}COO^- \\ | \\ H_2N-C-H \\ | \\ R\end{array}
\end{array}
$$

阳离子　　　　　氨基酸的兼性离子　　　　阴离子
pH<pI　　　　　　　pH=pI　　　　　　　　pH>pI

图 2-7　氨基酸的两性解离与等电点

等电点是氨基酸的特征常数，如表 2 - 1 所示。如果溶液 pH 大于氨基酸的等电点，则氨基酸的净电荷为负，在电场中将向正极方向移动；反之，如果溶液 pH 小于氨基酸的等电点，则氨基酸的净电荷为正，在电场中将向负极方向移动。pH 越偏离等电点，氨基酸所带净电荷越多，在电场中移动速度越快。

提 示

3. 茚三酮反应

水合茚三酮与氨基酸在弱酸性溶液中共热，引起氨基酸发生氧化脱氨、脱羧反应，茚三酮再与反应产物氨和还原茚三酮发生缩合反应生成蓝紫色化合物，如图 2 - 8 所示。

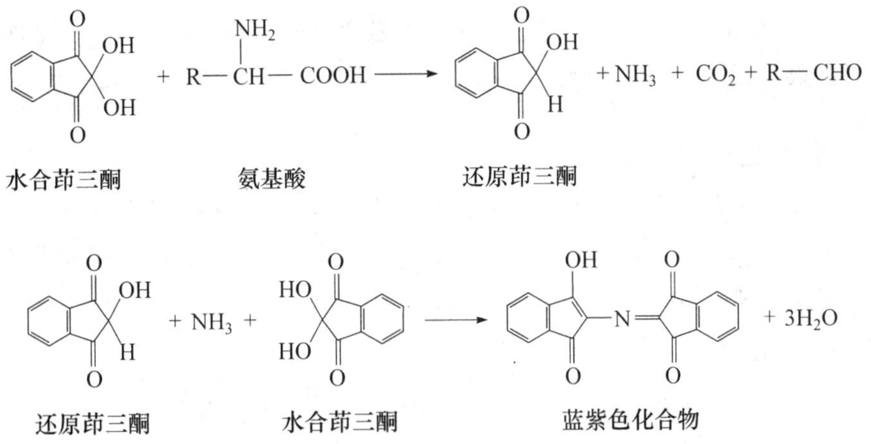

图 2 - 8　茚三酮反应

这种蓝紫色化合物在 570 nm 波长处存在吸收峰。该反应可以用于氨基酸的定性鉴定和定量分析。

第二节　蛋白质的分子结构

蛋白质是由多个氨基酸分子相互连接形成的高分子化合物，分子内成千上万个原子的空间排布十分复杂。蛋白质特定的氨基酸组成与结构是其具有独特生理功能的分子基础。在研究蛋白质的结构时，通常将其分为不同结构层次，包括一级结构、二级结构、三级结构和四级结构，如图 2 - 9 所示。其中二级结构、三级结构和四级结构称为蛋白质的空间结构或构象。

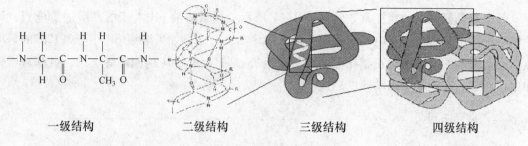

一级结构　　　　　　二级结构　　　　　　三级结构　　　　　　四级结构

图 2 - 9　蛋白质各级结构示意图

一、蛋白质分子的基本结构

（一）肽与肽键

早在 1890—1910 年，德国化学家艾米力·费歇尔（Emil Fischer）已充分证明蛋白质中的氨基酸经肽键相互结合成多肽链。

重点提示

氨基酸可发生成肽反应，反应过程中一个氨基酸分子的 α-氨基与另一个氨基酸分子的 α-羧基脱水缩合形成的化学键称为肽键，如图 2 - 10 所示。氨基酸分子通过肽键连接而成的分子称为肽。

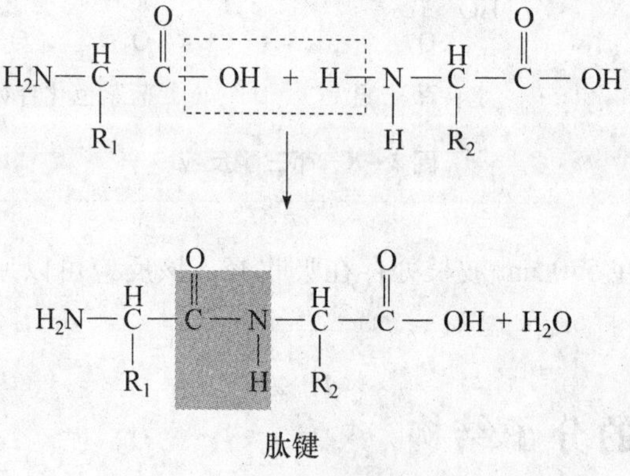

图 2 - 10　成肽反应和肽键

肽是氨基酸分子的链状聚合物，由 2 个氨基酸分子构成的肽是二肽，二肽通过肽键与另一个氨基酸分子缩合生成三肽，此反应继续进行，可依次生成四肽、五肽……。一般来说，由 10 个以内氨基酸分子连接而成的肽称为寡肽，由更多氨基酸分子连接而成的肽称为多肽。

难点提示

因多肽的化学结构呈链状，所以也称为多肽链。多肽链上由—N—C$_\alpha$—C—重复构成的长链称为主链，也称骨架。主链有两个末端，含有游离 α-氨基的一端称为氨基端或 N 端；含有游离 α-羧基的一端称为羧基端或 C 端。肽链中的氨基酸分子因脱水缩合而基团不再完整，称为氨基酸残基，其 R 基相对骨架很小，称为侧链。

多肽链主链有方向性，通常把 N 端视为肽链的头，这与多肽链的合成方向一致，即多肽链的合成开始于 N 端，结束于 C 端。书写肽链时，习惯上把 N 端写在左侧，C 端写在右侧，如图 2-11 所示。

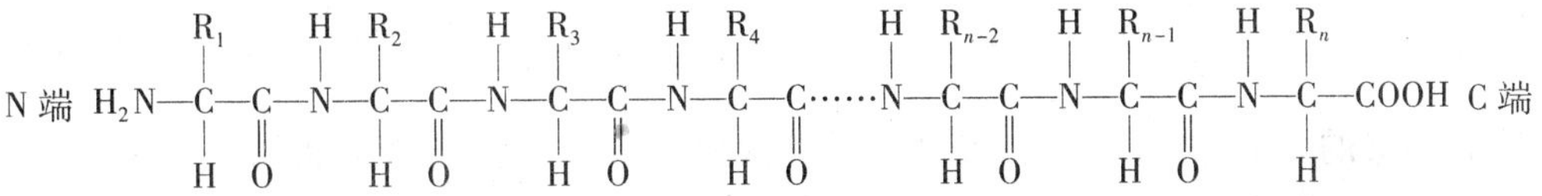

图 2-11 肽链结构

提示

生物体内有许多游离存在的活性肽，它们具有各种特殊的生物学功能，如谷胱甘肽（Glutathione，GSH）。GSH 是由谷氨酸、半胱氨酸和甘氨酸组成的三肽，其中谷氨酸通过 γ-羧基与半胱氨酸的氨基形成肽键，分子中半胱氨酸的巯基是主要功能基团，如图 2-12所示。由于巯基具有还原性，因此 GSH 是体内重要的抗氧化物质。

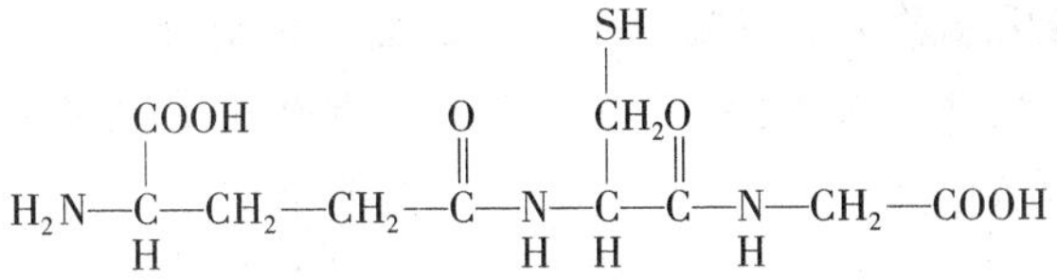

图 2-12 谷胱甘肽的分子结构

（二）蛋白质的一级结构

重点提示

蛋白质分子内氨基酸的排列顺序称为蛋白质的一级结构，肽键是连接氨基酸的主要化学键，包括二硫键的位置。

蛋白质一级结构是其空间结构和特异生物学功能的基础，每种蛋白质都有其一定的氨基酸组成及排列顺序。1953 年英国剑桥大学 F. Sanger 报告了牛胰岛素两条多肽链的氨基酸序列，如图2-13所示。目前已知一级结构的蛋白质数量已相当可观，并且还会以更快的速度增长。互联网有若干重要的蛋白质数据库收集了大量最新的蛋白质一级结构及其他资料，为蛋白质结构与功能的深入研究提供便利。

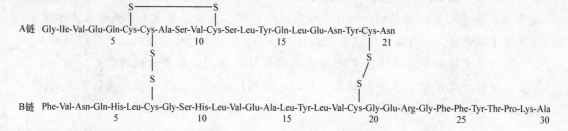

图2-13 牛胰岛素的一级结构

牛胰岛素的一级结构，由A、B两条肽链构成，A链有21个氨基酸残基，B链有30个氨基酸残基，此外含6个半胱氨酸，构成3个二硫键，其中2个在A、B链之间，A链内还有1个二硫键。

二、蛋白质的空间结构

（一）维持蛋白质空间结构的作用力

> **难点提示**
>
> 蛋白质各级结构需化学键来稳定和维系，这些化学键分为共价键和非共价键。一级结构又可称为共价结构，肽键是主要化学键，有些蛋白质中还存在二硫键。维系空间结构的化学键主要是非共价键，如氢键、疏水作用、离子键和范德华力等，也会有少量共价键，如二硫键。依靠这些化学键，疏水性氨基酸主要聚集于分子内部，不与水接触；多数极性氨基酸位于分子表面，少量位于内部的极性氨基酸或带电荷氨基酸也都形成氢键或离子键。认识这些化学键特别是非共价键有助于我们理解蛋白质构象的形成。

1. 二硫键

如果一个蛋白质分子内存在多个半胱氨酸，其巯基就可以通过氧化脱氢形成二硫键，反之二硫键也可以通过还原断开。二硫键对稳定蛋白质三级结构起重要作用。不过，多肽链上的半胱氨酸不一定要形成二硫键，巯基在蛋白质中还有其他作用。实际上，只有膜蛋白质分子暴露于细胞膜外的部分和分泌蛋白才含有二硫键，如图2-14所示。

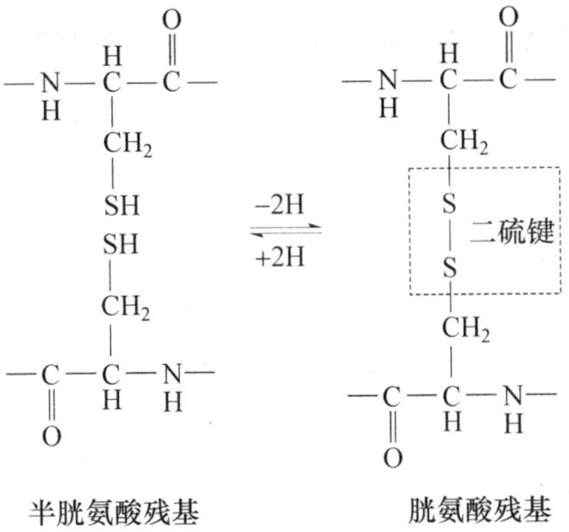

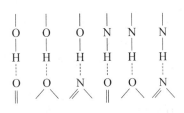

半胱氨酸残基　　　　　　　　　　　胱氨酸残基

图 2 – 14　半胱氨酸与二硫键

2. 氢键

氢键是蛋白质分子中数量最多的一种非共价键，是指羟基氢或氨基氢与另一个氧原子或氮原子形成的化学键，如图 2 – 15 所示。

图 2 – 15　氢键

3. 疏水作用

在化学里，疏水性指的是一个分子（疏水物）与水互相排斥的物理性质。疏水性分子偏向于非极性，并因此易溶于中性和非极性溶剂（如有机溶剂）。疏水性分子在水里通常会聚成一团。

蛋白质结构的特征是疏水/亲水间的平衡，其结构的稳定在很大程度上有赖于分子内的疏水作用。且有假说认为，这种疏水作用在蛋白质肽链的自发折叠中亦起重要作用。

4. 离子键

多肽链上存在可解离基团，碱性氨基酸 R 基带正电荷，酸性氨基酸 R 基带负电荷。带电基团之间存在离子相互作用，表现为同性电荷排斥、异性电荷吸引。存在于带异性电荷的基团之间的结合力称为离子键（也称盐键、盐桥），如血红蛋白中的盐键，如图 2 – 16 所示。

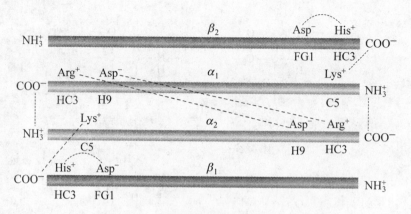

图 2 – 16　血红蛋白中的盐键

5. 范德华力

范德华力是指任何两个分子保持范德华半径距离时都存在的一种作用力。

（二）蛋白质的二级结构

重点提示

蛋白质的二级结构是指多肽链主链的局部构象，不涉及 R 侧链的空间排布。多肽链可以形成 α-螺旋、β-折叠、β-转角和无规卷曲等几种二级结构。

在蛋白质多肽链上，氨基酸通过肽键连接。肽键是一个刚性平面结构，是肽链卷曲折叠的基本单位。N—C_α 键和 C_α—C 键可以旋转，主链构象的形成与改变就是通过肽键平面围绕 C_α 旋转来实现的。

1. α-螺旋

肽平面围绕 C_α 旋转盘绕形成右手螺旋结构，称为 α-螺旋。螺旋涉及的是多肽链的主链围绕中心轴呈有规律的螺旋式上升，每上升一圈大约需要 3.6 个氨基酸残基，相邻两个氨基酸残基轴向距离为 0.15 nm，螺距为 0.54 nm，螺旋的直径为 0.5 nm。氨基酸的 R 基分布在螺旋的外侧。在 α-螺旋中，多肽链骨架的每个羰基氧（第 n 个氨基酸残基）与其后面 C 端方向的第 4 个氨基酸残基（$n+4$）的 α-NH_2 的氢形成氢键，如图 2 – 17 所示，从而稳定 α-螺旋。例如，毛发、指甲的 α-角蛋白都是 α-螺旋结构。

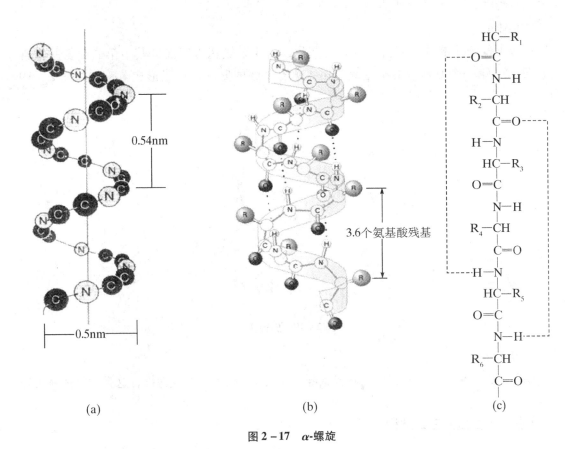

(a)　　　　　　　　(b)　　　　　　　　(c)

图 2-17　α-螺旋

2. β-折叠

多肽链上局部肽段的主链呈锯齿状伸展状态，数段平行排列可以形成裙褶样结构，称为 β-折叠，如图 2-18（a）所示。一个 β-折叠单位包含两个氨基酸，其 R 基交替排列在 β-折叠平面的两侧，相邻肽段的肽键之间形成的氢键是维持折叠的主要作用力。β-折叠中的肽段有同向平行和反向平行两种构象，两种构象基本相似，但折叠单位的长度不同：同向 β-折叠为 0.65 nm，反向 β-折叠为 0.7 nm，如图 2-18（b）所示。此外，一条肽链通过回折可以形成链内反向 β-折叠。

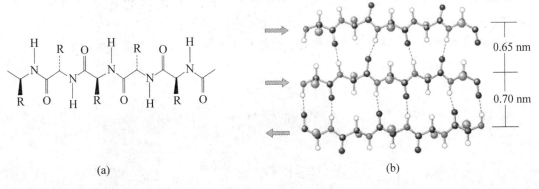

(a)　　　　　　　　(b)

图 2-18　β-折叠

3. β-转角

β-转角位于肽链进行回折时的转折部位，由4个氨基酸组成，其中第二个氨基酸常为脯氨酸，第一个氨基酸的羰基氧与第4个氨基酸的氨基氢可以形成氢键，如图2 – 19所示。

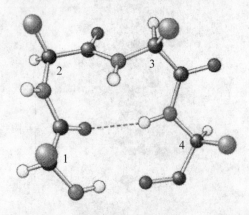

图 2 – 19 β-转角

4. 无规卷曲

除了上述二级结构之外，蛋白质多肽链一些肽段的构象没有规律性，这类构象称为无规卷曲。

（三）蛋白质的三级结构

重点提示

多肽链在二级结构的基础上进一步折叠盘曲，使一条完整的多肽链中彼此远离的一些氨基酸残基通过非共价键及少量共价键相互靠近、相互作用，以形成特定的空间结构，这就是其三级结构。二级结构描述了蛋白质多肽链上连续排列的一段氨基酸的主链构象，三级结构则描述了构成蛋白质整条多肽链中全部氨基酸的相对空间位置。在三级结构中，疏水基团主要位于分子内部，亲水基团则位于分子表面。维持蛋白质三级结构的化学键是众多氢键、疏水作用、部分离子键和少量共价键（如二硫键）。

由两条或两条以上具有三级结构的多肽链构成的蛋白质，才具有生物活性。

（四）蛋白质的四级结构

难点提示

许多蛋白质由几条甚至几十条肽链构成，肽链之间无共价键连接，每一条肽链都具有独立完整的三级结构，称为该蛋白质的一个亚基。亚基与亚基间以非共价键相连接形成特定的三维空间结构。各个亚基的空间排布称为蛋白质的四级结构。以胰岛素为例，它虽然含有两条肽链，但两条链之间存在两个二硫键，所以两条肽链构成的胰岛素没有四级结构。

在四级结构中，各亚基间的作用力主要是氢键和离子键等非共价键。如果一个蛋白质分子内的肽链之间存在共价键连接，则每一条肽链都不具有独立的三级结构，不能称为亚基，该蛋白质也不具有四级结构。

具有四级结构的蛋白质，亚基独立存在时一般没有生物学功能。例如，血红蛋白由两个 α-亚基和两个 β-亚基组成，4 个亚基通过 8 个离子键相连形成的四聚体蛋白，具有运输 O_2 和 CO_2 的功能，如图 2-20 所示。但每一个亚基单独存在时，虽可结合氧且与氧的亲和力增强，但难于释放氧，不能为机体组织供氧。

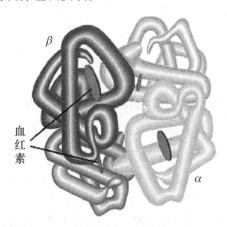

图 2-20 血红蛋白的四级结构

第三节 蛋白质分子结构与功能的关系

蛋白质的组成和结构是其生理功能的基础。不同结构的蛋白质具有不同的功能，改变蛋白质的结构将影响其功能。

一、蛋白质一级结构与功能的关系

蛋白质的一级结构决定其构象，进而决定其生理功能。

（一）蛋白质的一级结构是空间结构的基础

20 世纪 60 年代，美国安分森（Anfinsen）教授在研究核糖核酸酶时提出了"蛋白质一级结构决定高级结构"这一著名论断。核糖核酸酶是由 124 个氨基酸残基组成的一条多肽链，分子中 8 个半胱氨酸残基的巯基形成 4 个二硫键，以形成具有一定空间结构的球状蛋白质。用还原性 β-巯基乙醇和尿素处理核糖核酸酶溶液，使其分子中二硫键被还原，并破坏非共价键，使肽链完全展开。核糖核酸酶空间结构被破坏，酶的催化活性完全丧失，但其一级结构仍保持完整。用透析法去除巯基乙醇和尿素后，分子内重新形成二硫键和非共价键，并形成活性构象，催化活性和理化性质也完全恢复。这充分证明，每一种蛋白质分子特有的氨基酸组成和排列顺序（一级结构）中包含了指导其形成天然构象所需的全部信息，如图 2－21 所示。

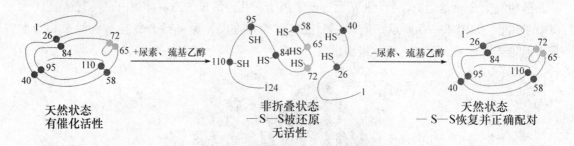

图 2－21 核糖核酸酶结构与功能的关系

（二）同源蛋白质存在序列同源现象

不同种属来源的一些蛋白质的氨基酸序列非常相似，构象也相似，功能也一致，这些蛋白质称为同源蛋白质。同源蛋白质氨基酸序列的这种相似性称为序列同源现象。在同源蛋白质的氨基酸序列中，有许多位置的氨基酸是相同的，这些氨基酸称为不变残基。不变残基大多是维持蛋白质构象和活性所必需的氨基酸。相比之下，其他位置的氨基酸差异较大，这些氨基酸称为可变残基。

例如，哺乳动物的胰岛素都由 A 链和 B 链组成，兔、巨头鲸和人胰岛素的 A 链完全相同，山羊、牛和人胰岛素的 B 链完全相同。这些动物胰岛素的二硫键配对和分子构象也极为相似，只是几个位置的氨基酸不同。这些差异不影响胰岛素的基本功能，但影响其免疫学性质。

（三）蛋白质一级结构变化可导致分子病

基因突变可以改变蛋白质的一级结构，从而改变蛋白质的生物活性甚至生理功能而导致疾病。

例如，镰状细胞贫血是由血红蛋白分子结构异常而引起的分子病（由基因突变造成蛋白质结构或合成量异常而导致的疾病称为分子病）。正常成人血红蛋白（Adult Hemoglobin，HbA）是由 2 个 α-亚基、2 个 β-亚基共四个亚基组成，其 β-亚基的第 6 位氨基酸是谷氨酸。而镰状细胞贫血患者的血红蛋白（Hemoglobin S，HbS）中此氨基酸是缬氨酸，即酸性氨基酸被中性氨基酸替代：

HbA→N 末端　缬—组—亮—苏—脯— 谷 —谷

HbS→N 末端　缬—组—亮—苏—脯— 缬 —谷

仅此一个氨基酸的改变，使本为水溶性的血红蛋白溶解度降低，聚集成丝，相互黏着，导致红细胞形态扭曲成镰状，这一过程因损害细胞膜使其极易破碎，导致溶血性贫血。

二、蛋白质空间结构与功能的关系

（一）蛋白质通过构象变化调节功能

在生物体内，某些蛋白质可在一些因素的触发下发生构象变化，从而调节其功能活性，如血红蛋白与氧的结合、蛋白质的变构等。

1. 蛋白质的变构效应

蛋白质可以因与其他分子结合而在一定程度上改变构象，从而改变功能，与之结合的分子叫配体。这种结合的专一性对维持生命系统的高度有序性至关重要。

配体的结合常导致蛋白质构象改变，称为蛋白质的变构效应。此类蛋白质称为变构蛋白，配体则称为调节剂、变构剂或效应剂。促进变构蛋白功能的调节剂是激活剂，抑制其功能的是抑制剂。

一种蛋白质可能结合几个相同或不同的配体，每一配体都有自己的结合位点。这些位点可以位于同一肽链或不同亚基。一个配体与蛋白质的结合改变了蛋白质的构象，改变了其余结合点的亲和力，从而影响其余配体的结合。与同一蛋白质分子结合的几个配体之间因变构效应而产生的相互影响称为协同效应。如果是促进结合，称为正协同效应；反之为负协同效应。同类配体之间的协同效应称为同促效应。异类配体之间的协同效应称为异促效应。有些蛋白质可以同时具有同促效应与异促效应。

2. 氧合蛋白的构象与功能

氧合蛋白包括肌红蛋白（Myoglobin Mb）与血红蛋白（Hemoglobin Hb）。肌红蛋白是存在于肌肉细胞内的一种能结合氧气的球蛋白，功能是储藏氧气，并在迅速收缩的肌肉组织中加快氧气的运输。血红蛋白是红细胞的主要成分，在红细胞内浓度高达 34%，功能是运输氧气和二氧化碳。氧气在动物血液循环中几乎完全由红细胞携带并运输。

肌红蛋白与血红蛋白是最早确定构象的蛋白质，均为结合蛋白，其多肽链部分称为珠蛋白，血红素是它们共同的辅基。肌红蛋白与血红蛋白已经成为认识蛋白质功能的经典模型，其研究体现了生物化学的重要内容：配体与蛋白质的可逆结合。

肌红蛋白相对分子质量为16 700，是由153个氨基酸残基构成的单一肽链，约有75％的肽链构成α-螺旋，分为8段，通过β-转角和其他弯曲连接。各类氨基酸残基在肌红蛋白构象中的定位充分反映出非共价键所起的作用：多数疏水性氨基酸都在分子内部，不与水接触；除了两个组氨酸之外，所有极性氨基酸都在分子表面并且与水结合。一个肌红蛋白分子中有四个脯氨酸，有三个处在弯曲的位置，第四个处在一段螺旋中，造成了整个螺旋的弯曲，而这种弯曲正是形成三级结构必需的。

血红蛋白是由四个亚基蛋白组成，HbA的α-亚基含141个氨基酸残基，β-亚基含146个氨基酸残基，相对分子质量为64 500。人血红蛋白α-亚基、β-亚基的一级结构中，有不到一半的氨基酸残基是相同的，与肌红蛋白一级结构比较，只有27个氨基酸残基是相同的，但其三级结构却非常相似。血红蛋白存在松弛（Relaxed，R）、紧张（Tense，T）两种构象，两者都可以结合氧气，但R型结合力更强，氧结合后也更稳定，是氧结合血红蛋白的主要构象。而不与氧气结合时T型更稳定，所以T型是脱氧血红蛋白的主要构象。两种构象的差别主要在四级结构，即亚基之间的排布，而每个亚基的构象改变不大。T型转变成R型是逐个结合氧气而实现的。

2,3-二磷酸甘油酸（2,3-Bisphosphoglycerate Acid，2,3-BPG）是糖酵解的中间产物，是血红蛋白的异促调节剂。一分子血红蛋白能结合一个BPG分子，BPG的结合把血红蛋白氧结合力降低为原来的1/26，起到了稳定T构象的作用，从而使血红蛋白能在外周组织有效地释放氧气。

不同发育期的血红蛋白有不同的亚基组成。胎儿血红蛋白主要为血红蛋白F（Fetal Hemoglobin，HbF），亚基组成是$\alpha_2\gamma_2$；成人血红蛋白主要为HbA，亚基组成为$\alpha_2\beta_2$。BPG对血红蛋白氧结合力的调节对胎儿发育尤为重要。胎儿只能从母血中获得氧气，母血氧气分压低于大气压，所以胎儿血红蛋白HbF的氧结合力必须高于母血红蛋白HbA的氧结合力。HbF的亚基组成是$\alpha_2\gamma_2$，与成人不同，其对BPG的亲和力低于成人，所以氧结合力也就高于成人。

（二）蛋白质构象病

生物体内蛋白质的合成、加工和成熟是一个复杂的过程，其中多肽链的正确折叠对其正确构象形成和功能发挥至关重要。尽管蛋白质一级结构不变，但若其折叠发生错误，使其构象发生改变仍可影响其功能，严重时可导致疾病发生，有人将此类疾病称为蛋白质构象病。

粒子蛋白（Prion Protein，PrP，也译为朊病毒蛋白）是存在于正常哺乳动物脑组织细胞膜上的一种糖蛋白，有两种构象：一种是正常的PrP^C构象，以α-螺旋为主；另一种是致病的PrP^{Sc}构象，以β-折叠为主。PrP^{Sc}分子能"复制"——将其他PrP的PrP^C构象转变成PrP^{Sc}构象。遗传性朊病毒病患者的PrP存在突变，其一个氨基酸被另一个氨基酸取代，突变PrP比正常PrP更容易形成PrP^{Sc}构象。疯牛病和人类皮质—纹体—脊髓变性病（Creutzfeldt-Jakob，CJD）等都与此有关。美国加州大学旧金山分校教授史坦利·布鲁希纳（Stanley Prusiner）因发现朊病毒而获得1997年诺贝尔生理学或医学奖。

第四节　蛋白质的理化性质

蛋白质的理化性质不仅是分析和研究蛋白质的化学基础，还是诊断和治疗疾病的分子基础。蛋白质是由氨基酸组成的，所以它们的理化性质有些是相同的。例如，大多数蛋白质含有酪氨酸和色氨酸，这两种氨基酸的紫外吸收波长是 280 nm，所以测定 280 nm 紫外线的吸光度是快速、简便地分析溶液中蛋白质含量的方法。

一、蛋白质的两性解离与等电点

蛋白质肽链主链末端有自由的 α-氨基和 α-羧基；许多氨基酸的侧链上尚有可解离的基团，如谷氨酸和天冬氨酸的非 α-羧基，可以给出 H^+ 而带负电荷；也有肽链主链 N 端的氨基、赖氨酸的 ε-氨基、精氨酸的胍基和组氨酸的咪唑基，可以结合 H^+ 而带正电荷。这些基团的解离状态决定蛋白质的带电荷状态，而解离状态受溶液的 pH 影响。

> **重点提示**
>
> 当蛋白质溶液在某一 pH 下，蛋白质解离为正负离子的程度及趋势相等，即成兼性离子，此时溶液的 pH 称为蛋白质的等电点（pI）。如果溶液 pH < pI，则蛋白质净带正电荷；如果溶液 pH > pI，则蛋白质净带负电荷。
>
> 各种蛋白质等电点不同，但大多数等电点小于 pH = 6.0，所以在人体溶液 pH = 7.4 的环境下，大多数蛋白质解离成阴离子。少数蛋白质含碱性氨基酸较多，其等电点偏于碱性，称为碱性蛋白质，如组蛋白、细胞色素 c 等。也有少数蛋白质含酸性氨基酸较多，其等电点偏于酸性，称为酸性蛋白质，如胃蛋白酶、蚕丝蛋白等。

二、蛋白质的胶体性质

> **提示**
>
> 蛋白质分子的直径已经达到胶体颗粒大小的范围（1 ~ 100 nm），之所以能够形成胶体，主要是存在两个稳定因素：同性电荷与水化膜。生理 pH 下的蛋白质绝大多数带负电荷，同性电荷使蛋白质分子互相排斥，不易形成可以沉淀的大颗粒；蛋白质多肽链中的极性氨基酸残基大都处于分子表面，它们可以与水形成氢键，从而在分子表面包裹一层结合水，在蛋白质分子之间起到隔离作用。

三、蛋白质的沉淀

难点提示

蛋白质从溶液中析出的现象称为蛋白质沉淀。凡能破坏蛋白质溶液稳定因素的方法都可以使蛋白质聚集成颗粒并沉淀。

变性的蛋白质易于沉淀，因为蛋白质变性后，疏水侧链暴露在外，肽链相互缠绕继而聚集并从溶液中析出。但有时蛋白质沉淀并不变性。沉淀常作为分离提纯蛋白质的一种手段。常用的沉淀方法有：盐析、有机溶剂沉淀、生物碱试剂以及某些酸类沉淀和重金属盐沉淀。

（一）盐析

在蛋白质溶液中加入大量的中性盐以破坏其胶体溶液稳定性而使其沉淀，这种方法称为盐析。常用的中性盐有硫酸铵、硫酸钠和氯化钠等。不同蛋白质盐析时所需的盐浓度及 pH 可能不同，因此，盐析法可以用来分离蛋白质组分。

提示

盐析得到的蛋白质沉淀经透析脱盐后仍保持生物活性。

（二）有机溶剂沉淀蛋白质

提示

酒精、甲醇和丙酮等有机溶剂对水的亲和力很大，能破坏蛋白质颗粒的水化膜，在等电点时沉淀蛋白质。在常温下，有机溶剂沉淀蛋白质往往导致蛋白质变性，这正是酒精消毒灭菌的化学基础；但在低温条件下操作时蛋白质变性缓慢，所以可以在低温条件下分离制备血浆蛋白。

（三）生物碱试剂以及某些酸类沉淀蛋白质

蛋白质可以与生物碱试剂（如苦味酸、钨酸和鞣酸）以及某些酸（如三氯醋酸和高氯酸）结合并沉淀，沉淀的条件是 pH 小于等电点，这样蛋白质带正电荷，易于与酸根阴离子结合成盐。该沉淀法往往导致蛋白质变性，常用于除去样品中的杂蛋白。

（四）重金属盐沉淀蛋白质

调节蛋白质溶液的 pH 使之大于等电点，此时蛋白质分子带负电荷，易与重金属离子 Hg^{2+}、Pb^{2+}、Cu^{2+} 和 Ag^+ 等结合而沉淀。重金属离子沉淀常导致蛋白质变性，但若在低温条件下操作并控制重金属离子浓度，也可以分离制备未变性蛋白质。

> **提示**
>
> 在临床上抢救重金属中毒时，可以给病人口服大量蛋白质，然后结合催吐剂来解毒。

四、蛋白质的变性

> **重点提示**
>
> 在某些物理因素或化学因素作用下，天然蛋白质特定的空间结构被破坏，从而导致其理化性质改变，生物活性丧失，这一现象称为蛋白质变性。
>
> 导致蛋白质变性的因素包括物理因素和化学因素。物理因素有高温、高压、振荡、紫外线和超声波等；化学因素有强酸、强碱、乙醇、丙酮、尿素、重金属盐和去污剂（如十二烷基硫酸钠）等。在临床上，上述变性因素常用于消毒灭菌。反之，有效地保存蛋白质制剂的关键就是防止蛋白质变性。

一般认为蛋白质变性的本质是非共价键和二硫键被破坏，所以蛋白质变性只破坏其空间结构，不改变其一级结构。

变性蛋白质由于分子内部疏水基团的暴露、肽链展开、分子的不对称性增加，在水中的溶解度降低，黏度增加，并更易被蛋白酶消化水解。

如果消除造成蛋白质变性的因素，使其重新处于维持天然构象时的生理条件下，则某些蛋白质会自发恢复天然构象，生物学活性也完全恢复，该过程称为蛋白质的复性。生命科学史上一个经典实验就是核酸酶的变性与复性。但是绝大多数情况下（如强酸、强碱、加热、紫外线等因素），蛋白质的变性不可逆。

蛋白质经强酸、强碱作用发生变性后，仍能溶解于强酸或强碱溶液中。若将 pH 调至等电点，则变性蛋白质立即结成絮状的不溶解物，如果加热，则絮状物可变成比较坚固的凝块，此凝块不再易溶于强酸和强碱中，这种现象称为蛋白质的凝固作用。凝固是蛋白质变性后进一步发展的不可逆结果。

五、蛋白质的呈色反应

蛋白质的呈色反应常用于蛋白质定量分析。

（一）茚三酮反应

蛋白质分子内含有游离氨基，所以也与水合茚三酮反应呈蓝紫色。

（二）双缩脲反应

双缩脲由两分子尿素脱氨缩合生成，在碱性溶液中与 Cu^{2+} 作用呈紫红色，称为双缩脲反应。蛋白质分子内的肽键也能发生双缩脲反应。

（三）酚试剂反应

酚试剂含有磷钼酸—磷钨酸，与蛋白质的呈色反应比较复杂，包括以下反应：① 在碱性条件下，蛋白质与 Cu^{2+} 作用生成螯合物。② 蛋白质分子内酪氨酸的酚基在碱性条件下将磷钼酸—磷钨酸试剂还原，呈深蓝色（磷钼蓝和磷钨蓝的混合物）。酚试剂反应的灵敏度比双缩脲反应高 100 倍。

第五节　酶

新陈代谢是生命的基本特征之一。代谢是细胞成分的降解、转化和合成，均是通过细胞内所发生的化学反应来完成的。生物体内的代谢条件十分温和，所有代谢却极为顺利而迅速进行着，是因为它们几乎都是在酶的催化作用下进行的。生物的生长发育、繁殖、遗传、运动、神经传导等生命活动都与酶的催化过程紧密相关。

一、酶的概念

> **重点提示**
>
> 酶是由活细胞合成的、具有催化作用的蛋白质。由酶催化进行的反应称为酶促反应，酶促反应的反应物称为酶的底物。体内还有一种由活细胞合成、起催化作用的 RNA，称为核酶。

酶具有一般催化剂的特点：① 只催化热力学上允许的化学反应。② 可以提高化学反应的速率，但不改变化学反应的平衡常数。③ 作用机制都是降低反应的活化能。④ 本身在反应前后没有质和量的改变，并且少量便可以发挥催化作用。

二、酶促反应的特点

> **重点提示**
>
> 酶促反应有以下特点：酶的催化效率高；酶促反应具有很高的特异性；酶蛋白容易失活；酶促反应速率可以调节。

（一）酶的催化效率极高

酶的催化效率通常比非催化反应高 $10^8 \sim 10^{20}$ 倍，比一般催化剂高 $10^7 \sim 10^{13}$ 倍。

（二）酶促反应具有很高的特异性

与一般催化剂不同，酶对所催化反应的底物和反应类型具有选择性，这种现象称为酶的特异性。根据酶对其底物结构选择的严格程度不同，一般可以将酶的特异性分为绝对特异性、相对特异性和立体异构特异性。

1. 绝对特异性

一种酶只能催化一种底物发生一种化学反应，这种特异性称为绝对特异性。例如，尿素酶只能催化尿素分解生成 NH_3 和 CO_2，对尿素的衍生物甲基尿素等则不起作用。

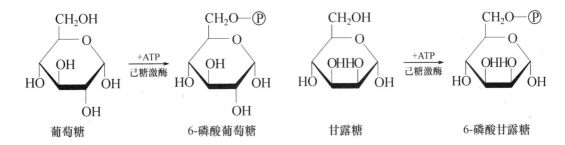

2. 相对特异性

一种酶可以催化一类化合物或一种化学键发生一种化学反应，这种特异性称为相对特异性。例如，己糖激酶既能催化葡萄糖磷酸化，也能催化甘露糖磷酸化。

葡萄糖　　　　6-磷酸葡萄糖　　　　甘露糖　　　　6-磷酸甘露糖

3. 立体异构特异性

一种酶只能催化立体异构体中的一种发生化学反应，而对另一种则不起作用，这种特异性称为立体异构特异性。例如，延胡索酸酶只能催化延胡索酸水化生成苹果酸，而对马来酸则不起作用。

延胡索酸　　　　苹果酸　　　　马来酸

（三）酶蛋白容易失活

酶是蛋白质，对导致蛋白质变性的因素（如温度、pH 等）非常敏感，极易受这些因素的影响而变性失活。

（四）酶促反应速率可以调节

酶促反应速率可以受各种因素调节，以适应代谢需要。生物体内存在复杂而严密的代谢调节系统，既可以通过控制酶蛋白的总量来改变酶的总活性，也可以通过改变酶蛋白的结构来改变酶分子的活性，以确保新陈代谢活动的协调性和统一性，维持生命活动的正常进行。

三、酶的结构与功能

酶的化学本质几乎都是蛋白质（除有催化活性的 RNA 之外），其催化活性依赖于它们天然构象的完整性。因此酶的结构对它们的催化活性是必需的。

（一）酶的分子组成

> **难点提示**
>
> 酶可以根据化学组成分为单纯酶和结合酶两大类。单纯酶是仅由氨基酸组成的酶，如尿素酶、蛋白酶、淀粉酶、脂酶等均属于这类酶。结合酶除由氨基酸组成的酶蛋白外，还有非蛋白质部分组成，前者称为酶蛋白（又称脱辅基酶），后者称为辅助因子。酶蛋白与辅助因子结合形成的全酶才具有催化活性，酶蛋白单独存在时没有催化活性。

从化学本质上看，辅助因子有两类：一类是金属离子，常见的金属离子有 K^+、Na^+、Mg^{2+}、Cu^+/Cu^{2+}、Zn^{2+} 和 Fe^{2+}/Fe^{3+} 等；另一类是小分子有机化合物，多数是维生素，特别是 B 族维生素的活性形式（在下面的"八、酶与维生素"中将会学到）。

> **重点提示**
>
> 辅助因子根据与酶蛋白的结合程度等分为辅酶和辅基：辅酶是指与酶蛋白结合不牢固，可以用透析或超滤的方法除去的辅助因子；辅基是指与酶蛋白结合牢固，不易用透析或超滤的方法除去的辅助因子。

酶蛋白部分决定酶催化的特异性，辅助因子承担着传递电子、原子或化学基团的作用。通常，一种酶蛋白必须与特定的辅助因子结合，才能具有活性，如果该辅助因子被另一种辅助因子取代，则酶不具有活性。但生物体内辅助因子数目有限，一种辅助因子可以与多种酶蛋白结合而表现出不同的催化作用。

(二) 酶的活性中心

难点提示

已知绝大多数酶都由许多个氨基酸残基组成，而只有少数的氨基酸残基参与底物结合及催化作用，这些特异的氨基酸残基集中的区域称为酶的活性中心，又称为活性部位，即酶的活性中心是酶蛋白构象的一个特定区域，能与底物特异地结合，并催化底物发生反应生成产物。

酶活性中心的氨基酸残基在一级结构上可能相距甚远，甚至位于不同的肽链上，通过肽链的盘绕、折叠而在空间结构上相互靠近形成三维实体。此三维结构是由酶的一级结构决定且在一定外界条件下形成的。当酶的高级结构受到物理因素或化学因素影响时，酶的活性中心被破坏，酶即失活。

重点提示

酶蛋白分子中那些与酶的活性密切相关的基团称为酶的必需基团。酶的必需基团分为两类：一类位于活性中心内，包括结合基团和催化基团，前者负责与底物的结合，使底物与一定构象的酶形成复合物，决定酶的专一性；后者负责催化底物键的断裂，形成新键，催化底物发生反应生成产物，决定酶的催化能力。另一类位于活性中心外，即不参与构成活性中心，其作用是维持酶活性中心应有的构象。

(三) 酶按结构的分类

酶除了根据分子组成分为单纯酶和结合酶之外，还可以根据分子结构分为以下几类：

1. 单体酶

有些酶由一条多肽链构成，只含有一个活性中心，这些酶称为单体酶，如核糖核酸酶。

2. 寡聚酶

许多酶由多个亚基以非共价键结合构成，含有多个活性中心，这些活性中心催化相同的反应，这些酶称为寡聚酶。寡聚酶所含亚基相同或不同。

3. 多酶复合体

在细胞内，代谢上相互联系的几种酶彼此嵌合形成的复合体。这些多酶复合体每一种酶都有自己的活性中心，分别催化不同的化学反应。

4. 多功能酶

有些酶由一条多肽链构成，但含有多个活性中心，这些活性中心催化不同的反应，这些酶称为多功能酶或串联酶。

5. 同工酶

同工酶是指能催化相同的化学反应，但酶蛋白的组成、结构和理化性质乃至免疫学性质都不相同的一组酶，是在生命长期进化过程中基因分化的产物。同工酶存在于同一种属或同一个体的不同组织或同一细胞的不同亚细胞结构中，在代谢中起重要作用。

难点提示

目前已经发现百余种酶存在同工酶，研究较多的如 L-乳酸脱氢酶（Lactate Dehydrogenase, LDH）。LDH 是由 H 亚基（Heart，即心肌型）和 M 亚基（Muscle，即骨骼肌型）组成的四聚体。两种亚基以不同比例组成五种同工酶，如图 2-22 所示。它们在区带电泳中从快到慢的顺序依此为 LDH_1（H_4）、LDH_2（H_3M）、LDH_3（H_2M_2）、LDH_4（HM_3）和 LDH_5（M_4）。五种 LDH 同工酶在不同组织器官中的分布是不同的：心肌含 LDH_1 最多，肝脏含 LDH_5 最多，如表 2-2 所示。例如，心肌梗死患者血清中 LDH_1 含量明显上升，肝病患者血清中 LDH_5 含量明显上升。

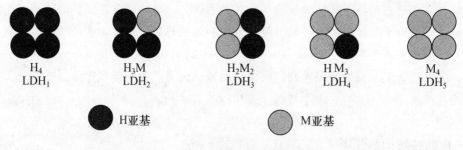

图 2-22　乳酸脱氢酶的同工酶

表 2-2　人体 L-乳酸脱氢酶同工酶的分布

同工酶	亚基组成	心肌	肾脏	肝脏	骨骼肌	红细胞	肺	胰腺	血清
LDH_1	H_4	67%	52%	2%	4%	42%	10%	30%	27%
LDH_2	H_3M	29%	28%	4%	7%	36%	20%	15%	34%
LDH_3	H_2M_2	4%	16%	11%	21%	15%	30%	50%	21%
LDH_4	HM_3	<1%	4%	27%	27%	5%	25%	0	12%
LDH_5	M_4	<1%	<1%	56%	41%	2%	15%	5%	6%

（四）酶原与酶原激活

重点提示

有些酶在细胞内刚合成或初分泌时，只是酶的无活性前体，必须在某些因素参与下，水解掉一个或几个特定肽段，使酶蛋白构象发生改变，从而表现出酶的活性。酶的这种无活性前体称为酶原。酶原向酶转化的过程称为酶原的激活。酶原的激活实际上是酶的活性中心形成或暴露的过程。

胰腺细胞分泌出来的胰蛋白酶原并无活性，但进入小肠后，在 Ca^{2+} 存在下，被肠激酶催化水解掉一个六肽，分子构象发生改变，N 端螺旋程度增加，从而使组氨酸、丝氨酸、异亮氨酸等形成活性中心，成为有催化活性的胰蛋白酶，如图 2 – 23 （a）和（b）所示。

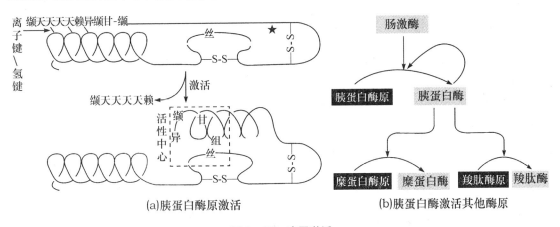

(a)胰蛋白酶原激活　　　　　　　(b)胰蛋白酶激活其他酶原

图 2 – 23　酶原激活

提 示

血液中凝血酶类与纤溶酶类也都以酶原的形式存在，它们的激活具有典型的级联反应性质。例如，只要有少数凝血因子被激活，就可以通过瀑布式的放大作用使大量的凝血酶原迅速激活成凝血酶，引发快速而有效的血液凝固。

重点提示

酶原具有重要的生理意义：① 酶原是酶的安全转运形式，如胰腺细胞合成的消化酶类以酶原的形式分泌并转运到肠道，激活后再发挥作用，可以避免在转运过程中对细胞自身的蛋白质进行消化。② 酶原是酶的安全储存形式，如凝血酶类和纤溶酶类以酶原的形式存在于血液循环中，一旦需要便迅速激活成有活性的酶，发挥对机体的保护作用。

四、酶的作用机制

研究酶的作用机制就是要阐明酶的主要特点，即高效性和特异性的化学基础。

（一）酶作用特异性机制

有几种假说试图阐明酶促反应特异性的机制，如锁钥学说和诱导契合说等。目前得到广泛赞同的是美国科什兰德（Koshland）教授在 1958 年提出的诱导契合说。Koshland 认为，酶的活性中心在结构上是柔性的，即具有可塑性或弹性。当底物与活性中心接触时，可以使酶蛋白构象发生变化，这种变化使必需基团正确地排列和定向，适宜与底物结合并催化反应。实际上，底物构象在酶的诱导下也发生变化，处于过渡态。过渡态的底物与活性中心结构最相吻合，也最不稳定，容易发生反应，如图 2-24 所示。

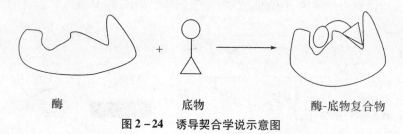

酶　　　　　　底物　　　　　　酶-底物复合物

图 2-24　诱导契合学说示意图

（二）酶作用高效性机制

> **提　示**
>
> 酶和一般催化剂之所以能提高反应速率是因为它们能降低反应的活化能。

在反应过程中，存在一个能障/能量阈值，底物具有的能量必须能跃过这个能障，反应才能进行。底物分子越过能障所需最低的能量即为其活化能，如图 2-25 所示。

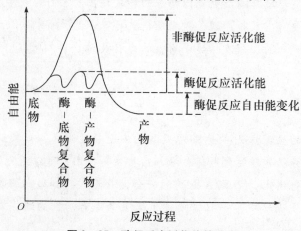

图 2-25　酶促反应活化能的改变

关于酶降低酶促反应活化能、提高酶促反应速率的机制，目前比较公认的是中间产物学说。该学说认为，在酶促反应中，酶（E）先与底物（S）结合成不稳定的中间产物（ES），然后，中间产物分解释放出反应产物（P）。

五、酶促反应动力学

重点提示

　　酶促反应动力学研究酶促反应的速率及其影响因素，即通过定量观察单位时间内底物的减少量或产物的生成量来研究酶浓度、底物浓度、温度、pH、抑制剂和激活剂对酶促反应速率的影响。由于随着反应时间的延长，底物浓度降低，产物浓度升高，这样逆反应速率就会加快，从而增加研究难度。因此，酶促反应动力学总是研究酶促反应的初速率。另外，在研究某一因素对酶促反应速率的影响时，应当维持其他因素不变，单独改变待研究因素。酶促反应动力学具有重要的理论和应用意义。

（一）酶浓度对酶促反应速率的影响

提示

　　在酶促反应中，如果保持其他条件不变，底物浓度远高于酶浓度，足以使酶饱和，则随着酶浓度的提高，酶促反应速率也相应加快，并且成正比例关系。

以反应速率 v 对酶浓度 [E] 作图，是一条过原点的直线，如图 2-26 所示。

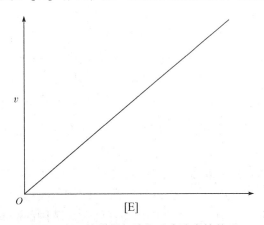

图 2-26　酶浓度与酶促反应速率的关系

（二）底物浓度对酶促反应速率的影响

对于单底物反应，如果保持其他条件不变，以反应速率 v 对底物浓度 [S] 作图，可以

得到反应速率 v 与底物浓度［S］的关系，如图2-27所示。

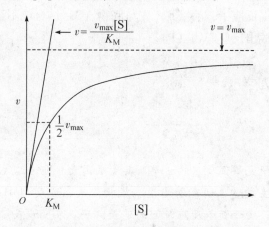

图2-27 底物浓度与酶促反应速率的关系

┌─ 提 示 ─────────────────────────────────────┐

在底物浓度较低时，反应速率随底物浓度的提高而加快，两者成正比例关系；此后，随着底物浓度继续提高，反应速率还在加快，但变化幅度越来越小，不再成正比例关系；最后，即使底物浓度继续提高，反应速率已经基本不变，说明此时所有酶分子已经被底物充分结合，接近饱和状态。

└───┘

为了解释这个现象，阐明酶促反应速率与底物浓度之间的定量关系，米歇尔（Michaelis）和门坦（Menten）于1913年按照中间产物假说对单底物酶促反应进行了定量研究，并根据定量研究的实验数据归纳出一个数学方程式，称为米氏方程（Michaelis-Menten Equation）：

$$v = \frac{v_{max}[S]}{K_M + [S]}$$

式中：v 为在不同底物浓度时的反应速率；v_{max} 为最大反应速率；［S］为底物浓度。

┌─ 重点提示 ───────────────────────────────────┐

K_M 为米氏常量，是反应速率为最大反应速率一半时的底物浓度。

└───┘

一种酶有几种底物就有几个 K_M 值，其中 K_M 值最小的底物在同样条件下反应最快，一般称为酶的最适底物。K_M 是酶的特征常数，只与酶的性质、底物的种类和酶促反应的条件（如温度、pH和离子强度等）有关，而与酶的浓度无关。不同的酶有不同的 K_M 值，K_M 值大致为 0.01~10 mmol/L。

（三）温度对酶促反应速率的影响

酶的化学本质是蛋白质，温度对酶促反应速率具有双重影响：一方面升高温度可以增加活化分子数目，使酶促反应速率加快；另一方面当温度超过一定范围时又导致酶蛋白变性失活，使酶促反应速率减慢。

> **重点提示**
>
> 酶促反应速率最快时的反应温度称为该酶促反应的最适温度。当反应温度低于最适温度时，升高温度增加活化分子数目起主导作用，反应速率加快；当反应温度超过最适温度时，温度继续升高，酶蛋白变性失活起主导作用，反应速率减慢如图 2-28 所示。
>
>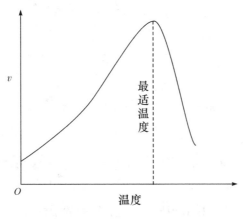
>
> 图 2-28 温度与酶促反应速率的关系

酶的最适温度不是酶的特征常数，它与反应持续时间有关。酶可以在短时间内耐受较高的温度，延长反应时间将导致最适温度降低。

> **提示**
>
> 人体内多数酶的最适温度为 37℃~40℃，60℃时变性加速，80℃时多数酶的变性是不可逆的。当反应温度低于最适温度时，温度每升高 10℃，反应速率可以提高 1~2 倍。如果降低反应温度，反应速率也会降低，但降低温度不会使酶蛋白变性失活；温度回升时，反应速率仍然会提高。基于酶的这一特性，临床上常通过低温麻醉降低组织细胞代谢速度，以提高机体对 O_2 和营养物质缺乏的耐受力。低温保存菌种也是基于这一特性。在生化研究中测定酶活性时，应当严格控制反应温度。酶制剂应当保存在低温冰箱中，酶制剂从冰箱中取出后应当立即使用，以免发生酶蛋白变性。

（四）pH 对酶促反应速率的影响

反应体系的 pH 直接影响酶和底物的解离状态，从而影响酶与底物的结合，影响酶促反应的速率，如图 2-29 所示。

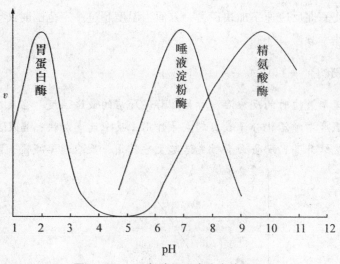

图 2 - 29　pH 与酶促反应速率的关系

重点提示

使酶促反应速率达到最快时的 pH 称为酶促反应的最适 pH。

反应体系的 pH 高于或低于最适 pH 时都会导致酶的活性降低，远离最适 pH 即过酸或过碱甚至还会导致酶蛋白变性失活。最适 pH 不是酶的特征常数，它受底物浓度、缓冲液种类和浓度以及酶纯度等因素的影响。

不同的酶具有不同的最适 pH。动物体内多数酶的最适 pH 为 6 ~ 8，但也有例外：胃蛋白酶的最适 pH 约为 1.8，胰蛋白酶的最适 pH 约为 8。

（五）抑制剂对酶促反应速率的影响

提　示

能特异性地抑制酶活性，从而抑制酶促反应的物质称为抑制剂。

抑制剂是能特异地改变酶的必需基团或活性中心的化学性质，从而使酶的活性降低甚至丧失。根据抑制剂与酶作用方式的不同，酶的抑制作用分为不可逆性抑制和可逆性抑制两类。

1. 不可逆性抑制作用

提　示

在不可逆性抑制作用中，抑制剂通常以共价键与酶的必需基团结合，使酶活性丧失。抑制剂与酶结合后不能用透析和超滤等物理方法除去，必须通过化学反应才能除去，使酶活性恢复。

常见的不可逆性抑制剂有巯基酶抑制剂和丝氨酸酶抑制剂。重金属离子 Ag^+、Hg^{2+} 以及 As^{3+} 等巯基酶抑制剂引起中毒的化学本质就是破坏酶蛋白的巯基，使酶活性丧失。用二巯基丙醇或二巯基丁二酸钠解毒的机制就是使酶蛋白的巯基重新形成，使酶活性恢复。有机磷化合物如有机磷杀虫剂（1605、1059 等）能与酶蛋白活性中心的丝氨酸羟基以共价键结合，从而抑制酶活性，它们被称为丝氨酸酶抑制剂。胆碱酯酶是催化乙酰胆碱水解的丝氨酸酶。该酶活性丧失会造成乙酰胆碱在体内积累，胆碱会导致神经兴奋性增强的中毒症状（如心跳变慢、瞳孔缩小、流涎、多汗和呼吸困难等）。解救的办法是早期使用解磷啶，其分子中含有电负性较强的肟基（—CH＝N ），可以与有机磷化合物的磷原子发生反应，置换出其结合的胆碱酯酶，使酶活性恢复。

2. 可逆性抑制作用

> **提示**
>
> 在可逆性抑制作用中，抑制剂通常以非共价键与酶或中间产物结合，使酶活性降低甚至丧失。采用透析和超滤的方法可以将抑制剂除去，使酶活性恢复，所以这种抑制作用是可逆的。

根据抑制剂和底物的关系，可以将可逆性抑制作用分为竞争性抑制、非竞争性抑制和反竞争性抑制，如图 2 - 30 所示。

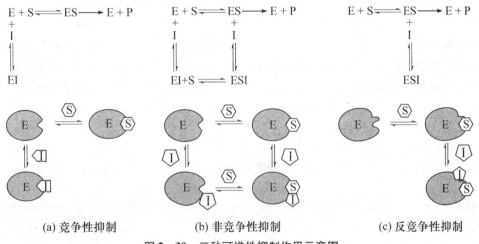

(a) 竞争性抑制　　　(b) 非竞争性抑制　　　(c) 反竞争性抑制

图 2 - 30　三种可逆性抑制作用示意图

（1）竞争性抑制作用

> **重点提示**
>
> 有些抑制剂（I）与底物（S）结构相似，也能与酶（E）的活性中心结合，所以能与底物竞争酶的活性中心，阻碍酶与底物结合形成中间产物，从而抑制酶促反应，这类抑制剂称为竞争性抑制剂，这种抑制作用称为竞争性抑制作用。

难点提示

竞争性抑制作用的特点：① 抑制剂与底物结构相似，都能与酶的活性中心结合。② 酶的活性中心既可以结合底物也可以结合抑制剂，但不能同时结合。③ 抑制剂与酶的活性中心结合之后，酶分子失活。④ 竞争性抑制作用的强弱取决于抑制剂和底物的相对浓度（[I]／[S]）以及它们与酶的相对亲和力，若[I]不变，增加[S]可以削弱甚至解除抑制剂的竞争性抑制作用。

例如，丙二酸对琥珀酸脱氢酶的抑制属于典型的竞争性抑制作用。琥珀酸脱氢酶的活性中心含有两个带正电荷的基团，能吸引琥珀酸分子中两个带负电荷的羧基。丙二酸和某些二元羧酸（如草酰乙酸）的结构与琥珀酸相似，分子中也含有两个带负电荷的羧基，并且两个羧基之间的距离与琥珀酸两个羧基之间的距离一致，所以也能与琥珀酸脱氢酶的活性中心结合，但结合之后不会发生脱氢反应，反而抑制琥珀酸的结合与脱氢，从而起到竞争性抑制作用。

重点提示

磺胺类药物和磺胺增效剂则是通过竞争性抑制作用抑制细菌生长繁殖的典型代表。四氢叶酸是细菌一碳单位代谢不可缺少的辅助因子，一碳单位代谢影响核酸和蛋白质的合成。有些细菌由二氢叶酸合成酶催化，利用对氨基苯甲酸合成二氢叶酸，后者由二氢叶酸还原酶催化还原成四氢叶酸。磺胺类药物是对氨基苯甲酸的结构相似物，能与二氢叶酸合成酶结合，抑制二氢叶酸的合成；磺胺增效剂与二氢叶酸结构相似，能与二氢叶酸还原酶结合，抑制二氢叶酸还原成四氢叶酸，如图2-31所示。因此使用磺胺类药物或磺胺增效剂，能抑制细菌的生长繁殖；如果联合应用，它们的双重抑制作用就可以杀死细菌。此外，多种抗癌药物都是竞争性抑制剂，可以抑制肿瘤的生长。

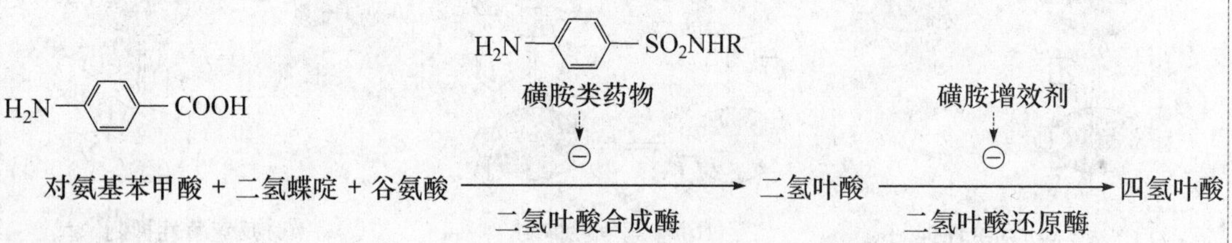

图2-31 磺胺类药物的作用机制

（2）非竞争性抑制作用。抑制剂（I）不与底物（S）竞争酶（E）的活性中心，而是与活性中心之外的必需基团相结合，使酶的构象改变而丧失活性，这种抑制作用称为非竞争性抑制作用。非竞争性抑制剂和底物可以单独与酶结合，也可以同时与同一酶分子结合形成酶—底物—抑制剂复合物（ESI），但ESI不能进一步分解生成产物。非竞争性抑制剂的作用机制不是抑制酶与底物的结合，而是抑制酶的催化活性。因此，增加底物浓度不能解除非竞争性抑制剂对酶的抑制作用。

（3）反竞争性抑制作用。抑制剂（I）只与中间产物（ES）结合，使酶（E）失去催化活性。抑制剂与 ES 结合后，降低了 ES 的浓度，从而促进底物和酶的结合，这种抑制恰好与竞争性抑制相反，故称为反竞争性抑制作用。因为形成 ESI，ES 浓度低于未加抑制剂时的 ES 浓度，所以产物生成速率减慢。反竞争性抑制作用在酶促反应中较为少见，多发生于双底物反应，偶见于水解反应。L-苯丙氨酸对肠道碱性磷酸酶的抑制及肼对胃蛋白酶的抑制等均属于反竞争性抑制作用。

（六）激活剂对酶促反应速率的影响

提　示

能使酶从无活性到有活性，或使酶活性提高的物质称为酶的激活剂。激活剂大多是金属离子，如 Mg^{2+}、Mn^{2+} 和 K^+，少数是阴离子，如 Cl^-，也有些激活剂是有机化合物，如胆汁酸。使酶从无活性到有活性的激活剂称为必需激活剂，它与酶、底物或中间产物结合参加反应，但不转化成产物。例如，ATP 是很多酶的底物，但需要有 Mg^{2+}，ATP 与 Mg^{2+} 结合形成 $ATP-Mg^{2+}$，才能参加反应；如果缺乏 Mg^{2+}，ATP 就不能参加反应。大多数金属离子激活剂属于这一类，其中有些金属离子同时还是酶的辅助因子。有些酶即使不存在激活剂也有一定的催化活性，但存在激活剂时活性更高，这类激活剂称为非必需激活剂。例如，Cl^- 是唾液淀粉酶的非必需激活剂，许多有机物激活剂都属于非必需激活剂。

六、酶的命名、分类与编号

（一）酶的命名
现行酶的命名规则有习惯命名法和系统命名法两套。

1. 习惯命名法

习惯命名法一般采用底物加反应类型来命名，如磷酸丙糖异构酶和苹果酸脱氢酶。对水解酶类习惯上省略反应类型，只用底物名称再加"酶"字即可，如淀粉酶、脂肪酶和蛋白酶。有时在底物名称前冠以酶的来源，如唾液淀粉酶和胰蛋白酶。习惯命名法虽然命名简单，使用方便，但有时会出现一酶数名或一名数酶的混乱现象。

2. 系统命名法

国际生物化学学会酶学委员会于 1961 年提出系统命名法。系统命名法规定每一种酶均有一个系统名称，它标明酶的所有底物和反应性质，底物名称之间以"："分隔。由于许多酶促反应是双底物或多底物反应，而且底物的化学名称很长，结果使得酶的系统名称过长和复杂。为了应用方便，国际酶学委员会又从每一种酶的数个习惯名称中选定一个简便实用的推荐名称。

（二）酶的分类与编号

国际酶学委员会建议根据酶促反应的性质将酶分为六大类，如表2-3所示。

国际系统分类法除了将酶按这六大类依次编号之外，还按底物被催化反应的基团或化学键的特点分为若干个亚类，分别编号1、2、3、4等，每一个亚类还可以按底物性质顺序分为亚亚类而给予编号，每一个亚亚类内又按次序有一个流水号，无特殊规定。因此，每一种酶的分类编号均由4个数字组成，数字前冠以EC（Enzyme Commision）。例如，乳酸：NAD^+氧化还原酶的分类编号为EC1.1.1.27。

表2-3　酶的分类

序号	分类	催化反应类型	举例
1	氧化还原酶类	转移电子、氢原子、氢阴离子	L-乳酸脱氢酶
2	转移酶类	基团转移或交换	葡萄糖激酶
3	水解酶类	水解（以水为受体的基团转移）	胰脂肪酶
4	裂合酶类	基团加成于双键，或反之	醛缩酶
5	异构酶类	分子内基团转移，形成异构体	磷酸甘油酸变位酶
6	连接酶类	通过缩合反应形成C—C、C—S、C—O、C—N键，消耗核苷三磷酸（Nucleoside Triphosphate，NTP）	DNA连接酶

七、酶与医学的关系

随着临床实践以及有关酶学研究的迅速开展，酶在医学上的重要性越来越引起人们的重视。疾病的临床表现和治疗最终与酶活性的调节密切相关。不仅酶直接涉及疾病的发生和发展，而且酶活性的测定已经成为临床诊断的重要辅助手段。随着基因诊断和基因治疗的开展及酶提纯技术的发展，用于治疗的酶也越来越多。因此，酶与医学关系非常密切。

（一）酶与疾病发生的关系

新陈代谢是生命的基本特征之一，而生命体中几乎所有代谢都是在酶的催化下进行的，所以严格控制酶的正常催化活性是机体健康的重要保证。疾病的生化表现就是代谢异常，一方面许多代谢异常是由先天性或继发性的酶活性异常引起的；另一方面有些疾病导致酶活性的异常。

1. 酶缺陷所致的疾病

如果酶的编码基因发生突变，会导致酶蛋白的合成不足，或酶分子的结构异常、没有催化活性，从而使机体代谢出现异常，引起疾病。因为这类突变是遗传性的，所以这类疾病具有家族性，统称为遗传性疾病，例如，酪氨酸酶缺陷引起白化病，6-磷酸葡萄糖脱氢酶缺陷引起蚕豆病，苯丙氨酸羟化酶缺陷导致苯丙酮酸尿症，胱硫醚合成酶遗传缺陷导致同型胱氨酸尿症，维生素 K 缺乏导致继发性凝血酶缺陷。

2. 酶活性被抑制所致的疾病

因酶被抑制所导致的代谢异常在临床医学中有着十分重要的意义。许多中毒性疾病实际上就是由体内某些酶活性被抑制引起的，例如，有机磷农药敌百虫、敌敌畏、1059 等抑制胆碱酯酶活性，重金属离子抑制疏基酶活性，氰化物抑制细胞色素氧化酶活性，肼抑制谷氨酸脱羧酶活性，疏基乙酸抑制脂酰 CoA（Coenzyme A，辅酶 A）脱氢酶、琥珀酸脱氢酶活性等，都会使机体代谢出现异常，引起疾病。

（二）酶在疾病诊断中的应用

酶异常可以引起疾病，疾病的发生必然导致酶活性异常，两者互为因果，密切相关，这就是诊断酶学的理论依据，用于疾病诊断、病情监测、疗效观察、预后及预防。目前，酶的测定占临床化学检验总量的 25%，由此可见酶在临床诊断上发挥着重要的作用。

酶法分析即酶偶联测定法，是利用酶作为分析试剂，对一些酶的活性、底物浓度、激活剂和抑制剂等进行定量分析。酶法分析的原理是利用一种酶（称为指示酶）的底物或产物可以直接、简便地检测的特点，把该酶偶联到本来不易直接检测的反应体系中，从而将其转化成可以直接监测的反应体系。酶法分析具有灵敏、准确、方便和迅速等特点，已经广泛应用于临床检验和科学研究。

（三）酶在疾病治疗中的应用

> **提　示**
>
> 酶作为医药最早用于助消化。公元前 6 世纪，我国人民就知道用富含消化酶的麦曲治疗胃肠疾病有神效而称之为神曲。通过提供外源性酶制剂使患者缺乏的酶得到补偿，以达到治疗的目的，这就是酶替代疗法。

几种常见的治疗酶如表 2-4 所示。

表 2-4　治疗酶类

序号	分类	酶制剂
（1）	助消化酶类	胃蛋白酶、胰蛋白酶、胰脂肪酶、淀粉酶
（2）	清创和抗炎酶类	木瓜蛋白酶、菠萝蛋白酶、胰蛋白酶、糜蛋白酶、链激酶、尿激酶、纤溶酶
（3）	抗栓酶类	尿激酶、链激酶、纤溶酶
（4）	抗氧化酶类	超氧化物歧化酶、过氧化氢酶
（5）	抗肿瘤细胞生长酶类	天冬酰胺酶、谷氨酰胺酶、神经氨酸酶

八、酶与维生素

重点提示

维生素（Vitamin）是维持生命正常代谢所必需的一类小分子有机化合物，是人体重要的营养物质之一。维生素通常根据溶解性分为水溶性维生素和脂溶性维生素。水溶性维生素包括维生素C和B族维生素（硫胺素、核黄素、烟酰胺、吡哆醛、泛酸、生物素、叶酸、钴胺素和硫辛酸等）；脂溶性维生素包括维生素A、维生素D、维生素E和维生素K等。

与糖、脂类、蛋白质等营养物质相比，维生素既不是构成机体组织结构的原料，也不是供能物质，但它们大多数参与构成酶的辅助因子，在代谢过程中发挥重要作用，如表2－5所示。

表2－5 维生素与辅酶的关系

辅助因子	符号	转移基团或原子	所含维生素
生物素		羧基	生物素
辅酶A	CoA	酰基	泛酸
5′-脱氧腺苷钴胺素		烷基	钴胺素
氧化型黄素单核苷酸	FMN	氢原子	核黄素
硫辛酰胺		氢原子和酰基	硫辛酸
氧化型烟酰胺腺嘌呤二核苷酸	NAD^+	氢原子	烟酸
氧化型烟酰胺腺嘌呤二核苷酸磷酸	$NADP^+$	氢原子	烟酸
磷酸吡哆醛	PLP	氨基	吡哆醛
四氢叶酸	FH_4	一碳单位	叶酸
焦磷酸硫胺素	TPP	醛	硫胺素

重点提示

维生素摄取不足会造成代谢障碍，由维生素缺乏引起的疾病称为维生素缺乏症。

（一）水溶性维生素

> **提　示**
>
> 水溶性维生素易溶于水，不溶或微溶于有机溶剂；机体储存量少，需经常通过食物摄取；摄取过多时可随尿液排出体外，因此一般不会导致积累中毒。

1. 维生素 C

维生素 C 又称为抗坏血酸，是酸性多羟基化合物，具有强还原性。广泛存在于新鲜水果和蔬菜中，大多数动物可以利用葡萄糖合成，但人体不能合成。维生素 C 参与体内多种氧化还原代谢，是多种羟化酶的辅助因子。

> **难点提示**
>
> 维生素 C 参与机体胶原蛋白翻译后脯氨酸和赖氨酸的羟化修饰，促进胶原蛋白成熟。胶原蛋白是骨、毛细血管、结缔组织的重要组成成分，所以维生素 C 缺乏时因影响胶原蛋白翻译后修饰，导致毛细血管易破裂出血、创伤不易愈合、骨骼发育不良等，即坏血病。

维生素 C 虽不会在体内蓄积，但过多服用会导致胃肠功能紊乱、腹泻、高草酸尿等。世界卫生组织建议每日维生素 C 摄入量不超过 1 g。

2. 维生素 B_1

维生素 B_1 又称硫胺素、抗神经炎素、抗脚气病维生素，主要存在于肝脏及豆类、谷物外皮和胚芽中。

> **提　示**
>
> 维生素 B_1 的活性形式是硫胺素焦磷酸（Thiamine Pyrophosphate，TPP），是 α-酮酸脱氢酶复合体的辅助因子。当维生素 B_1 缺乏时，可影响丙酮酸和 α-酮戊二酸脱羧，导致神经组织供能不足，患脚气病。

3. 维生素 B_2

维生素 B_2 又称核黄素，广泛存在于肉、蛋、奶及绿叶蔬菜中。

> **提　示**
>
> 维生素 B_2 的活性形式包括黄素单核苷酸（Flavin Mono Nucleotide，FMN）和黄素腺嘌呤二核苷酸（Flavine Adenosine Dinucleotide，FAD），均为脱氢酶的辅助因子。维生素 B_2 的缺乏可引起唇炎、舌炎等。

4. 维生素 PP

维生素 PP 又称抗癞皮病维生素，包括烟酸和烟酰胺，广泛存在于肉类、谷物、豆类等食物中。

> **提 示**
>
> 维生素 PP 的活性形式有辅酶 I（烟酰胺腺嘌呤二核苷酸，Nicotinamide Adenine Dinucleotide，$NAD^+/NADH$）和辅酶 II（烟酰胺腺嘌呤二核苷酸磷酸，Nicotinamide Adenine Dinucleotide Phosphate，$NADP^+/NADPH$）。它们是多种氧化还原酶类的辅助因子，其中辅酶 I 是不需氧脱氢酶的辅助因子，主要在生物氧化过程中发挥递氢作用；辅酶 II 主要在还原性代谢和生物转化中发挥递氢作用。癞皮病是维生素 PP 缺乏症，其主要症状为皮炎、腹泻和痴呆等。

5. 维生素 B_6

维生素 B_6 又称抗皮炎维生素，包括吡哆醇、吡哆醛和吡哆胺，广泛存在于肝脏、蛋黄、肉类、鱼、菜花等食物中，此外肠道菌也可以合成。

> **提 示**
>
> 维生素 B_6 的活性形式是磷酸吡哆醛和磷酸吡哆胺，作为氨基酸转氨酶、糖原磷酸化酶等的辅助因子参与机体代谢。因在血红素合成途径中，作为关键酶 δ-氨基-γ-酮戊酸合酶的辅助因子，所以缺乏时会造成小细胞低色素性贫血。

6. 泛酸

泛酸又称遍多酸，广泛存在于鸡蛋、肝脏、豆类、谷物和蘑菇中。

> **提 示**
>
> 泛酸的活性形式是 CoA 和酰基载体蛋白（Acyl Carrier Protein，ACP），它们是酰基转移酶的辅助因子，其中 CoA 参与酰基转移，ACP 参与脂肪酸合成。

泛酸与糖、脂肪和蛋白质代谢关系密切。人类尚未发现典型的泛酸缺乏。

7. 生物素

生物素又称维生素 B_7，至少有两种：α-生物素和 β-生物素。广泛存在于肝脏、肾脏、蛋黄、蔬菜中，肠道菌也能合成。

提 示

生物素是多种羧化酶的辅助因子，与活性中心赖氨酸共价结合，作为羧基载体参与羧化反应，在糖、脂肪和蛋白质代谢中起重要作用。人类罕见生物素缺乏症。

8. 叶酸

叶酸又称蝶酰谷氨酸，在绿叶蔬菜及豆类、芦笋等食物中含量丰富，也存在于肝脏、鸡蛋等动物性食物中，肠道菌也能合成。

提 示

5,6,7,8-四氢叶酸（Tetrahydrofolic Acid，THF，简写为 FH_4）是叶酸的活性形式，是一碳单位转移酶类的辅助因子，参与一碳单位代谢。叶酸缺乏时，影响 DNA 复制及细胞分裂，特别是红细胞成熟受阻，导致巨幼红细胞性贫血。

9. 维生素 B_{12}

维生素 B_{12} 又称钴胺素、抗恶性贫血维生素，是唯一含金属元素的维生素，在体内有多种存在形式，主要存在于动物性食物中，如海产品、肝、肉、奶、蛋等。

提 示

维生素 B_{12} 的活性形式是甲钴胺素和 5′-脱氧腺苷钴胺素，前者参与一碳单位代谢，后者作为辅助因子参与丙酰 CoA 转化成琥珀酰 CoA 的反应。维生素 B_{12} 缺乏症为巨幼红细胞贫血，很少在膳食正常者中出现，偶见于有严重吸收障碍的患者及长期素食者。

10. 硫辛酸

硫辛酸又称 α-硫辛酸，是 α-酮酸脱氢酶复合体的辅助因子成分，参与 α-酮酸氧化脱羧反应。人体能够合成硫辛酸，未见有缺乏症报道。

（二）脂溶性维生素

重点提示

脂溶性维生素易溶于脂肪及有机溶剂，不溶于水。可以在脂肪组织、肝脏内储存；在食物中常与食物共存，因此会因脂类吸收不足而导致缺乏症；摄取过多会发生中毒。

1. 维生素 A

维生素 A 又称抗干眼病维生素，包括维生素 A_1（视黄醇）和维生素 A_2（3-脱氢视黄醇），主要来自动物性食物，母乳、肝脏、蛋黄中含量最多。一些植物性食物（如南瓜、胡萝卜、芒果等）中富含胡萝卜素，特别是β-胡萝卜素，可以在小肠黏膜细胞内被酶裂解为维生素，故β-胡萝卜素又称为维生素A原。

> **提示**
>
> 视黄醇可以被氧化成视黄醛，再进一步氧化生成视黄酸（又称为维甲酸）。视黄醇、视黄醛和视黄酸都是维生素A的活性形式，参与视觉传导，维持上皮细胞完整性，调节生长发育、生殖能力、免疫功能。

维生素A可以在体内储存，且主要储存于肝组织，占全身总量的95%。长期过量摄取会引起中毒，症状有肝损伤、骨异常、关节痛、食欲减退、呕吐等。

2. 维生素D

维生素D又称为抗佝偻病维生素，是类固醇衍生物，包括维生素D_3（胆钙化醇）和维生素D_2（麦角钙化醇）。维生素D_3主要存在于肝、鱼、蛋黄和乳制品等动物性食物中，以鱼肝油中含量最为丰富。

> **提示**
>
> 1,25-二羟维生素D_3是维生素D_3的活性形式，具有激素作用。其产生的效应主要是维持血钙血磷正常水平，影响细胞分化。

健康人通过日光浴可在皮下生成维生素D_3，生成量足以满足需要。长期摄取过量（每日超过50 μg）会引起中毒，主要表现为高钙血症、高钙尿症，可引起头痛、恶心、软组织和肾钙化。

3. 维生素E

维生素E又称为生育酚，包括生育酚类和生育三烯酚类。维生素E分布广泛，来源充足，在肉、蛋、奶、谷物、植物油中含量丰富。

> **提示**
>
> 维生素E是细胞内抗氧化系统中的主要脂溶性成分，大部分定位于生物膜脂质双层内、血浆脂蛋白中，其功能是保护多不饱和脂肪酸的其他膜成分及血浆中的低密度脂蛋白免受自由基氧化，特别是脂质过氧化。

维生素E少见缺乏，仅见于脂类吸收不良、肝病、早产儿，表现为红细胞脆性增加、贫血。

4. 维生素K

维生素K又称凝血维生素，常见的有维生素K_1和维生素K_2。维生素K分布广泛，维生素K_1在绿叶植物及动物肝脏内含量丰富，维生素K_2是肠道菌的代谢产物，此外还有人工合

成的维生素 K_3 用于口服或注射。

> **提　示**
>
> 　　维生素 K 是 γ-谷氨酰羧化酶的辅助因子，参与肝脏合成的凝血因子Ⅱ（又称凝血酶原）、凝血因子Ⅶ、凝血因子Ⅸ、凝血因子Ⅹ和抗凝物质蛋白 C、S 等的翻译后修饰，维持正常凝血功能。维生素 K 还可以促进骨代谢，减少动脉钙化，降低动脉硬化危险性。

　　维生素 K 分布广泛，一般不易缺乏。但胆汁淤积、脂类吸收不良等可导致其缺乏，发生继发性凝血酶缺陷，引起凝血功能障碍，表现为凝血时间延长，严重时发生皮下、肌肉及消化道出血。

本章小结

　　生命的物质基础是蛋白质，是一切组织和细胞的重要组成成分。

　　组成蛋白质的特征性元素是氮，氨基酸是组成蛋白质的结构单位。氨基酸通过肽键连接成肽，其中谷胱甘肽是体内重要的抗氧化剂。

　　蛋白质的结构包括基本结构和空间结构。基本结构是指蛋白质分子中的氨基酸排列顺序。维持蛋白质一级结构的主要化学键是肽键，还有少量二硫键。第一个被阐明的蛋白质一级结构的物质是牛胰岛素。

　　蛋白质的二级结构是指多肽链中主链原子在局部空间的构象，包括 α-螺旋、β-折叠、β-转角和无规卷曲等。维持空间构象的化学键是氢键。

　　蛋白质的三级结构是指一条多肽链在二级结构的基础上进一步盘曲、折叠而形成的整体三维立体构象。三级结构的稳定力有盐键（离子键）、疏水键、氢键、二硫键和范德华力。

　　蛋白质的四级结构是指由几条具有三级结构的多肽链通过非共价键结合而形成的多聚体。

　　蛋白质的一级结构与空间结构都与蛋白质的功能密切相关。一级结构的改变可引起生物学功能的变化，称为分子病。

　　蛋白质是由氨基酸组成的，两者的理化性质有些是相同的，如两性解离、等电点及呈色反应等。蛋白质溶液是一种比较稳定的胶体，同性电荷与水化膜是其稳定因素。破坏其任何一种因素，蛋白质就可发生沉淀。加热可出现凝固、变性。

　　酶是由活细胞合成、具有高效催化效率、特异性强的、可调控的一类生物催化剂，其本质是蛋白质。

　　酶按分子组成分类可分为单纯酶和结合酶（全酶）。结合酶的酶蛋白决定酶促反应的特异性，辅助因子则传递原子、电子或基团，两者结合才能发挥催化作用。许多 B 族维生素的衍生物参与辅助因子的组成。

一些与酶活性有关的必需基团在立体构象上彼此靠近，形成一定的空间结构，可与底物相结合并发挥催化作用的部位，称为酶的活性中心。

体内有些酶以无活性的酶原形式存在，只有在一定条件下才可被激活而形成有活性的酶。酶原存在的生理意义有保护分泌酶原的组织不受酶的自身催化。

影响酶促反应的因素有：酶浓度、底物浓度、温度、pH、抑制剂及激活剂。其中有临床意义的是竞争性抑制剂对酶活性的影响，如磺胺类药物、抗肿瘤药物等。

酶与医学的关系密切，许多疾病的发生与酶的缺陷或抑制有关。酶活性的测定有利于疾病的诊断。某些酶可作为治疗的药物，并且是抗菌抗癌等药物设计的依据。

维生素是人体重要的营养物质之一，有以下特点：其一，维生素既不是构成机体的组成成分，也不具有氧化功能，它们大多数是参与构成酶的辅助因子，在代谢过程中发挥着重要作用。其二，维生素种类多，化学结构各异，均属于小分子有机合成物。其三，机体对维生素需要量少，多数维生素机体不能合成，必须从食物中摄取。如果摄取不足会引起代谢紊乱，若长期摄取过量也会出现中毒症状。

本章重点名词解释

1. 标准氨基酸
2. 肽
3. 蛋白质等电点
4. 酶
5. 酶的活性中心
6. 酶原与酶原激活
7. 维生素

思考与练习

一、选择题

1. 氨基酸是蛋白质的结构单位，自然界中有（　　）种氨基酸。

   A. 20 　　　　　　　　　　　　　　B. 32

   C. 64 　　　　　　　　　　　　　　D. 300 多

2. 蛋白质的特征性元素是（　　）。

   A. C 　　　　　　　　　　　　　　B. H

   C. N 　　　　　　　　　　　　　　D. O

3. 关于蛋白质结构的不正确叙述是（　　）。

    A. α-螺旋属于二级结构

    B. 各种蛋白质均具有一级、二级、三级、四级结构

    C. 三级结构属于空间结构

    D. 无规卷曲是在一级结构基础上形成的

4. 下列叙述中正确的是（　　）。

    A. 少数 RNA 具有催化活性

    B. 所有的蛋白质都是酶

    C. 所有的酶对其底物都具有绝对特异性

    D. 所有的酶都需要辅助因子

5. 酶与一般催化剂的区别是（　　）。

    A. 不改变化学平衡   B. 具有很高的特异性

    C. 能降低活化能   D. 能缩短达到化学平衡的时间

6. 盐析沉淀蛋白质的原理是（　　）。

    A. 中和电荷，破坏水化膜   B. 与蛋白质结合成不溶性蛋白盐

    C. 降低蛋白质溶液的介电常数   D. 调节蛋白质溶液的等电点

7. 关于肽键与肽，正确的是（　　）。

    A. 肽键具有部分双键性质

    B. 是核酸分子中的基本结构键

    C. 含三个肽键的肽称为三肽

    D. 多肽经水解下来的氨基酸称氨基酸残基

8. 蛋白质的一级结构和空间结构取决于（　　）。

    A. 分子中氢键   B. 分子中次级键

    C. 氨基酸组成和顺序   D. 分子内部疏水键

9. 分子病主要是（　　）结构异常。

    A. 一级   B. 二级

    C. 三级   D. 四级

10. 维持蛋白质三级结构的主要键是（　　）。

    A. 肽键   B. 共轭双键

    C. R 基团的排斥力   D. 次级键

11. 芳香族氨基酸是（　　）。

    A. 苯丙氨酸   B. 羟酪氨酸

    C. 赖氨酸   D. 脯氨酸

12. 蛋白质变性的主要特点是（　　）。

    A. 黏度下降   B. 溶解度增加

    C. 不易被蛋白酶水解   D. 生物学活性丧失

13. 下列具有四级结构的蛋白质是（　　　）。

  A. 纤维蛋白   B. 肌红蛋白

  C. 清蛋白   D. 乳酸脱氢酶

14. 蛋白质高分子溶液的特性有（　　　）。

  A. 黏度大   B. 相对分子质量大，分子对称

  C. 能透过半透膜   D. 扩散速度快

15. 蛋白质分子中主要的化学键是（　　　）。

  A. 肽键   B. 二硫键

  C. 酯键   D. 盐键

16. 蛋白质的等电点是指（　　　）。

  A. 蛋白质溶液的 pH 等于 7 时溶液的 pH

  B. 蛋白质溶液的 pH 等于 7.4 时溶液的 pH

  C. 蛋白质分子呈正离子状态时溶液的 pH

  D. 蛋白质分子的正电荷与负电荷相等时溶液的 pH

17. 变性蛋白质的特性有（　　　）。

  A. 溶解度显著增加   B. 生物学活性丧失

  C. 不易被蛋白酶水解   D. 凝固或沉淀

18. 蛋白质变性和 DNA 变性的共同点是（　　　）。

  A. 生物学活性丧失   B. 易恢复天然状态

  C. 易溶于水   D. 结构紧密

19. 关于蛋白质的二级结构正确的是（　　　）。

  A. 一种蛋白质分子只存在一种二级结构类型

  B. 是多肽链本身折叠盘曲而形成

  C. 主要为 α-双螺旋和 β-片层结构

  D. 维持二级结构稳定的键是肽键

20. 关于组成蛋白质的氨基酸结构，正确的说法是（　　　）。

  A. 在 α-碳原子上都结合有氨基或亚氨基

  B. 所有的 α-碳原子都是不对称碳原子

  C. 组成人体的氨基酸都是 L 型

  D. 赖氨酸是唯一的一种亚氨基酸

21. 某一蛋白质样品测出含氮量为 5 g，此样品中的蛋白质大致含量为（　　　）。

  A. 16 g   B. 18 g

  C. 31.25 g   D. 6.25 g

22. 透析利用的蛋白质性质是（　　　）。

  A. 亲水胶体性质   B. 不能透过半透膜

  C. 变性作用   D. 沉淀作用

23. 各种蛋白质的等电点不同是由于（　　）。

    A. 相对分子质量大小不同　　　　　　B. 蛋白质分子结构不同

    C. 蛋白质的氨基酸组成不同　　　　　D. 溶液的 pH 不同

24. 关于蛋白质结构，下面叙述错误的是（　　）。

    A. 蛋白质的结构层次目前分为四级

    B. 一级结构是基础，它决定其空间结构

    C. 天然蛋白质至少是三级结构

    D. 凡是蛋白质都具有三级结构

25. 根据蛋白质颗粒所带电荷不同，常用的分离方法是（　　）。

    A. 电泳法　　　　　　　　　　　　　B. 透析法

    C. 层析法　　　　　　　　　　　　　D. 超滤法

26. 正常的血红蛋白和镰刀型贫血病的血红蛋白结构的区别是（　　）。

    A. 亚基数不同

    B. 每一亚基的结构不同

    C. β-亚基 N 端第六位氨基酸残基不同

    D. α-亚基 N 端第六位氨基酸残基不同

27. 关于酶的叙述正确的一项是（　　）。

    A. 所有的酶都含有辅酶或辅基

    B. 都只能在体内起催化作用

    C. 所有酶的本质都是蛋白质

    D. 都能增大化学反应的平衡常数加速反应的进行

28. 有机磷能使乙酰胆碱酯酶失活，是因为（　　）。

    A. 与酶分子中的苏氨酸残基上的羟基结合，解磷啶可消除它对酶的抑制作用

    B. 这种抑制属反竞争性抑制作用

    C. 与酶活性中心的丝氨酸残基上的羟基结合，解磷啶可消除对酶的抑制作用

    D. 属可逆抑制作用

29. 酶催化的化学反应是（　　）。

    A. 酶促反应　　　　　　　　　　　　B. 盐析

    C. 沉淀　　　　　　　　　　　　　　D. 加热

30. 关于酶与温度的关系，错误的论述是（　　）。

    A. 最适温度不是酶的特征常数

    B. 酶是蛋白质，即使反应的时间很短也不能提高反应温度

    C. 酶制剂应在低温下保存

    D. 酶的最适温度与反应时间有关

31. 酶原所以没有活性是因为（　　）。

    A. 酶蛋白肽链合成不完全　　　　　　B. 活性中心未形成或未暴露

C. 酶原是一般蛋白质　　　　　　D. 缺乏辅酶或辅基

32. 酶的活性中心是指（　　）。

　　A. 由必需基团组成的具有一定空间构象的区域

　　B. 结合底物但不参与反应的区域

　　C. 变构剂直接作用的区域

　　D. 重金属盐沉淀酶的结合区域

33. 非竞争性抑制作用与竞争性抑制作用的不同点在于前者的（　　）。

　　A. 提高底物浓度，v_{max} 仍然降低

　　B. 抑制剂与底物结构相似

　　C. K_M 值下降

　　D. 抑制剂与酶活性中心内的基因结合

34. 对酶来说，下列不正确的有（　　）。

　　A. 酶可加速化学反应速率，因而改变反应的平衡常数

　　B. 酶对底物和反应类型有一定的专一性（特异性）

　　C. 酶加快化学反应的原因是提高作用物（底物）的分子运动能力

　　D. 酶对反应环境很敏感

35. 关于酶的竞争性抑制作用的说法正确的是（　　）。

　　A. 使 K_M 值不变　　　　　　B. 抑制剂结构一般与底物结构不相似

　　C. v_{max} 增高　　　　　　　D. 增加底物浓度可减弱抑制剂的影响

36. 关于酶的非竞争性抑制作用正确的说法是（　　）。

　　A. 增加底物浓度能减少抑制剂的影响　　B. v_{max} 增加

　　C. 抑制剂结构与底物有相似之处　　　　D. K_M 值不变

37. 影响酶促反应的因素有（　　）。

　　A. 温度　　　　　　　　　　B. 高度

　　C. 长度　　　　　　　　　　D. 宽度

38. 酶促反应中，决定酶的特异性的是（　　）。

　　A. 酶蛋白　　　　　　　　　B. 辅酶或辅基

　　C. 金属离子　　　　　　　　D. 底物

39. 同工酶的特点是（　　）。

　　A. 分子结构相同　　　　　　B. 催化的反应相同

　　C. K_M 值相同　　　　　　　D. 理化性质相同

40. 酶蛋白变性后其活性丧失，这是因为（　　）。

　　A. 酶蛋白被完全降解为氨基酸　　B. 酶蛋白的一级结构受破坏

　　C. 酶蛋白的空间结构受到破坏　　D. 酶蛋白不再溶于水

41. 以下辅酶或辅基含维生素 PP 的是（　　）。

　　A. FAD 和 FMN　　　　　　B. NAD⁺ 和 FAD

C. TPP 和 CoA   D. NAD^+ 和 $NADP^+$

42. 含 LDH_1 丰富的组织是（   ）。

    A. 肝脏   B. 肺

    C. 心脏   D. 脑

43. 参与构成 FMN 的维生素是（   ）。

    A. 维生素 B_1 B. 维生素 B_2

    C. 维生素 B_6 D. 维生素 PP

44. 酶原激活的生理意义在于（   ）。

    A. 提高酶的活性   B. 使酶不被破坏

    C. 加快反应进行   D. 避免细胞的自身消化

45. FH_4 作为辅酶的酶是（   ）。

    A. 一碳单位转移酶   B. 酰基转移酶

    C. 转氨酶   D. 转酮基酶

46. 酶保持催化活性，必须（   ）。

    A. 酶分子完整无缺   B. 有酶分子所有化学基团存在

    C. 有金属离子参加   D. 有活性中心及必需基团

47. 能使唾液淀粉酶活性增强的离子是（   ）。

    A. 氯离子   B. 锌离子

    C. 铜离子   D. 锰离子

48. 酶活性是指（   ）。

    A. 酶所催化的反应   B. 酶与底物的结合

    C. 酶的催化能力   D. 无活性的酶转变成有活性的酶

49. 国际生物化学酶学会将酶分为六大类的依据是（   ）。

    A. 酶的来源   B. 酶的结构

    C. 酶的物理性质   D. 酶促反应的性质

50. 儿童缺乏维生素 D 时易患（   ）。

    A. 佝偻病   B. 骨软化症

    C. 坏血病   D. 癞皮病

二、简答题

1. 简述蛋白质的分子组成及结构。

2. 简述酶促反应的特点。

3. 简述酶促反应动力学。

4. 简述维生素与代谢反应的关系。

核 酸 化 学

学习目标

掌握:

1. 两类核酸 (DNA 和 RNA) 化学组成的异同
2. 某些重要核苷酸的结构和功能
3. 核酸中核苷酸之间的连接方式
4. DNA 二级结构的双螺旋结构模型要点
5. tRNA 二级结构——三叶草形结构特点

熟悉:

1. 核酸的分子组成
2. 核苷酸、核苷和碱基的基本概念及其结构
3. 常见核苷酸的缩写符号
4. 各类 RNA 的结构特点及功能

了解:

核酸的理化性质及应用

本章知识导图

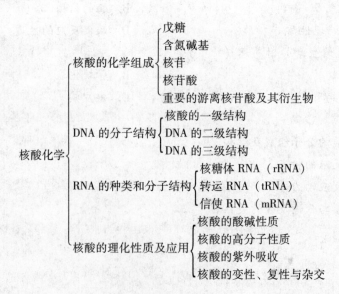

核酸是一类含磷的高分子化合物，是组成细胞的主要成分之一，由于它最早是从细胞核中分离出来，且具有酸性，故称核酸。

核酸分为两大类：一类含有核糖，称为核糖核酸（RNA）；另一类含有脱氧核糖，称为脱氧核糖核酸（DNA）。所有生物细胞都含有这两类核酸。在真核生物中，RNA 存在于细胞质和细胞核中，DNA 主要存在于细胞核中，少量存在于线粒体或植物的叶绿体内。

核酸的主要生理功能是携带、储存和传递遗传信息。生物体的遗传信息以密码形式编码在核酸分子上，表现为特定的核苷酸序列。DNA 通常为双链结构，RNA 为单链结构。DNA 和 RNA 结构的差异与其功能的不同相关联。DNA 是主要的遗传物质，通过复制将遗传信息由亲代传递给子代。RNA 则主要参与遗传信息的表达，其中核糖体 RNA（rRNA）是核糖体的结构成分，核糖体是蛋白质合成"机器"；信使 RNA（mRNA）把遗传信息从 DNA 带到核糖体，指导蛋白质合成；转运 RNA（tRNA）在蛋白质合成中运输氨基酸，同时又把核酸语言翻译成蛋白质语言，实现从核苷酸序列到氨基酸序列的转化。

第一节　核酸的化学组成

1868 年，瑞士青年科学家米歇尔（F. Miescher）由脓细胞分离得到细胞核，用于研究核的化学成分。当用酸继续处理这些核时，有白色沉淀出现，沉淀中含有碳、氢、氧、氮和高浓度的磷，Miescher 称这种白色沉淀为核素。后来发现它有很强的酸性，1889 年阿尔特曼（R. Altmann）最先提出了"核酸"这个名称。核酸是由核苷酸组成的大分子聚合物，其基本结构单位是核苷酸。核酸可被降解为核苷酸，核苷酸还可进一步分解为核苷，核苷又可分解成碱基和戊糖，如图 3 – 1 所示。

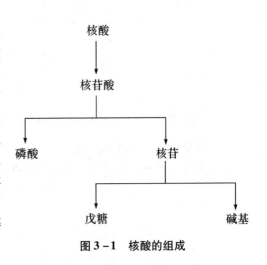

图 3 – 1　核酸的组成

一、戊　糖

重点提示

组成核酸的戊糖有两种，即核糖和脱氧核糖。

根据核酸所含戊糖种类的不同，将核酸分为核糖核酸（RNA）和脱氧核糖核酸（DNA）两大类。

核糖核苷酸是 RNA 的基本结构单位，所含戊糖为 D-核糖；脱氧核糖核苷酸是 DNA 的基本结构单位，所含戊糖为 D-2-脱氧核糖。

核苷酸中的戊糖为 β-呋喃型环状结构，如图 3 – 2 所示。

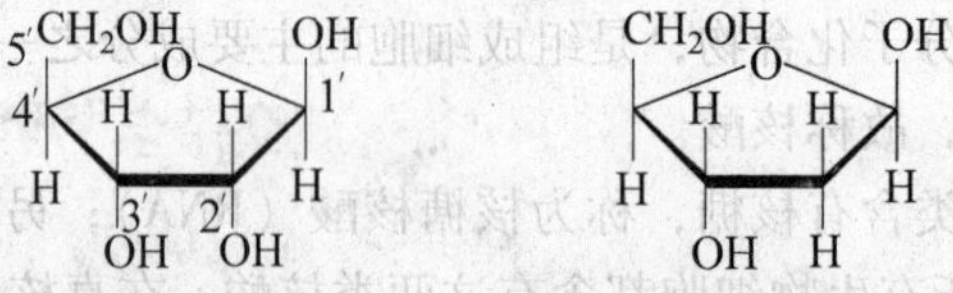

图 3-2 核酸中的戊糖结构

核糖 ★　　　　　　脱氧核糖 ★

二、含氮碱基

提示

　　组成核酸的碱基有两大类：嘧啶碱基和嘌呤碱基。嘧啶碱基是嘧啶的衍生物；嘌呤碱基是嘌呤的衍生物，如图 3-3 所示。

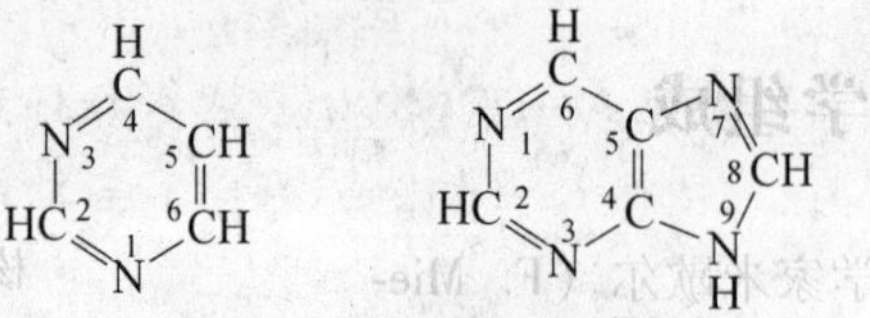

图 3-3 嘧啶和嘌呤的结构

提示

　　核酸中的嘧啶碱基主要有三种：尿嘧啶（U）、胸腺嘧啶（T）和胞嘧啶（C）。嘌呤碱基主要有两种：腺嘌呤（A）和鸟嘌呤（G）。如图 3-4 所示。

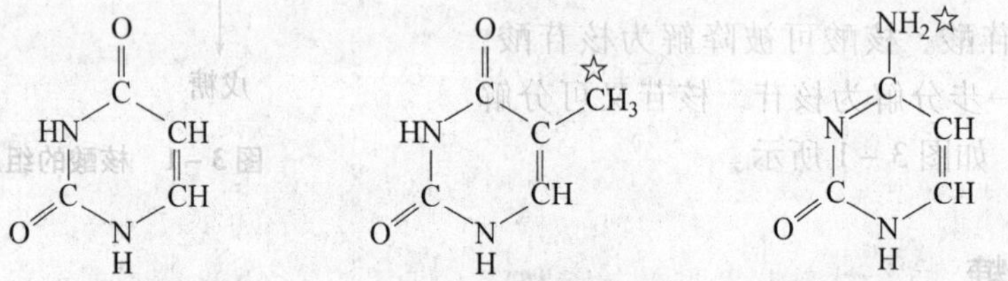

尿嘧啶(U)
(2,4-二氧嘧啶)

胸腺嘧啶(T)
(2,4-二氧-5-甲基嘧啶)

胞嘧啶(C)
(2-氧-4-氨基嘧啶)

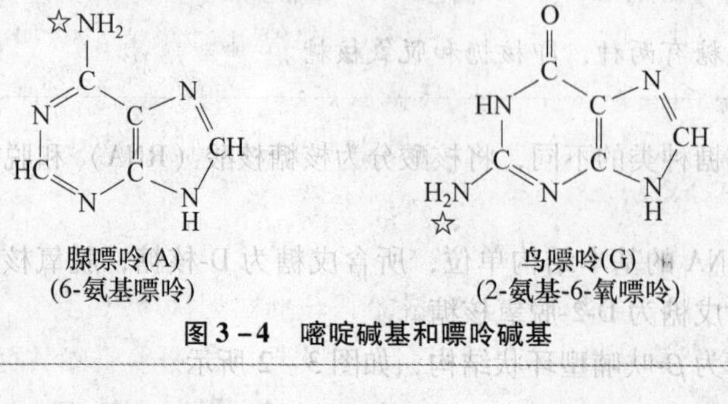

腺嘌呤(A)
(6-氨基嘌呤)

鸟嘌呤(G)
(2-氨基-6-氧嘌呤)

图 3-4 嘧啶碱基和嘌呤碱基

腺嘌呤、鸟嘌呤和胞嘧啶既存在于核糖核苷酸中，也存在于脱氧核糖核苷酸中；尿嘧啶只存在于核糖核苷酸中；胸腺嘧啶只存在于脱氧核糖核苷酸中。

除了常规碱基以外，生物体内还存在其他一些碱基，但含量很少，称为稀有碱基，如图3-5所示。在转运核糖核酸中就含有一些共价修饰碱基，如5-甲基胞嘧啶和 N^6-甲基腺嘌呤；还有一些重要的碱基是核苷酸代谢的中间产物，如乳清酸（尿嘧啶-6-羧酸）和次黄嘌呤；咖啡因和茶碱是两种甲基化的嘌呤衍生物，是存在于咖啡豆和茶叶制备的饮料中的兴奋剂。

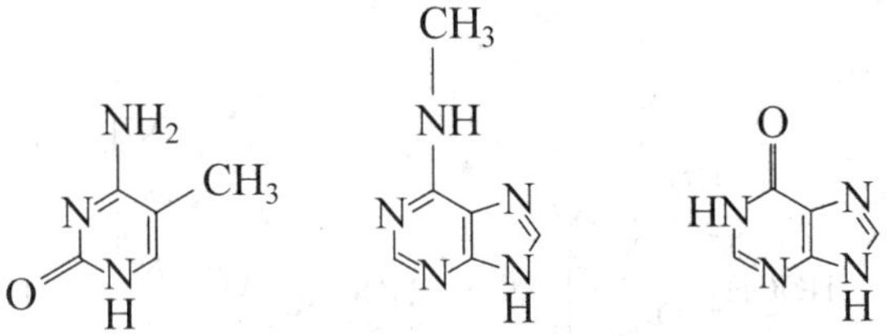

5-甲基胞嘧啶 N^6-甲基腺嘌呤   次黄嘌呤

图3-5 核酸中的部分稀有碱基

三、核 苷

> **提示**
>
> 核苷是一种糖苷，由戊糖和碱基缩合而成。戊糖与碱基之间以 β-N-糖苷键相连接。

戊糖的第一位碳原子（C-1）与嘧啶碱的第一位氮原子（N-1）或嘌呤碱的第九位氮原子（N-9）相连接，因戊糖为 β-呋喃型环状结构，此 N—C 键被称为 β-N-糖苷键。核苷中糖环平面上的碳原子标号右上角加撇"′"，碱基中氮原子的标号不加撇"′"，以示区别。

根据核苷中所含戊糖的不同，将核苷分为两大类：核糖核苷和脱氧核糖核苷（图3-6）。对核苷进行命名时，须先冠以碱基的名称。如含有腺嘌呤的核糖核苷就称为腺嘌呤核苷，同样，含有鸟嘌呤、胞嘧啶和尿嘧啶的核苷则分别称为鸟嘌呤核苷、胞嘧啶核苷和尿嘧啶核苷，这四种核苷分别简称为腺苷、鸟苷、胞苷和尿苷。四种常见的脱氧核糖核苷分别是脱氧腺嘌呤核苷、脱氧鸟嘌呤核苷、脱氧胞嘧啶核苷和脱氧胸腺嘧啶核苷，简称为脱氧腺苷、脱氧鸟苷、脱氧胞苷和脱氧胸苷，因胸腺嘧啶很少出现在核糖核苷中，所以脱氧胸腺嘧啶核苷也可简称为胸苷。用于表示碱基的单字母也可以用来表示核苷，即用 A、G、C、U 和 T 分别表示腺苷、鸟苷、胞苷、尿苷和胸苷。

除上述主要核苷以外，还存在其他一些核苷，如在 tRNA 中的假尿嘧啶核苷；还有一些抗生素也是核苷，如蛹虫草菌素（3′-脱氧腺苷），阿糖胞苷是一种治疗某些癌症的药物。

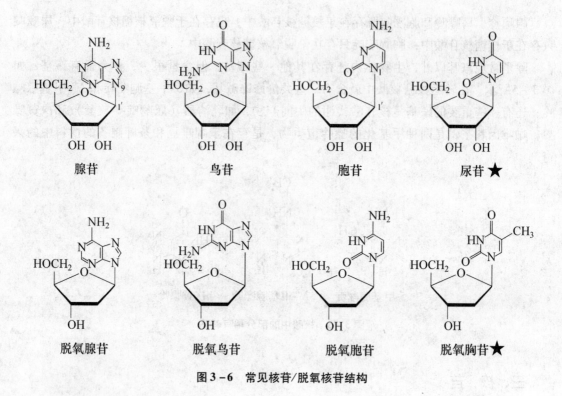

图3-6 常见核苷/脱氧核苷结构

四、核苷酸

┌─ 重点提示 ───┐

核苷中的戊糖羟基被酯化，就形成核苷酸，因此核苷酸是核苷的磷酸酯。

└──┘

核苷含有3个可以被酯化的羟基（2′、3′和5′），脱氧核苷含有两个这样的羟基（3′和5′）。生物体内出现的核苷酸多是5′-核苷酸。同核苷一样，核苷酸也因所含戊糖种类不同分为核糖核苷酸和脱氧核糖核苷酸，如图3-7所示。核糖核苷酸有腺苷酸、鸟苷酸、胞苷酸和尿苷酸；脱氧核苷酸有脱氧腺苷酸、脱氧鸟苷酸、脱氧胞苷酸和脱氧胸苷酸。

核苷酸的系统命名须给出分子中存在的磷酸基团数目，核苷的5′-单磷酸酯就称为核苷一磷酸（Nucleoside Monophosphate，NMP）。核苷一磷酸可进一步磷酸化，形成核苷二磷酸（Nucleoside Diphosphate，NDP）和核苷三磷酸（Nucleoside Triphosphate，NTP），如图3-8所示。

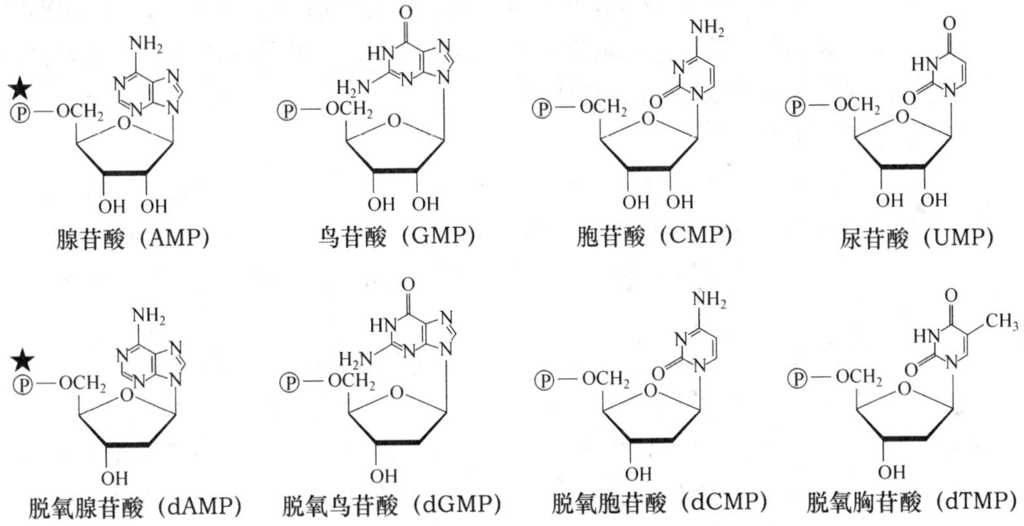

图 3-7　常见核苷酸/脱氧核苷酸结构

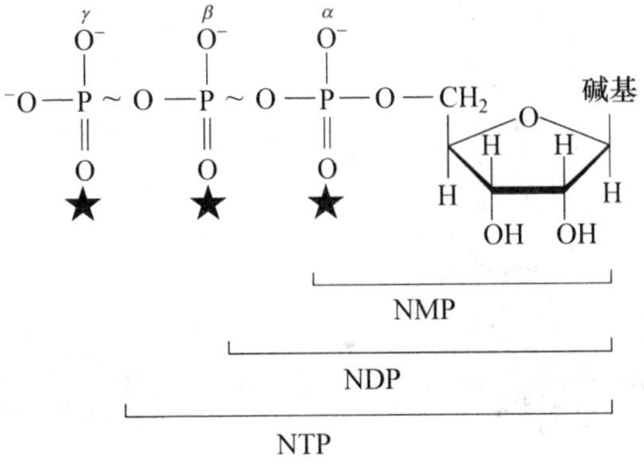

图 3-8　核苷三磷酸结构

五、重要的游离核苷酸及其衍生物

细胞内存在多种游离核苷酸和一些核苷酸的衍生物,这些物质具有重要的生理功能。

(一) 核苷三磷酸与脱氧核苷三磷酸

┌─ **重点提示** ─────────────────────────────────────┐

　　核苷三磷酸为许多代谢提供必需的化学能,是许多生命活动所需能量的直接供体。如腺苷三磷酸 (Adenosine Triphosphate,ATP) 处于能量代谢的中心位置,RNA 的合成原料是核苷三磷酸 (NTP);鸟苷三磷酸 (Guanosine Triphosphate ,GTP) 也能为蛋白质合成供能。DNA 的合成原料是脱氧核苷三磷酸 (dNTP)。

└──┘

RNA 的水解产物是核苷一磷酸（NMP），DNA 的水解产物是脱氧核苷一磷酸（dNMP）。

核苷三磷酸还参与代谢调节：一是酶的化学修饰调节，主要是 ATP 提供磷酸基团使蛋白质磷酸化；二是作为变构剂参与酶的变构调节。

（二）核苷酸衍生物

尿苷二磷酸葡萄糖（Uridine Diphosphate Glucose，UDP-葡萄糖）、胞苷二磷酸甘油二酯（Cytidine Diphosphate Diacylglycerol，CDP-甘油二酯）、胞苷二磷酸胆碱（Cytidine Diphospho-choline，CDP-胆碱）均为核苷酸衍生物，分别是糖原合成、甘油磷脂合成过程中的活性中间物。

腺苷酸也参与酶辅助因子的构成。酶是蛋白质类生物催化剂，许多酶在发挥催化活性时需要辅助因子，其中一些辅助因子含有腺苷酸组分，如烟酰胺腺嘌呤二核苷酸（NAD$^+$）、烟酰胺腺嘌呤二核苷酸磷酸（NADP$^+$）、黄素腺嘌呤二核苷酸（FAD）和辅酶 A（CoA）。

ATP 和 GTP 分别在腺苷酸环化酶和鸟苷酸环化酶的催化下生成 3′,5′-环腺苷酸（Cyclic Adenosine Monophosphate，cAMP）和 3′,5′-环鸟苷酸（Cyclic Guanosine Monophosphate，cGMP），如图 3-9 所示。

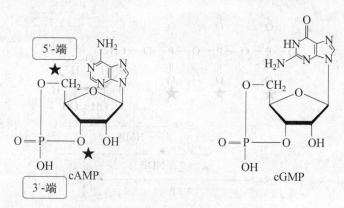

图 3-9 环腺苷酸和环鸟苷酸的结构

重点提示

cAMP 和 cGMP 可以作为第二信使，在激素对代谢的调节中发挥作用。

第二节 DNA 的分子结构

核酸是生物高分子聚合物，无分支结构，它的基本单位是核苷酸。DNA 和 RNA 中常见的核苷酸虽然只有 4 种，但由于 DNA 和 RNA 相对分子质量都很大，各种核酸中核苷酸少则 70 多个，多则几千万个甚至上亿个，而且都是按照一定的排列顺序连接而成的，因此核酸的种类很多，并和蛋白质一样，有一定的一级结构和高级结构。核酸中由部分核苷酸形成的有规律、稳定的空间结构属于其二级结构；三级结构是研究生物体内 DNA、染色质、染色体的超级结构。

一、核酸的一级结构

> **重点提示**
>
> 核酸的共价结构就是核酸的一级结构，通常是指核酸的核苷酸序列，又称为碱基序列。核酸分子所携带的遗传信息以遗传密码的形式编录在自身的核苷酸排列顺序中，因此研究核酸分子的一级结构极其重要。

（一）核酸分子中核苷酸的连接方式

> **提 示**
>
> 在核酸分子中，每个核苷酸以其 $3'$-羟基与下一个核苷酸的 $5'$-磷酸形成 $3',5'$-磷酸二酯键。

核酸链有主链和侧链，主链由磷酸与戊糖交替构成，碱基相当于侧链。主链亲水，戊糖羟基与水形成氢键，磷酸基在 pH = 7 时完全解离，带负电荷，可与带正电荷的蛋白质、金属离子、多胺形成离子键；侧链有疏水作用。

> **重点提示**
>
> 核酸链具有方向性，有两个末端，一端为 $5'$-末端，另一端为 $3'$-末端。无论是 DNA，还是 RNA，其生物合成过程都是按 $5'\rightarrow3'$ 方向进行，因此核苷酸序列都是按照 $5'\rightarrow3'$ 方向读写。

核酸的共价结构（一级结构）主要有两种表示方法：竖线式和文字式。竖线式中的竖线代表戊糖，顶端为 C-1′ 与碱基相连，P 表示磷酸基团，分别与戊糖的 3′ 和 5′ 以磷酸二酯键相连，原则上 5′端在左侧，3′端在右侧。文字式用 P 表示磷酸基团，当它放在核苷酸符号的左侧时，表示磷酸与糖环的 5′羟基结合，右侧表示与 3′羟基结合；简写式中的 P 亦可省去，用连字符代替或将连字符也省去，仅以字母表示核苷酸的序列，但末端的磷酸基需标上，表示 5′-末端。如图 3-10 所示是几种核苷酸连接的书写方式。

（二）DNA 的一级结构

1. DNA 一级结构的特点

DNA 的一级结构是由数量极其庞大的 4 种脱氧核糖核苷酸通过 $3',5'$-磷酸二酯键形成的直线形或环形多聚核苷酸链。这4种脱氧核糖核苷酸即为前面介绍的脱氧核糖腺苷酸、脱氧核糖鸟苷酸、脱氧核糖胞苷酸和脱氧核糖胸苷酸。在多聚核苷酸链中，脱氧核糖和磷酸都是相同的，只有碱基是变化的，所以核苷酸顺序也可以表示为碱基顺序。

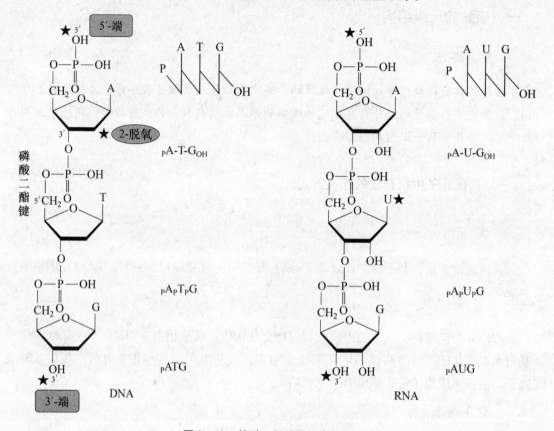

图3-10 核酸一级结构和书写方式

2. DNA 一级结构的功能

DNA 一级结构中储存有生物体的遗传信息。这些决定生物遗传性状的信息是以特定的核苷酸顺序编码储存在 DNA 分子中的，如果核苷酸排列顺序改变，其生物学含义也随之改变。测定 DNA 的一级结构在核酸研究中具有十分重要的意义。

难点提示

生物体的遗传特征主要由 DNA 决定，细胞内每一种蛋白质的氨基酸序列以及每一种 RNA 的核苷酸序列都是由 DNA 的核苷酸序列编码的。编码有功能的蛋白质多肽链或 RNA 所必需的全部核酸序列称为基因（Gene），即基因的本质是 DNA 序列，表达一定的功能产物，包括蛋白质和 RNA。一个基因除了含有功能产物的编码序列外，还含有表达该编码序列所需的调控序列等非编码序列。

二、DNA 的二级结构

（一）DNA 的碱基组成规律

在 20 世纪 40 年代，奥地利生物学家查格夫（Chargaff）等科学家通过测定各种生物 DNA 的碱基组成，发现 DNA 碱基组成的某些规律，并提出 Chargaff 法则：① DNA 的碱基组成有物种差异，没有组织差异，即不同物种 DNA 的碱基组成不同，同一个体不同组织 DNA 的碱基组成相同。② 一个物种 DNA 的碱基组成不随年龄、营养和环境的改变而改变。③ 不同物种 DNA 的碱基组成均存在配对关系，即 $A = T$、$G \equiv C$、$A + G = T + C$。

（二）DNA 的二级结构

1951 年，英国物理学家罗莎琳德·埃尔西·富兰克林（Rosalind Franklin）和英国莫里斯·威尔金斯（Maurice Wilkins）利用 X 射线衍射技术对 DNA 晶体进行分析，如图 3-11 所示。根据获得的衍射图推测 DNA 的结构是一个螺旋，该螺旋沿着其长轴有两个周期，分别出现在 0.34 nm 和 3.4 nm 处；此外，DNA 分子含有两股链。

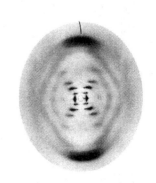

图 3-11 DNA X 射线衍射图

1. 经典 DNA 右手双螺旋结构模型

1953 年，美国詹姆斯·沃森（J. D. Watson）和英国弗朗西斯·克里克（F. H. C. Crick）提出 DNA 右手双螺旋结构模型，该模型的提出主要依据三方面的研究：一是已知核酸化学结构和核苷酸键长与键角的数据；二是 Chargaff 法则所涉及的 DNA 碱基组成规律和碱基间的配对关系；三是对 DNA X 射线衍射图的分析结果。

难点提示

经典 DNA 右手双螺旋结构模型具有如下特征：

（1）DNA 是一反向平行的互补双链结构，DNA 分子由两股核苷酸链组成，一股链的走向是 $5' \to 3'$，另一股链的走向是 $3' \to 5'$。两股链的脱氧核糖基和磷酸基位于双链的外侧，碱基位于内侧，糖环平面几乎与碱基平面成直角。两股链的碱基间以氢键相结合，并有固定的配对方式：A 与 T 配对，形成两个氢键；C 与 G 配对，形成三个氢键的配对规律。这个规律称为碱基互补规则，如图 3-12、图 3-13 所示。

（2）DNA 是右手螺旋结构：DNA 分子双链围绕同一中心轴缠绕形成右手螺旋，直径为 2 nm，碱基平面与螺旋中心轴垂直，碱基平面间距离为 0.34 nm，螺旋每旋转一周包含了 10 对碱基，螺距为 3.4 nm。从外观看，双螺旋表面有一个大沟和一个小沟，大沟宽 1.2 nm，小沟宽 0.6 nm，如图 3-14 所示。

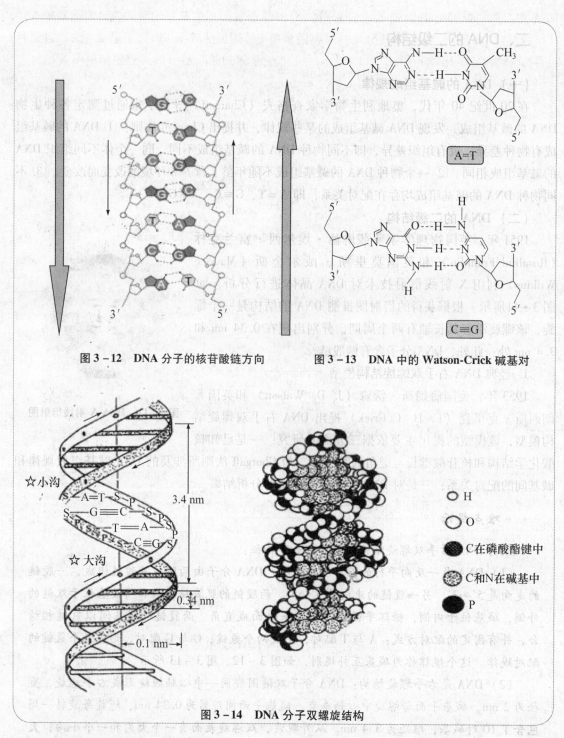

图 3-12　DNA 分子的核苷酸链方向　　　　图 3-13　DNA 中的 Watson-Crick 碱基对

图 3-14　DNA 分子双螺旋结构

2. DNA 双螺旋结构稳定的维系

氢键和碱基堆积力维系 DNA 双螺旋结构的稳定性，碱基对之间的氢键维系双链结构的横向稳定性，而碱基平面之间的碱基堆积力则维系双螺旋结构的纵向稳定性。骨架的磷酸基团带有负电荷，这些负电荷间的静电排斥力可能造成 DNA 双螺旋的不稳定，而磷酸基团通过与阳离子或 DNA 结合蛋白之间的作用可降低排斥力。如果缺少蛋白质和阳离子，整个 DNA 双螺旋结构的稳定性将大大降低，如图 3 - 15 所示。

3. DNA 双螺旋的多样性

DNA 的结构受环境条件的影响而改变。Watson-Crick 的 DNA 双螺旋模型称为 B 型 DNA 构象，是在近似于生理条件下的结构。除 B 型外，还有 A 型、C 型、D 型、E 型，此外还发现左手双螺旋 Z 型 DNA，如图 3 - 16 所示。A 型 DNA 构象同样为右手双螺旋，但比较粗短，大沟变深，小沟变浅。Z 型 DNA 是 1979 年，美国亚历山大·里奇（Alexander Rich）等在研究人工合成的 CGCGCG 的晶体结构时发现的。Z - DNA 的特点是细长，两股反向平行的多核苷酸互补链组成的螺旋呈锯齿形（或 Z 字形），其表面只有一条深沟，每旋转一周是包含了 12 个碱基对。研究表明在生物体内的 DNA 分子中确实存在 Z-DNA 区域，其功能可能与基因表达的调控有关。

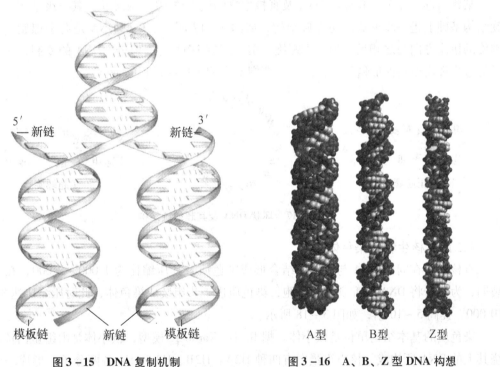

5′ —新链　　　　　　　3′ 新链

模板链　新链　模板链　　　A 型　B 型　Z 型

图 3 - 15　DNA 复制机制　　　图 3 - 16　A、B、Z 型 DNA 构想

DNA 二级结构还存在三股螺旋 DNA，三股螺旋 DNA 中通常是一条同型寡核苷酸与寡嘧啶核苷酸-寡嘌呤核苷酸双螺旋的大沟结合，三股螺旋中的第三股可以来自分子间，也可以来自分子内。三股螺旋 DNA 存在于基因调控区和其他重要区域，因此具有重要生理意义。

三、DNA 的三级结构

双螺旋并不是 DNA 在细胞内的最终结构。一个大肠埃希菌细胞内的 DNA 的双螺旋长度为 1.7 mm，是其他细胞直径的 850 倍；一个人体细胞全部 DNA 双螺旋长度约 2 m；一个成人体内全部 DNA 的双螺旋长度约为地球到太阳距离的 1 400 倍。因此 DNA 必须进一步盘曲。

> **提 示**
>
> 在二级结构的基础上，DNA 双螺旋进一步扭曲和折叠形成特定的高级结构，称为 DNA 的三级结构。

（一）环状 DNA 的三级结构

某些病毒、噬菌体和细菌 DNA 及真核生物的线粒体 DNA 成环状，其三级结构是在双螺旋结构基础上进一步形成的超螺旋结构，如图 3 - 17 所示。B 型 DNA 是右手螺旋，其负超螺旋的扭曲方向与之相反，为左手螺旋。负超螺旋 DNA 易于解链。DNA 的复制、重组和转录等过程都需要将两股链解开，因此负超螺旋有利于这些过程的进行。

正超螺旋　　　　　　　　　　　　　　　　　　　负超螺旋

图 3 - 17　环状 DNA 及其超螺旋结构

（二）真核生物的染色体

真核细胞在间期 DNA 与蛋白质结合形成染色质，其压缩比为 1 000 ~ 2 000，在有丝分裂期，为便于将 DNA 分配到子代细胞，染色质进一步组装成染色体，此时压缩比达 8 000 ~ 10 000，提高 5 ~ 10 倍，如图 3 - 18 所示。

染色质的基本结构单位是核小体。据 R. D. Kornberg 模型，核小体是由组蛋白核心和盘绕其上的 DNA 所构成。核心组蛋白有四种 H2A、H2B、H3 和 H4 各两分子，形成一个八聚体；DNA 以左手螺旋在组蛋白核心上盘绕不到两圈，共有 146 bp（bp 代表碱基对，1bp = 1 碱基对）。核小体之间的 DNA 称为连接 DNA，长度为 15 ~ 55 bp。组蛋白 H1 结合于连接 DNA，使核小体彼此靠拢。DNA 组装成核小体后整体体积减小为原来的 1/7。

核小体由连接 DNA 相连成核小体链，再进一步盘绕形成 30 nm 的染色质纤丝，每圈 6 个核小体。30 nm 纤丝使 DNA 的致密程度增加约 40 倍。其后，DNA 再逐步压缩，目前较广泛接受的组装模型是：30 nm 纤丝组成突环，突环形成玫瑰花结，进而组装成螺旋圈，最终由螺旋圈组装成染色单体。

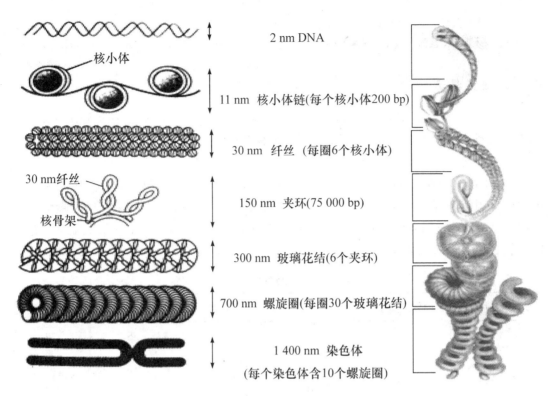

图 3-18　真核生物染色体 DNA 组装不同层次的结构

第三节　RNA 的种类和分子结构

　　RNA 的一级结构亦是无分支的线形多聚核糖核苷酸，主要由 4 种核糖核苷酸组成，即腺苷酸（Adenylic Acid，AMP）、鸟苷酸（Guanylic Acid，GMP）、胞苷酸（Cytidylic Acid，CMP）和尿苷酸（Uridylic Acid，UMP）。这些核苷酸中的戊糖不是脱氧核糖，而是核糖。此外，在 RNA 分子中还含有一些稀有碱基。RNA 分子中的核苷酸也是以 $3',5'$-磷酸二酯键相连。尽管 RNA 分子中的核糖 C-$2'$ 上有一个羟基。但并不形成 $2',5'$-磷酸二酯键。

　　RNA 的二级结构不像 DNA 的右手双螺旋结构那么典型。除了少数病毒 RNA 之外，所有生物的 RNA 都是单链结构。单链 RNA 可以通过链内互补构成局部双螺旋，与 A 型 DNA 构象相似，碱基配对原则是 A 对 U、G 对 C。RNA 的碱基配对不像 DNA 那么严格，实际上在 RNA 存在较多的 G-U 碱基对。二级结构进一步折叠形成三级结构。

　　RNA 的种类甚多，结构和功能各不一样。在所有细胞中，几乎都存在 4 种类型的 RNA：信使 RNA（mRNA）、转运 RNA（tRNA）、核糖体 RNA（rRNA）和小分子 RNA。

一、核糖体 RNA（rRNA）

> **重点提示**
>
> rRNA（ribosomal RNA）是细胞内含量最多的 RNA，占 RNA 总量的 80% ~ 85%。rRNA 与蛋白质构成核糖体，是蛋白质的合成机器。核糖体由大、小亚基构成。

原核生物核糖体 3 种 rRNA 的沉降系数分别为 5S（S 为沉降单位，即 $1S = 10^{-13}$ s）、16S 和 23S，其中小亚基含有 16S rRNA，大亚基含有 5S 和 23S rRNA。真核生物核糖体有 4 种 rRNA，沉降系数分别为 5S、5.8S、18S 和 28S，其中小亚基含有 18S rRNA，大亚基含有 5S、5.8S 和 28S rRNA（见表 3-1）。

表 3-1　原核生物与真核生物核糖体比较

类型	核糖体沉降系数	亚基种类	亚基沉降系数	核糖体 RNA 种类	亚基蛋白种类
原核生物核糖体	70S	大亚基	50S	23S、5S	33
		小亚基	30S	16S	21
真核生物核糖体	80S	大亚基	60S	28S、5.8S、5S	~49
		小亚基	40S	18S	~33

二、转运 RNA（tRNA）

> **重点提示**
>
> tRNA（transfer RNA）在蛋白质生物合成过程中起转运氨基酸和识别密码子的作用。细胞内 tRNA 的种类很多，每一种氨基酸都有其相应的一种或几种 tRNA。它含有 7 ~ 15 个稀有碱基，以增加识别和疏水作用。tRNA 的 3′端是 CCA-OH 序列，5′端大多是鸟苷酸（GMP）。

tRNA 通常由 73 ~ 93 个核苷酸组成，相对分子质量都在 25 000 左右，沉降系数为 4S。

> **重点提示**
>
> tRNA 的二级结构都呈三叶草形。其中氨基酸臂可以结合氨基酸，反密码子环则含有由 3 个碱基组成的反密码子，如图 3-19 所示。

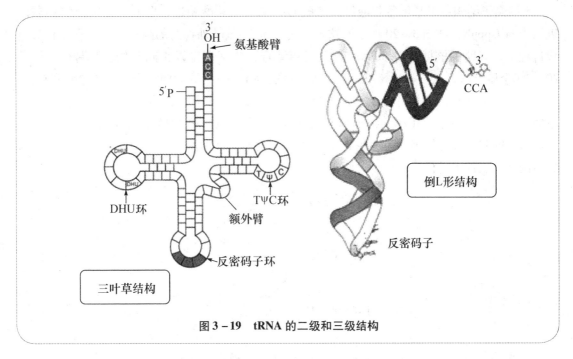

图 3-19 tRNA 的二级和三级结构

双螺旋区构成了叶柄，突环区好像是三叶草的三片小叶。该结构由 4 臂 3 环组成，即氨基酸臂、反密码子臂和反密码子环、TψC 臂和 TψC 环（以含胸腺嘧啶 T 和假尿嘧啶 ψ 为特征）、二氢尿嘧啶臂（D 臂）和二氢尿嘧啶环（D 环），大的 tRNA 还有第 5 臂，称额外臂。

> **难点提示**
>
> tRNA 都具有倒 L 形的三级结构，其特点是：氨基酸臂和 TψC 臂形成一个双螺旋，D 臂和反密码子臂形成另一个近似连续的双螺旋，两种双螺旋形成倒 L 形结构。L 的一端为 3′端 CCA-OH，另一端为反密码子环，TψC 环和 D 环则位于 L 的拐角处。tRNA 的这种结构有利于其结合氨基酸和识别密码子。

三、信使 RNA（mRNA）

mRNA（messenger RNA）是蛋白质合成的模板，特点是种类多、含量少（占细胞内总 RNA 的 10% 以下）、寿命短（当它完成使命后即降解消失）。

> **重点提示**
>
> 真核生物 mRNA 的 5′端有帽子结构，3′端为多聚腺苷酸 [Polyadenylic Acid, Poly（A）] 尾巴结构。

5′端帽子结构由甲基化鸟苷酸经焦磷酸与 5′末端核苷酸相连，形成 5′,5′-三磷酸连接，表示为 m^{7}GpppN，如图 3 - 20 所示。这种结构有抗 5′-核酸外切酶的降解作用，在蛋白质合成过程中，有助于核糖体对 mRNA 的识别和结合，使翻译得以正确起始。3′端有一段长 20~250 个腺苷酸，这一 poly（A）尾巴结构可能与 mRNA 从细胞核到细胞质的运输有关，还可能与 mRNA 的半寿期有关，新生 mRNA 的 poly（A）较长，而衰老 mRNA 的 poly（A）较短。还有一类小分子 RNA 存在于所有的细胞中，其中的一些 RNA 具有催化活性，或是与蛋白质一同起着催化作用，即这些 RNA 具有酶的功能，被称作核酶。它们主要参与 RNA 合成后的修饰、加工过程。

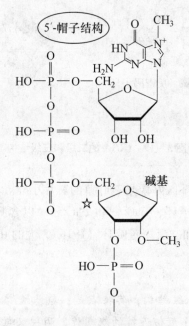

图 3 - 20　mRNA 的帽子结构

第四节　核酸的理化性质及应用

DNA 为白色纤维状固体，RNA 为白色粉末状固体，它们都微溶于水，其钠盐在水中的溶解度较大。核酸溶液的黏度比较大，特别是 DNA。RNA 的黏度要小得多。核酸黏度降低或消失，即意味着变性或降解。

一、核酸的酸碱性质

核酸既含磷酸基又含碱基，为两性电解质，它们在不同的 pH 溶液中解离程度不同，在一定条件下可形成兼性离子。

二、核酸的高分子性质

核酸是生物大分子，具有大分子的一般特性。溶液中的核酸分子在引力场中可以下沉。不同构象的核酸（线形、开环、超螺旋结构）、蛋白质及其他杂质在超速离心机的强大引力场中，沉降的速度有很大差异，所以可以用超速离心法纯化核酸，或将不同构象的核酸进行分离，也可以应用超速离心技术测定核酸的沉降系数与相对分子质量。

三、核酸的紫外吸收

重点提示

嘌呤碱与嘧啶碱具有共轭双键，故有特殊的紫外吸收光谱，吸收峰在 260 nm 附近。

碱基、核苷、核苷酸和核酸在 240～290 nm 紫外波段有强烈的最大吸收值，如图 3-21、图 3-22 所示。根据 260 nm 处紫外吸收光密度值（Optical Density，OD；OD_{260} 表示溶液在 260 nm 波长处的 OD 值），可以计算出溶液中的 DNA 或 RNA 含量。常以 OD = 1.0 相当于 50 μg/mL 双链 DNA、40 μg/mL 单链 DNA（或 RNA）。该性质可用于核苷酸、核酸的定量分析。据此也可以判断核酸变性程度。

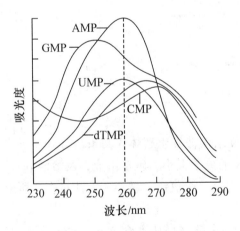

图 3-21　核苷酸的紫外吸收光谱

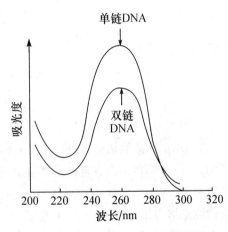

图 3-22　核酸的紫外吸收光谱

四、核酸的变性、复性与杂交

（一）核酸的变性

重点提示

核酸的变性是指双链核酸双螺旋区的氢键断裂，变成单链，并由此发生性质改变（如黏度下降、沉降速度增加、紫外吸收增加等）。导致核酸变性的理化因素包括高温和化学试剂（如酸、碱、乙醇、尿素和甲酰胺）等。

提 示

由温度升高而引起的变性称为热变性。50% DNA 变性解链时的温度称为解链温度，又称变性温度、融解温度或熔点（T_m），如图 3-23 所示。

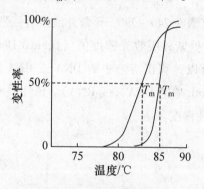

图 3-23　DNA 的变性温度

当将 DNA 溶液加热到 80℃～100℃时，双螺旋结构即发生解体，两条链分开，形成无规线团。每一种 DNA 都有自己的熔点，它与 DNA 的分子大小、碱基组成，及溶液 pH、离子强度有关。G≡C 含量越高，其熔点越高，因为它含 3 个氢键，破坏所需能量多。所以可以通过测定熔点来分析 DNA 的碱基组成。

在实验条件下仔细控制变性温度，可以发现 DNA 解链是从富含 A=T 的区域开始的，这对 DNA 很重要——在 DNA 复制或转录时必须解链，而解链都是从富含 A=T 的区域开始的。

（二）核酸的复性

在适当条件下，变性 DNA 两股彼此分开的链又可重新缔合为双螺旋结构，此过程称为复性。复性后，DNA 的理化性质得到恢复。将热变性的 DNA 骤然冷却时，DNA 不可能复性，在缓慢冷却时可以复性，这一过程又可称为退火。若变性不彻底，两股链没有完全分开，则复性过程很快。DNA 的片段越大复性越慢，变性 DNA 的浓度越高越容易进行复性。

> **重点提示**
>
> 单链 DNA 紫外吸收比双链 DNA 高 40%，所以 DNA 变性导致其紫外吸收增加，称为增色效应；反之，复性导致变性 DNA 恢复成天然构象时，其紫外吸收又降低，称为减色效应。

通过检测紫外吸收的变化可研究 DNA 变性与复性。

（三）核酸的杂交

> **重点提示**
>
> 不同来源的核酸链因存在互补序列而形成互补双链结构，这一过程就是核酸杂交过程，如图 3 - 24 所示。

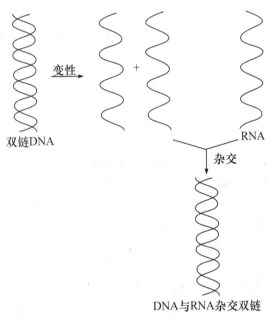

变性

+

双链DNA   RNA

杂交

DNA与RNA杂交双链

图 3 - 24 核酸的杂交

利用该特性可以从不同来源的 DNA 中寻找相同序列。将不同来源的 DNA 放在试管中，经热变性后慢慢冷却，使其复性。若这些异源 DNA 分子间有相同序列，复性时便会形成杂交 DNA 分子。例如，将人的 DNA 和鼠的 DNA 加热使其充分变性（解链）后混合，并在 65℃下放置几小时，DNA 基本全部退火，绝大多数 DNA 将与相同来源的 DNA 重新形成原来的双螺旋。但也会产生少量新的双螺旋，它们是由鼠的 DNA 与人的 DNA 形成的，称为杂交双螺旋。构成杂交分子的两股 DNA 是互补的，说明两种生物具有部分相同的 DNA 序列。

实际上，不同生物的某些具有相似功能的蛋白质或 RNA 常常具有相似的结构，而编码这些分子的 DNA 也常具有相似的序列，物种之间的进化关系越近，DNA 杂交率也越高。人的 DNA 与鼠的 DNA 的杂交就比人的 DNA 与酵母的 DNA 的杂交率高。

> **难点提示**
>
> 　　杂交是分子遗传学技术。它既包括 DNA 与 DNA 杂交，也包括 DNA 与 RNA 杂交，在核酸研究中的应用十分广泛。它可以用于分离并鉴定基因或 RNA。杂交在遗传性疾病的检测、刑事案件的侦破、法医鉴定上被普遍应用。

本章小结

核酸是生物大分子，包括 DNA 和 RNA。DNA 含量最稳定，绝大多数存在于细胞核染色体中，是生物遗传的物质基础。RNA 主要功能是参与遗传信息的复制与表达。

核酸的特征元素是磷。组成核酸的结构单位是单核苷酸。核苷酸是通过磷酸二酯键连接，是核酸分子中的主要化学键。

核苷酸的功能包括：以核苷三磷酸（NTP）为原料用于合成 RNA，还可以参与其他物质的合成；合成 DNA 的原料是脱氧核苷三磷酸（dNTP）；ATP 是机体直接利用能量的形式；环核苷酸可以调节物质代谢；腺苷酸是构成酶的辅助因子。

核酸的一级结构是指核酸分子中的碱基序列。核酸链有方向性，5′端为头，3′端为尾。

DNA 二级结构是典型的双螺旋结构，其特点是：由两股链反向互补排列，两股链按碱基互补规律 A＝T、C≡G 形成氢键相连，两股链围绕一个中心轴盘曲，可形成小沟，两个螺旋之间可出现大沟。

DNA 的三级结构是在二级结构的基础上，进一步盘曲形成的高级结构。真核生物的细胞核 DNA 与 RNA、蛋白质一起形成核小体、染色体等结构。

RNA 种类多，含量变化大。大多数 RNA 为线形单链结构，局部可以形成螺旋结构。tRNA 的二级结构为三叶草形，三级结构呈倒 L 形。mRNA 的种类多、含量少、寿命短、相对分子质量大小差异大。rRNA 是细胞内含量最多的 RNA，真核生物有四种 rRNA，原核生物有三种 rRNA，均与蛋白质构成核糖体。

碱基使核酸在 260 nm 波长有吸收峰，成为核酸的紫外吸收特征。

核酸在一定条件下可以变性，变性伴随增色效应。变性核酸可以复性，复性伴随减色效应。对于使用不同来源的核酸单链，只要其序列有一定的互补性就可以进行杂交。

本章重点名词解释

1. 核苷酸
2. 磷酸二酯键
3. DNA 变性
4. 核酸杂交

思考与练习

一、选择题

1. ATP 含有高能键的个数是（　　　）。
　　A. 1　　　　　　　　　　　　　　B. 2
　　C. 3　　　　　　　　　　　　　　D. 4

2. DNA 的一级结构是（　　　）。
　　A. 碱基序列　　　　　　　　　　B. 碱基种类
　　C. 双螺旋结构　　　　　　　　　D. 各碱基的比例

3. 连接核酸结构单位的化学键是（　　　）。
　　A. 氢键　　　　　　　　　　　　B. 肽键
　　C. 二硫键　　　　　　　　　　　D. 磷酸二酯键

4. 核酸的最大紫外光吸收波长是（　　　）。
　　A. 220 nm　　　　　　　　　　　B. 230 nm
　　C. 260 nm　　　　　　　　　　　D. 280 nm

5. 组成核酸的基本结构单位是（　　　）。
　　A. 核苷　　　　　　　　　　　　B. 单核苷酸
　　C. 多核苷酸　　　　　　　　　　D. 戊糖

6. 核酸变性可观察到的现象是（　　　）。
　　A. 黏度不变　　　　　　　　　　B. 黏度降低
　　C. 紫外吸收峰值增加　　　　　　D. 紫外吸收峰值降低

7. 在核酸中占 9% ~ 11%，且可用于计算核酸含量的元素是（　　　）。
　　A. 碳　　　　　　　　　　　　　B. 磷
　　C. 氧　　　　　　　　　　　　　D. 氮

8. DNA 水解后得到的产物可能是（　　　）。
　　A. 磷酸核苷　　　　　　　　　　B. 胞嘧啶、胸腺嘧啶
　　C. 腺嘌呤、尿嘧啶　　　　　　　D. 胞嘧啶、尿嘧啶

9. DNA 分子杂交的基础是（　　　）。
　　A. DNA 变性后在一定条件下可复性
　　B. DNA 的黏度大
　　C. 不同来源的 DNA 链中某些区域不能建立碱基配对
　　D. DNA 变性双链解开后，不能重新缔合

10. 有关 cAMP 的叙述是（　　　）。
　　A. cAMP 是环化的二核苷酸　　　B. cAMP 是由 ADP 在酶催化下生成的
　　C. cAMP 是激素作用的第二信使　　D. cAMP 是 $2',5'$-环化腺苷酸

11. 只存在于 RNA 的碱基是（　　　）。

A. 尿嘧啶   B. 腺嘌呤

C. 胞嘧啶   D. 鸟嘌呤

12. DNA 分子中的碱基组成是（   ）。

    A. A + C = G + T   B. T = G

    C. A = C   D. C + G = A + T

13. 催化细胞内 cAMP 生成的酶是（   ）。

    A. 腺苷酸环化酶   B. ATP 酶

    C. 磷酸酯酶   D. 磷脂酶

    E. 蛋白激酶

14. DNA 变性时，（   ）。

    A. 相对分子质量增加   B. 260 nm 紫外吸收增加

    C. 密度降低   D. 黏度增高

15. 关于碱基配对，下列错误的是（   ）。

    A. 嘌呤与嘧啶相配对，比值相等   B. A 与 T（U）、G 与 C 相配对

    C. A-G、C-T 相配对   D. G 与 C 之间有三个氢键

16. DNA 复制的叙述错误的是（   ）。

    A. 半保留复制   B. 两条子链均连续合成

    C. 合成方向 $5' \to 3'$ D. 以四种 dNTP 为原料

17. tRNA 的二级结构为（   ）。

    A. 超螺旋   B. 三叶草形

    C. 倒 L 形   D. 双螺旋

18. 维持 DNA 双螺旋结构稳定的因素有（   ）。

    A. 分子中的 $3',5'$-磷酸二酯键   B. 碱基对之间的氢键

    C. 肽键   D. 盐键

19. 参加 DNA 复制的是（   ）。

    A. RNA 模板   B. 四种核糖核苷酸

    C. 异构酶   D. DNA 指导的 DNA 聚合酶

20. DNA 分子中不能出现的碱基是（   ）。

    A. 腺嘌呤   B. 胞嘧啶

    C. 尿嘧啶   D. 鸟嘌呤

二、简答题

1. 简述核酸的一级结构。

2. 简述 DNA 双螺旋模型的结构特点。

3. 简述 tRNA 的二级结构特点。

生 物 氧 化

学习目标

掌握：

1. 生物氧化的概念与特点

2. 呼吸链的组成及排列顺序

3. ATP 的生成方式

熟悉：

1. 氧化磷酸化的影响因素

2. 生物氧化过程中二氧化碳的生成方式

了解：

1. 物质的氧化方式

2. 线粒体外 NADH 转运进入呼吸链的机制

本章知识导图

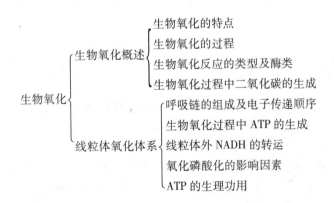

生命活动中，生物体和环境之间不断地进行物质交换与能量交换，从而实现自我更新，此过程称为新陈代谢，进一步分为物质代谢和能量代谢。物质代谢和能量代谢相辅相成、密不可分：一般在物质进行合成代谢时，是吸能耗能的过程；在物质进行分解代谢时，是释放与转化能量的过程。

生物氧化提供生命活动所需的能量。本章重点阐明以下问题：生命活动所需的能量形式是什么？如何产生？如何储存？如何利用？

第一节 生物氧化概述

重点提示

生物氧化是指糖、脂肪和蛋白质等营养物质在体内氧化分解，最终生成二氧化碳和水，同时释放能量满足生命活动需要的过程。

一、生物氧化的特点

营养物质在体内通过生物氧化和在体外燃烧氧化的化学本质是相同的，表现为耗氧量、终产物和释放的能量均相同。但生物氧化还有自己的特点：

难点提示

（1）生物氧化是在细胞内经一系列酶促反应催化完成。反应条件温和（生理条件：温度约37℃，pH近中性）；反应步骤多，通常为十几步或几十步。

（2）生物氧化过程中，能量逐步释放，其中约40%以化学能的形式储存于高能化合物中，其余以热能的形式释放。体内最重要的高能化合物是ATP，它直接为生命活动（如运动、神经传导和化学反应等）供能；释放的热能可用于维持体温。

（3）生物氧化的产物二氧化碳由有机酸脱羧生成。

（4）生物氧化的产物水主要由营养物质脱下的氢原子间接与氧分子结合生成。

二、生物氧化的过程

营养物质在体内氧化分解，生成二氧化碳和水并释放能量的过程，可以分为三个阶段，如图 4-1 所示。

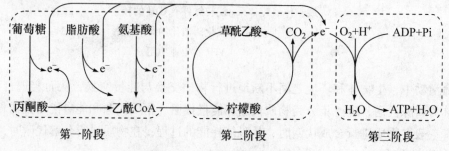

图 4-1 生物氧化的三个阶段

第一个阶段：营养物质的水解产物葡萄糖、脂肪酸和氨基酸等通过各自的代谢途径氧化生成乙酰 CoA，并释放出氢原子，反应在细胞质和线粒体内进行。

第二个阶段：乙酰 CoA 中的乙酰基通过三羧酸循环氧化生成二氧化碳，并释放出大量氢原子，反应在线粒体内进行。

第三个阶段：前两阶段释出的氢原子被呼吸链接收，解离成氢离子和电子（$H \!=\!\!= H^+ + e^-$），其中的电子经电子链传递给氧分子，再与氢离子结合生成水，反应在线粒体内进行。

> **提 示**
>
> 葡萄糖、脂肪酸和氨基酸的氧化分解过程在第二个、第三个阶段都是一样的，只是在第一个阶段通过不同的代谢途径生成乙酰 CoA。乙酰 CoA 是葡萄糖、脂肪酸和氨基酸代谢的结合点。

三、生物氧化反应的类型及酶类

生物氧化过程中，营养物质的氧化方式从本质上分为脱氢、加氧和失电子。

（一）脱氢

脱氢是生物氧化的主要方式，由脱氢酶或氧化酶催化，如琥珀酸脱氢。

$$HOOC—CH_2—CH_2—COOH + FAD \xrightarrow{\text{琥珀酸脱氢酶}} HOOC—CH = CH—COOH + FADH_2$$

琥珀酸   延胡索酸

（二）加氧

在底物中加入一个或两个氧原子，分别由单加氧酶（羟化酶）和双加氧酶催化，如苯丙氨酸羟化。

$$\text{苯丙氨酸} \xrightarrow[\text{苯丙氨酸羟化酶}]{NADPH+H^++O_2 \quad NADP^++H_2O} \text{酪氨酸}$$

苯丙氨酸 $—CH_2—CH(NH_2)—COOH$ $HO——CH_2—CH(NH_2)—COOH$ 酪氨酸

（三）失电子

原子或离子在反应中失去电子，化合价升高，如呼吸链中 Fe^{2+} 的氧化。

$$Fe^{2+} \longrightarrow Fe^{3+} + e^-$$

四、生物氧化过程中二氧化碳的生成

> **重点提示**
>
> 生物氧化的产物二氧化碳来自有机酸的脱羧反应。根据是否伴有氧化反应分为单纯脱羧和氧化脱羧。

根据脱羧反应脱掉的羧基在底物分子结构中的位置分为 α-脱羧和 β-脱羧，所以共有四种脱羧方式：α-单纯脱羧、α-氧化脱羧、β-单纯脱羧和 β-氧化脱羧。

（1）α-单纯脱羧。如 α-氨基酸脱羧基：

$$\underset{\alpha\text{-氨基酸}}{\overset{\displaystyle NH_2}{\underset{\displaystyle R}{HC}}-COOH} \xrightarrow{\quad CO_2 \quad} \underset{\text{胺}}{\overset{\displaystyle NH_2}{\underset{\displaystyle R}{CH_2}}}$$

（2）α-氧化脱羧。如丙酮酸氧化脱羧基：

$$\underset{\text{丙酮酸}}{\overset{\displaystyle O}{\underset{\displaystyle CH_3}{C}}-COOH} \xrightarrow[\substack{NAD^+ \quad NADH+H^+}]{\substack{HSCoA \quad CO_2}} \underset{\text{乙酰CoA}}{\overset{\displaystyle O}{\underset{\displaystyle CH_3}{C}}\sim SCoA}$$

（3）β-单纯脱羧。如草酰乙酸脱羧基：

$$\underset{\text{草酰乙酸}}{\overset{\displaystyle O}{\underset{\displaystyle CH_2COOH}{C}}-COOH} \xrightarrow{\quad CO_2 \quad} \underset{\text{丙酮酸}}{\overset{\displaystyle O}{\underset{\displaystyle CH_3}{C}}-COOH}$$

（4）β-氧化脱羧。如苹果酸氧化脱羧基：

$$\underset{\text{苹果酸}}{\overset{\displaystyle OH}{\underset{\displaystyle CH_2COOH}{HC}}-COOH} \xrightarrow[NADP^+ \quad NADPH+H^+]{\quad CO_2 \quad} \underset{\text{丙酮酸}}{\overset{\displaystyle O}{\underset{\displaystyle CH_3}{C}}-COOH}$$

第二节　线粒体氧化体系

生物氧化过程中，ATP 主要在线粒体内生成，即当电子经呼吸链传递时，释放的自由能推动合成 ATP。

难点提示

呼吸链是指位于真核生物线粒体内膜（或原核生物细胞膜）上的一组排列有序的递氢体和递电子体，其功能是接收营养物质氧化释放的氢原子，并将其电子传递给氧分子。因为这是一个通过连续反应有序传递电子的过程，所以也称为电子传递链。

一、呼吸链的组成及电子传递顺序

（一）呼吸链的组成

呼吸链由泛醌、细胞色素 c 和四种复合体组成，如图 4-2 所示。

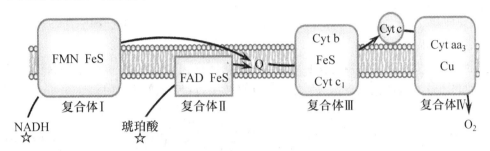

图 4-2 呼吸链的组成

重点提示

泛醌、细胞色素 c 和四种复合体构成了两条呼吸链，分别接收来自 NADH 和琥珀酸的氢原子，因此称为 NADH 氧化呼吸链和琥珀酸氧化呼吸链。

分析四种复合体的组成，可得到黄素蛋白、铁硫蛋白、细胞色素和铜原子等。各复合体的名称、所含的酶蛋白和辅基如表 4-1 所示。

表 4-1 呼吸链复合体

成分	名称	酶蛋白（含辅基）
复合体 I	NADH 脱氢酶	黄素蛋白（FMN）、铁硫蛋白（Fe-S）
复合体 II	琥珀酸脱氢酶	黄素蛋白（FAD）、铁硫蛋白（Fe-S）
复合体 III	细胞色素 c 还原酶	铁硫蛋白（Fe-S）、细胞色素 b（血红素 b）、
复合体 IV	细胞色素 c 氧化酶	细胞色素 c_1（血红素 c） 细胞色素 aa_3（血红素 a、Cu）

1. 黄素蛋白

复合体 I 和复合体 II 都含有黄素蛋白。复合体 I 所含的黄素蛋白以黄素单核苷酸（$FMN/FMNH_2$）为辅基，催化 NADH 脱氢；复合体 II 所含的黄素蛋白以黄素腺嘌呤二核苷酸（$FAD/FADH_2$）为辅基，催化琥珀酸脱氢。

FMN 和 FAD 都是维生素 B_2 的活性形式，它们分别从 NADH 和琥珀酸中获得氢原子，生成 $FMNH_2$ 和 $FADH_2$，然后将其中的电子传递给铁硫蛋白。

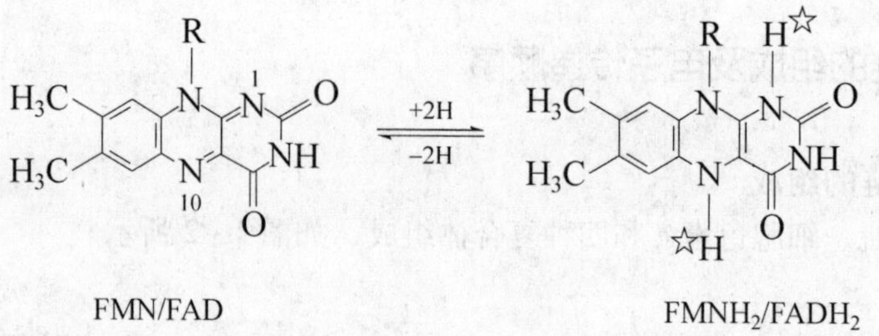

FMN/FAD　　　　　　　　　　　　FMNH$_2$/FADH$_2$

2. 铁硫蛋白

复合体Ⅰ、复合体Ⅱ和复合体Ⅲ中都含有铁硫蛋白。铁硫蛋白的辅基为铁硫簇（FeS），由等量的非血红素铁和无机硫构成。铁硫簇中的铁通过以下反应传递电子：

$$Fe^{2+} \rightleftharpoons Fe^{3+} + e^-$$

复合体Ⅰ和复合体Ⅱ中的铁硫蛋白从 FMNH$_2$ 和 FADH$_2$ 获得电子，传递给泛醌；而复合体Ⅲ中的铁硫蛋白从二氢泛醌获得电子，经复合体Ⅲ中的其他成分将电子传递给细胞色素 c。

3. 泛醌

泛醌又称辅酶 Q（Coenzyme Q，CoQ），是广泛存在于生物体内的一种脂溶性醌类化合物，带有聚异戊二烯侧链。人的泛醌侧链有 10 个异戊二烯单位，用 Q$_{10}$ 表示。泛醌为疏水性物质，可以在线粒体内膜中自由移动。

当泛醌（Q）接受 1 个电子和 1 个氢离子时，可还原成泛醌自由基（QH），若再接受 1 个电子和 1 个氢离子，则还原生成二氢泛醌（QH$_2$）。二氢泛醌可以给出电子和氢离子，氧化生成泛醌。

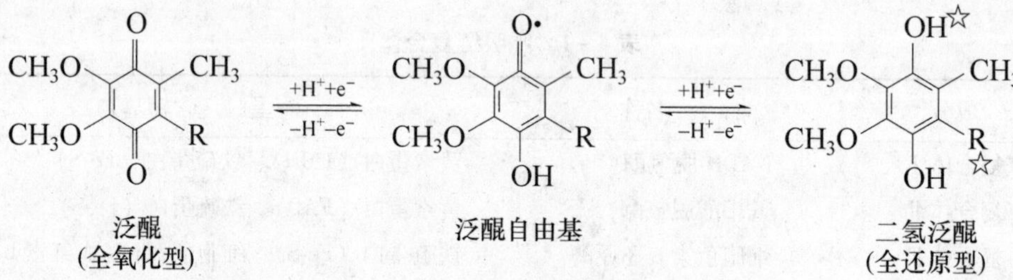

泛醌　　　　　　　　　　泛醌自由基　　　　　　　　二氢泛醌
（全氧化型）　　　　　　　　　　　　　　　　　　　　（全还原型）

泛醌从复合体Ⅰ和复合体Ⅱ获得电子，然后传递给复合体Ⅲ。

4. 细胞色素

呼吸链含有多种细胞色素：复合体Ⅲ中的细胞色素 b（Cytochrome b，Cyt b）和细胞色素 c$_1$（Cytochrome c$_1$，Cyt c$_1$），复合体Ⅳ中的细胞色素 aa$_3$（Cytochrome aa$_3$，Cyt aa$_3$），还有游离存在的细胞色素 c（Cytochrome c，Cyt c）。细胞色素是一类以血红素（又称铁卟啉）为辅基的蛋白质，细胞色素 a、细胞色素 b、细胞色素 c 分别含血红素 a、血红素 b、血红素 c。三种血红素的中心结构相同，差别在其侧链，如图 4 - 3 所示。

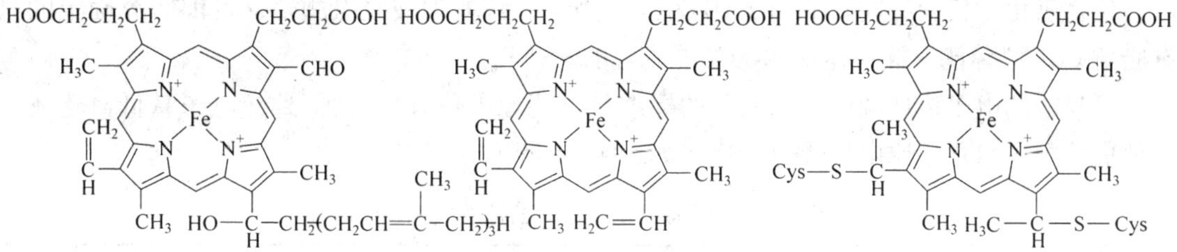

图4-3 血红素 a、血红素 b、血红素 c 的结构比较

提 示

血红素中的铁通过以下反应传递电子：

$$Fe^{2+} \Longleftrightarrow Fe^{3+} + e^-$$

细胞色素 c 溶于水，能在线粒体内膜的外表面自由移动，它从复合体Ⅲ获得电子，然后传递给复合体Ⅳ。

5. 铜

复合体Ⅳ含铜，它与细胞色素 aa_3 共同构成复合体Ⅳ的电子传递体系。铜通过以下反应传递电子：

$$Cu^+ \Longleftrightarrow Cu^{2+} + e^-$$

复合体Ⅳ从细胞色素 c 处获得电子，传递给氧分子。

（二）呼吸链的电子传递顺序

NADH 氧化呼吸链和琥珀酸氧化呼吸链分别接收来自线粒体 NADH 和琥珀酸的氢原子，并将其中的电子通过特定的顺序，最终传递给氧分子。

重点提示

1. NADH 氧化呼吸链的电子传递顺序

NADH→复合体Ⅰ→Q→复合体Ⅲ→细胞色素 c→复合体Ⅳ→O_2

生物氧化过程中大多数脱氢酶都是以 NAD^+ 为辅酶将氢原子送入该呼吸链的，如苹果酸脱氢酶、β-羟丁酸脱氢酶、谷氨酸脱氢酶等。需要注意的是，线粒体外的 NADH 不能直接将氢原子送入该呼吸链。

重点提示

2. 琥珀酸氧化呼吸链的电子传递顺序

琥珀酸→复合体Ⅱ→Q→复合体Ⅲ→细胞色素 c→复合体Ⅳ→O_2

生物氧化中仅少数脱氢酶以 FAD 为辅助因子，除琥珀酸脱氢酶外，目前研究确定的只有脂酰 CoA 脱氢酶、线粒体 3-磷酸甘油脱氢酶。

呼吸链的电子传递顺序与各成分的标准氧化还原电位（$E^{o\prime}$）一致，电子从低氧化还原电位成分向高氧化还原电位成分传递，如表 4 - 2 所示。

表 4 - 2　呼吸链各氧化还原对的标准氧化还原电位

氧化还原对	$E^{o\prime}/V$	氧化还原对	$E^{o\prime}/V$
$NAD^+/NADH$	-0.32	Fe^{3+}/Fe^{2+}（细胞色素 c_1）	+0.22
$FMN/FMNH_2$	-0.30	Fe^{3+}/Fe^{2+}（细胞色素 c）	+0.25
$FAD/FADH_2$	-0.06	Fe^{3+}/Fe^{2+}（细胞色素 a）	+0.29
Q/QH_2	+0.04	Fe^{3+}/Fe^{2+}（细胞色素 a_3）	+0.35
Fe^{3+}/Fe^{2+}（细胞色素 b）	+0.07	$1/2\ O_2/H_2O$	+0.82

3. 呼吸链电子传递与 ATP 生成之间的关系

在含有底物、氧分子、ADP、磷酸和 Mg^{2+} 等的反应体系中加入线粒体，会发现反应体系在消耗氧分子的同时也消耗磷酸。

难点提示

（1）P/O 值。P/O 值是指每消耗 0.5 mol 氧分子（1 mol 氧原子）所消耗磷酸的物质的量或合成 ATP 的物质的量。标准条件下，在反应体系中加入不同底物并进行测定，可得 NADH 氧化呼吸链的 P/O 值约为 2.5，说明该呼吸链传递 1 对电子可以产生 2.5 个 ATP；琥珀酸氧化呼吸链的 P/O 值约为 1.5，说明该呼吸链传递 1 对电子可产生 1.5 个 ATP。

（2）氧化磷酸化偶联机制。呼吸链传递电子过程中释放的自由能是怎样与 ATP 生成相偶联的？化学渗透学说可以较好地阐述其偶联机制，如图 4 - 4 所示。

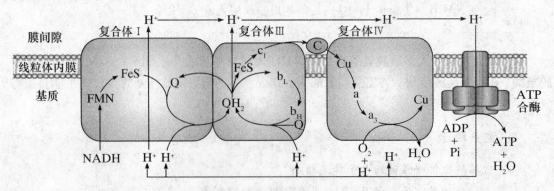

图 4 - 4　化学渗透学说

化学渗透学说的主要内容是：① 位于线粒体内膜上的呼吸链在传递电子时释放自由能，这些自由能用于将 H^+ 从线粒体基质泵向膜间隙。② 线粒体内膜不允许 H^+ 自由透过，所以不断泵出 H^+ 的结果造成膜间隙 H^+ 浓度高于线粒体基质，自由能就以这种跨膜电化学梯度的形式储存。③ 线粒体内膜存在着 ATP 合酶，其结构包括 F_0 和 F_1 两个部分。F_0 构成 H^+ 通道，允许 H^+ 通过；F_1 催化合成 ATP。膜间隙 H^+ 通过 F_0 通道顺浓度梯度流回线粒体基质时，提供能量驱动 ADP 与磷酸合成 ATP。④ 每 4 个 H^+ 回流，可催化合成 1 分子 ATP 并将其运出线粒体利用。

> **重点提示**
>
> NADH 氧化呼吸链每传递 1 对电子可以泵出 10 个 H^+，琥珀酸氧化呼吸链每传递 1 对电子泵出 6 个 H^+。因此 NADH 氧化呼吸链和琥珀酸氧化呼吸链每传递 1 对电子可分别合成 2.5 个和 1.5 个 ATP。

二、生物氧化过程中 ATP 的生成

> **重点提示**
>
> 体内生成 ATP 的方式有两种，即底物水平磷酸化和氧化磷酸化，以氧化磷酸化为主。

（一）底物水平磷酸化

底物水平磷酸化中所指的底物是高能化合物，含有高能键。传统生物化学把在标准条件下水解时释放大量自由能的化学键称为高能键，一般用符号"~"表示。生物分子的高能键主要有高能磷酸键和高能硫酯键。高能磷酸基团用"~ ℗"表示。

> **重点提示**
>
> 营养物质分解代谢过程中，可产生一些高能化合物，这些高能化合物将其高能基团转移给腺苷二磷酸（Adenosine Diphosphate，ADP）或，鸟苷二磷酸（Guanosine Diphosphate，GDP），生成腺苷三磷酸（Adenosine Triphosphate，ATP）或鸟苷三磷酸（Guanosine Triphosphate，GTP），这一过程称为底物水平磷酸化。

底物水平磷酸化在细胞质或线粒体内进行。例如，葡萄糖有氧氧化中有三次底物水平磷酸化反应：

第一次：在细胞质中进行。

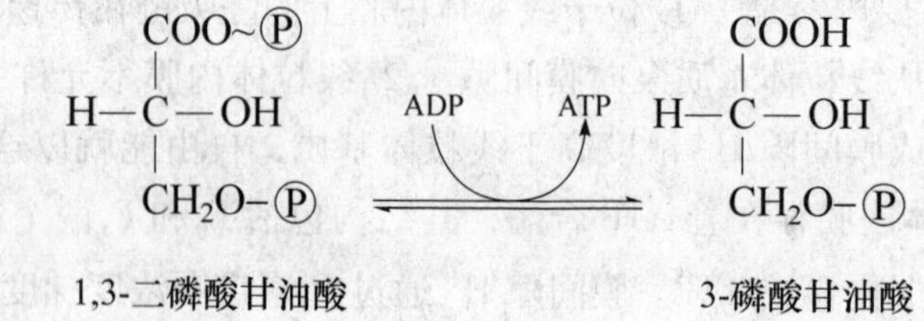

$$\begin{array}{ccc}
\text{COO} \sim \textcircled{P} & & \text{COOH} \\
| & \xrightarrow{\quad ADP \qquad ATP \quad} & | \\
\text{H—C—OH} & & \text{H—C—OH} \\
| & & | \\
\text{CH}_2\text{O—}\textcircled{P} & & \text{CH}_2\text{O—}\textcircled{P}
\end{array}$$

1,3-二磷酸甘油酸   3-磷酸甘油酸

第二次：在细胞质中进行。

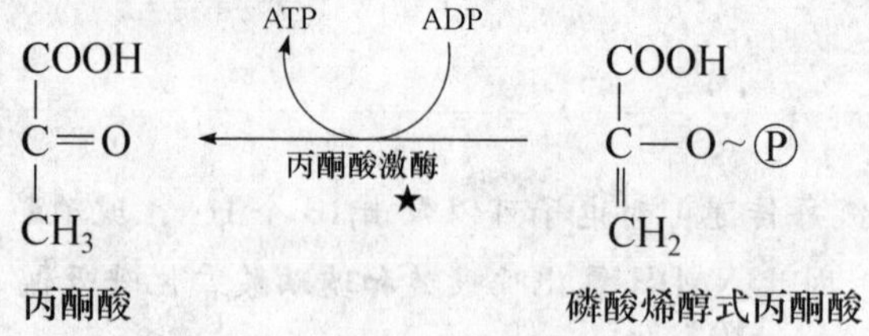

$$\begin{array}{ccc}
\text{COOH} & & \text{COOH} \\
| & \xleftarrow{\quad ATP \qquad ADP \quad} & | \\
\text{C=O} & \text{丙酮酸激酶} & \text{C—O} \sim \textcircled{P} \\
| & \bigstar & \| \\
\text{CH}_3 & & \text{CH}_2
\end{array}$$

丙酮酸   磷酸烯醇式丙酮酸

第三次：在线粒体内进行。

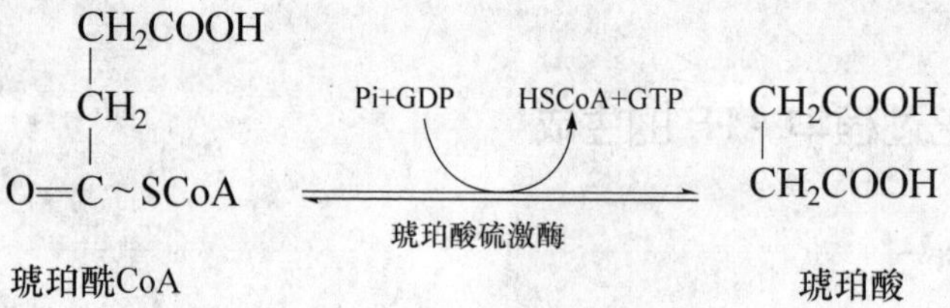

$$\begin{array}{ccc}
\text{CH}_2\text{COOH} & & \text{CH}_2\text{COOH} \\
| & \xrightarrow{\quad Pi+GDP \qquad HSCoA+GTP \quad} & | \\
\text{CH}_2 & & \text{CH}_2\text{COOH} \\
| & \text{琥珀酸硫激酶} & \\
\text{O=C} \sim \text{SCoA} & &
\end{array}$$

琥珀酰CoA   琥珀酸

从这三个反应式可以发现，底物（1,3-二磷酸甘油酸、磷酸烯醇式丙酮酸、琥珀酰CoA）既可以是高能磷酸化合物，也可以是高能硫酯化合物；产物既可以是ATP，也可以是GTP。前两个反应发生于生物氧化的第一个阶段（葡萄糖→乙酰CoA），第三个反应发生于生物氧化的第二个阶段（三羧酸循环）。

（二）氧化磷酸化

> **重点提示**
>
> 营养物质分解代谢过程中释放氢原子，其中的电子经呼吸链传递，释放的自由能推动ADP磷酸化生成ATP，这一过程称为氧化磷酸化。换言之，氧化磷酸化是指在呼吸链电子传递过程中释放能量使ADP磷酸化，生成ATP，又称为偶联磷酸化。

在生物氧化过程中，代谢物脱下的氢经呼吸链氧化生成水时，所释放出的能量用于ADP磷酸化生成ATP。氧化是放能反应，而ADP生成ATP是吸能反应，这两个过程同时进行，即氧化时偶联磷酸化，如图4-5所示。

氧化磷酸化发生于生物氧化的第三个阶段，在线粒体内进行，产生的ATP约占ATP合成量的80%。反应式可表示为：$ADP + Pi \longrightarrow ATP + H_2O$。

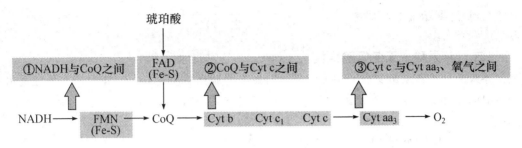

图 4-5 氧化磷酸化偶联部位

三、线粒体外 NADH 的转运

呼吸链的入口在线粒体内，细胞质中生成的 NADH 不能直接将氢原子送入 NADH 氧化呼吸链，需通过特定转运机制才能送入呼吸链。已经阐明的转运机制有 3-磷酸甘油穿梭和苹果酸—天冬氨酸穿梭。

> **难点提示**
>
> ### （一）3-磷酸甘油穿梭
>
> 3-磷酸甘油穿梭主要在骨骼肌、脑及其他神经细胞中进行。在这一穿梭中，细胞质 NADH 通过 $FADH_2$ 将氢原子送入呼吸链，最终推动合成 1.5 个 ATP，如图 4-6 所示。
>
>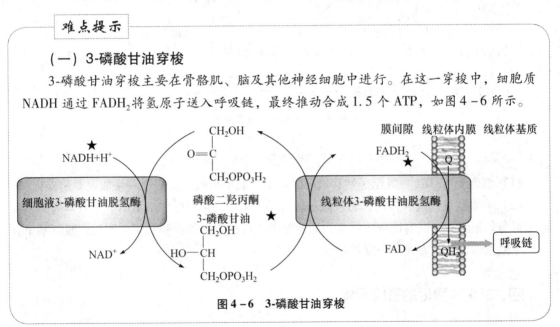
>
> 图 4-6 3-磷酸甘油穿梭

（1）细胞质 NADH 将氢原子转移给磷酸二羟丙酮生成 3-磷酸甘油，反应由细胞质 3-磷酸甘油脱氢酶催化。

（2）3-磷酸甘油透过线粒体外膜进入膜间隙，把氢原子转移给 FAD 生成 $FADH_2$，反应由位于线粒体内膜表面的线粒体 3-磷酸甘油脱氢酶（以 FAD 为辅基）催化。

（3）$FADH_2$ 将氢原子传递给泛醌，经复合体Ⅲ→细胞色素 c→复合体Ⅳ传递给氧分子。

难点提示

（二）苹果酸—天冬氨酸穿梭

苹果酸—天冬氨酸穿梭主要在心肌、肝脏和肾脏细胞中进行。此穿梭反应使胞质中的 NADH 将氢原子送入呼吸链，最终推动合成 2.5 个 ATP，如图 4-7 所示。

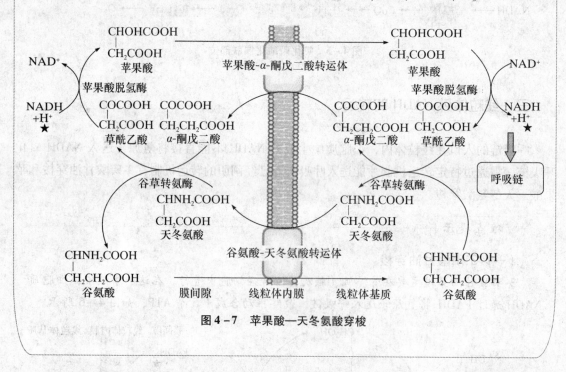

图 4-7 苹果酸—天冬氨酸穿梭

（1）细胞质 NADH 将氢原子转移给草酰乙酸生成苹果酸，反应由苹果酸脱氢酶催化。

（2）苹果酸进入线粒体内，将氢原子转移给 NAD^+，重新生成 NADH。线粒体内的草酰乙酸可与谷氨酸在转氨酶催化下转变为天冬氨酸，穿过线粒体内膜回到细胞质，脱氨基重新生成草酰乙酸，从而完成整个穿梭过程。

四、氧化磷酸化的影响因素

氧化磷酸化是能量代谢的核心，在分子水平受以下因素影响：

（一）ADP

正常机体氧化磷酸化的速度主要受 ADP 调节。静止状态下机体耗能少，ATP 较多，ADP 不足，则氧化磷酸化速度减慢；运动状态下机体耗能多，ATP 大量消耗，产生 ADP 使其浓度上升，ADP 转运进入线粒体后促进氧化磷酸化。这种调节作用使 ATP 的生成速度适应了生理需求。

（二）解偶联剂

解偶联剂能解除氧化与磷酸化之间的偶联，其基本机制是使 H⁺ 未经 ATP 合酶的 F_0 通道直接流回线粒体基质，使电化学梯度中储存的自由能转换成热能散失，不能推动合成 ATP。

> **重点提示**
>
> 2,4-二硝基苯酚是一种强解偶联剂，它可以在线粒体内膜两侧自由穿梭，在膜间隙侧结合 H⁺，进入基质侧后释放 H⁺，从而破坏电化学梯度。

人体（特别是新生儿）以及冬眠哺乳动物体内含棕色脂肪组织，其细胞内有大量线粒体，且线粒体内膜上存在丰富的解偶联蛋白（Uncoupling Protein，UCP）。这种蛋白质在线粒体内膜上形成 H⁺ 通道，使 H⁺ 流回线粒体基质，结果将营养物质生物氧化释放的自由能转换成热能，可用于维持体温，抵御严寒。近年来发现人体肌肉、肝脏和肾脏等的线粒体内膜上也有解偶联蛋白，在调节机体代谢方面起重要作用。

（三）甲状腺激素

> **难点提示**
>
> 甲状腺激素能促进许多组织的 Na⁺-K⁺-ATP 酶蛋白合成，从而加快 ATP 分解，生成的 ADP 进入线粒体促进氧化磷酸化。另外，甲状腺激素还能促进线粒体解偶联蛋白的合成。这两方面因素共同作用，会使机体耗氧量和产热量均增加，故甲状腺功能亢进患者常出现基础代谢率增高、怕热和易出汗等症状。

生物体维持低钠高钾的正常细胞内环境，需要 Na⁺-K⁺-ATP 酶（也称钠泵）不断从细胞内泵出 Na⁺，从细胞外泵入 K⁺，此过程消耗较多的 ATP，约占机体总量的 30%。

（四）呼吸链抑制剂

> **重点提示**
>
> 呼吸链抑制剂能选择性地阻断呼吸链中某些部位的电子传递，从而抑制 ATP 合成，导致细胞代谢障碍，严重时危及生命。

> **提示**
>
> 例如：异戊巴比妥（麻醉药）、鱼藤酮（杀虫药，一种有毒植物中的成分）可阻断复合体Ⅰ的电子传递；萎锈灵可阻断复合体Ⅱ的电子传递；抗霉素 A（由链霉素产生的抗生素）可阻断复合体Ⅲ的电子传递；氰化物（CN⁻）、叠氮化物（N₃⁻）、CO 和 H_2S 等阻断复合体Ⅳ的电子传递，如图 4-8 所示。

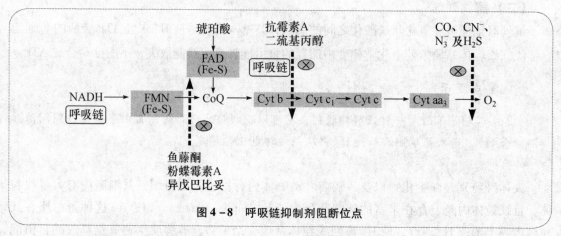

图4-8　呼吸链抑制剂阻断位点

（五）线粒体 DNA 突变

复合体Ⅰ、复合体Ⅲ、复合体Ⅳ和 ATP 合酶的组成成分中有一些是由线粒体 DNA 编码的。线粒体 DNA 为裸露环状双链结构，没有组蛋白保护，损伤后也没有完善的 DNA 修复系统，导致线粒体 DNA 突变率比细胞核 DNA 高 10 倍以上。

> **难点提示**
>
> 线粒体 DNA 突变会导致氧化磷酸化合成 ATP 不足而致病。耗能较多的器官更易出现功能障碍，如聋、盲、痴呆、肌无力和糖尿病等。

五、ATP 的生理功用

在能量代谢中，ATP 是最关键的高能化合物。生物氧化合成 ATP，而生命活动则利用 ATP。ATP 的生理功用包括以下三方面：

（1）ATP 直接为生命活动提供能量，如图 4-9 所示。

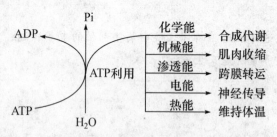

图4-9　ATP 的能量利用

（2）ATP 将高能磷酸基团转移给 GDP、CDP 或 UDP，生成 GTP、CTP（Cytidine Triphosphate，胞苷三磷酸）或 UTP（Uridine Triphosphate，尿苷三磷酸），分别为糖原、磷脂或蛋

白质的合成提供能量。

（3）ATP 还可以将高能磷酸基团转移给肌酸生成磷酸肌酸，作为肌肉和脑组织中能量的储存形式。当机体消耗 ATP 过多时，ADP 浓度升高，磷酸肌酸可以将高能磷酸基团转移给 ADP 生成 ATP，以供机体活动需要。可见，体内能量的储存形式之一是磷酸肌酸。

$$
\underset{\text{肌酸}}{HOOC-CH_2-\overset{CH_3}{\underset{|}{N}}-\overset{NH}{\overset{||}{C}}-NH_2} + ATP \xrightarrow[\text{肌酸激酶}]{\bigstar} \underset{\text{磷酸肌酸}}{HOOC-CH_2-\overset{CH_3}{\underset{|}{N}}-\overset{NH}{\overset{||}{C}}-NH\sim\textcircled{P}} + ADP \quad \bigstar
$$

📖 本章小结

生物氧化是营养物质在生物体内氧化分解，最终生成二氧化碳和水，同时释放能量以满足生命活动需要的过程。

与体外进行的物质氧化相比，生物氧化有其特点：在温和条件进行连续的酶促反应，能量逐步释放并得到有效利用，通过脱羧基反应产生二氧化碳，通过氢原子与氧分子的间接反应生成水。

生物氧化分为三个阶段：第一个阶段由营养物质生成乙酰 CoA，第二个阶段为乙酰基经三羧酸循环生成二氧化碳，第三个阶段为电子经呼吸链传递生成水并释放大量 ATP。

呼吸链是生物氧化的重要环节，传递电子的过程伴随着能量的转换。体内主要有两条呼吸链，其中 NADH 氧化呼吸链每传递 1 对电子推动合成 2.5 个 ATP，琥珀酸氧化呼吸链每传递一对电子推动合成 1.5 个 ATP。

ATP 为许多生命活动直接供能。ATP 通过底物水平磷酸化和氧化磷酸化合成，其中氧化磷酸化是主要方式。

线粒体外 NADH 不能直接将氢原子送入呼吸链。在骨骼肌和神经组织中，通过 3-磷酸甘油穿梭，最终推动合成 1.5 个 ATP；在心、肝和肾脏中，通过苹果酸—天冬氨酸穿梭，最终推动合成 2.5 个 ATP。

🔘 本章重点名词解释

1. 生物氧化
2. 呼吸链
3. 底物水平磷酸化
4. 氧化磷酸化
5. 解偶联剂

思考与练习

一、选择题

1. 糖类、脂类和蛋白质在生物氧化过程中都会产生（　　）。
   A. 氨基酸　　　　　　　　B. 丙酮酸
   C. 胆固醇　　　　　　　　D. 乙酰 CoA

2. 细胞色素 aa_3 的辅基为（　　）。
   A. 血红素 a　　　　　　　B. FMN
   C. Q_{10}　　　　　　　　D. 铁硫簇

3. 脱下的氢不通过 NADH 氧化呼吸链氧化的是（　　）。
   A. β-羟丁酸　　　　　　B. 丙酮酸
   C. 脂酰 CoA　　　　　　　D. 苹果酸

4. NADH 氧化呼吸链的 P/O 值为（　　）。
   A. 1.5　　　　　　　　　　B. 2.5
   C. 3　　　　　　　　　　　D. 4

5. 大脑细胞液中 NADH 进入呼吸链主要是通过（　　）。
   A. 3-磷酸甘油穿梭　　　　B. 丙氨酸—葡萄糖循环
   C. 苹果酸—天冬氨酸穿梭　D. 肉碱穿梭

6. 氰化物对人体的毒害作用主要是由于（　　）。
   A. 抑制磷酸化　　　　　　B. 解偶联作用
   C. 抑制脂肪酸氧化　　　　D. 抑制呼吸链电子传递

7. 下列关于 ATP 说明中错误的是（　　）。
   A. 含五碳糖　　　　　　　B. 含嘧啶碱
   C. 含有三分子磷酸　　　　D. 含有两个高能键

8. 下列关于生物氧化的特点的叙述中，错误的是（　　）。
   A. 反应条件温和　　　　　B. 能量骤然释放，以热能的形式散发
   C. 为酶催化的化学反应　　D. 二氧化碳是有机酸脱羧产生的

9. 真核生物呼吸链存在于（　　）。
   A. 线粒体内膜　　　　　　B. 线粒体外膜
   C. 线粒体基质　　　　　　D. 细胞膜

10. ATP 的化学本质是（　　）。
    A. 核苷　　　　　　　　　B. 核苷酸
    C. 核酸　　　　　　　　　D. 核蛋白

11. 氰化物使人中毒致死的主要原因是（　　）。
    A. 抑制底物磷酸化　　　　B. 增加解偶联作用

C. 抑制脂肪酸氧化　　　　D. 抑制细胞色素氧化酶

12. 调节氧化磷酸化作用的重要激素是（　　　）。

　　A. 肾上腺素　　　　　　B. 甲状腺素

　　C. 胰岛素　　　　　　　D. 生长素

13. 肌肉收缩时能量的直接来源是（　　　）。

　　A. ATP　　　　　　　　B. GTP

　　C. 磷酸肌酸　　　　　　D. 磷酸烯醇式丙酮酸

14. 生物氧化过程中 CO_2 的生成方式是（　　　）。

　　A. 反应条件温和　　　　B. 能量骤然释放，以热能的形式散发

　　C. 为酶催化的化学反应　D. 二氧化碳是有机酸脱羧产生

15. 原核生物的呼吸链存在于（　　　）。

　　A. 线粒体内膜　　　　　B. 线粒体外膜

　　C. 线粒体基质　　　　　D. 细胞膜

16. ATP 的最重要生成方式是（　　　）。

　　A. 氧化磷酸化　　　　　B. 水解

　　C. 结合　　　　　　　　D. 脱羧基

17. 一氧化碳是呼吸链的阻断剂，被抑制的递氢体或递电子体是（　　　）。

　　A. 黄素酶　　　　　　　B. 辅酶 Q

　　C. 细胞色素 c　　　　　D. 细胞色素 aa_3

二、简答题

1. 简述生物氧化的特点。

2. 简述生物氧化的过程。

3. 生物体内典型的呼吸链有哪几条？其组成与电子传递顺序是什么？

4. 简述生物体内 ATP 生成的两种主要方式。

第五章 CHAPTER

糖 代 谢

🔍 学习目标

掌握：

1. 维持人体血糖浓度相对恒定的调节机制
2. 糖分解代谢的基本反应过程、关键酶、ATP 的生成、生理意义
3. 糖异生途径的限速酶、生理意义

熟悉：

1. 糖原合成与分解的基本过程及其生理意义
2. 磷酸戊糖途径的基本过程及其生理意义

了解：

1. 糖的消化与吸收
2. 糖耐量测定的临床意义
3. 血糖水平异常

♣ 本章知识导图

```
                    ┌ 葡萄糖的结构与性质
              概述  ┤ 糖的生理功用
                    │ 糖的消化与吸收
                    └ 糖在体内的代谢概况

                            ┌ 糖的无氧分解途径
              糖的分解代谢 ┤ 糖的有氧氧化途径
                            └ 磷酸戊糖途径

  糖代谢                        ┌ 糖原的合成代谢
              糖原的合成与分解 ┤ 糖原的分解代谢
                                └ 糖原合成与分解的调节

                    ┌ 糖异生途径
              糖异生 ┤ 糖异生的调节
                    └ 糖异生的生理意义

                        ┌ 血糖的来源和去路
              血糖及其调节 ┤ 血糖水平的调节
                        └ 血糖水平异常
```

第一节 概 述

生物体所需的六大营养物质分别是：糖、脂类、蛋白质、水、无机盐和维生素。前三者在体内氧化分解，为生命活动提供高能化合物 ATP，其中以糖类最为重要。本章主要介绍：葡萄糖在有氧或缺氧条件下如何分解？葡萄糖充足时机体如何储存？葡萄糖不足时机体如何生成糖？血液中的葡萄糖水平通过何种机制维持动态平衡？

一、葡萄糖的结构与性质

提 示

葡萄糖是生物体内最重要的糖类物质。食物的主要成分是淀粉，在消化道内水解成葡萄糖，而麦芽糖、蔗糖、乳糖的组成成分中也含有葡萄糖。

（一）葡萄糖的结构

葡萄糖的分子式是 $C_6H_{12}O_6$，是一种含有五个羟基的己醛。生物体内的葡萄糖几乎都为 D-构型，平面偏振光通过其水溶液，偏振面顺时针（右旋）旋转，用"＋"表示。葡萄糖在水溶液中以三种形式存在，其中两种为环式结构，一种为开链结构，如图 5-1 所示。

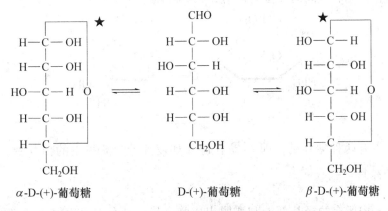

α-D-(+)-葡萄糖　　　　D-(+)-葡萄糖　　　　β-D-(+)-葡萄糖

图 5-1　葡萄糖的 Fischer 投影式

这三种形式最终在溶液中形成一个平衡体系，其中 α-型约占 36%，β-型约占 64%，开链结构仅占 0.024%。虽然开链结构的葡萄糖所占比例极少，但 α-型与 β-型葡萄糖的互变必须通过它才能实现。葡萄糖的有些反应也是以开链结构进行的，例如，醛基的氧化或还原。

如图 5-1 所示的是葡萄糖的费歇尔（Fischer）投影式，但葡萄糖的环式结构用哈沃斯（Haworth）透视式表示更合理。在写 Haworth 透视式时，把糖环横写（省略成环的碳原子，有时将环碳原子所结合的氢也一并省略），粗线表示偏向我们，将 Fischer 投影式中碳链左边的原子或基团写在环的上面，右边的原子或基团写在环的下面。环式结构葡萄糖的环式骨架类似于吡喃，称为吡喃糖。两种环式结构的葡萄糖分别命名为 α-D-(+)-吡喃葡萄糖、β-D-

（＋）-吡喃葡萄糖。

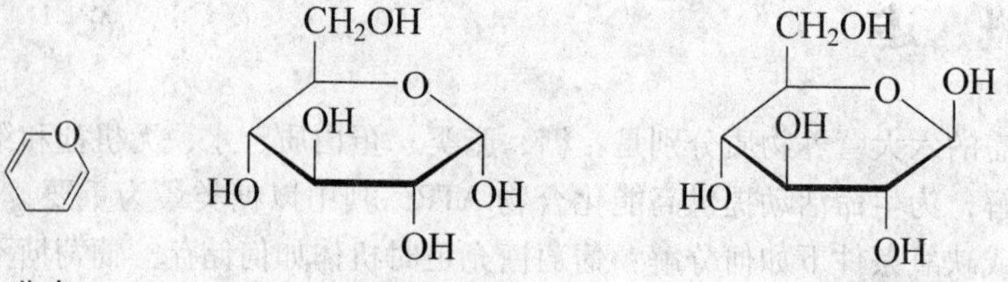

吡喃　　　　α-D-(+)-吡喃葡萄糖　　　　β-D-(+)-吡喃葡萄糖

重点提示

（二）葡萄糖的化学性质

葡萄糖是多羟基醛，在溶液中其开链结构和环式结构并存。因此，既能发生醇的反应，也能发生醛或酮的反应，包括成苷反应、成酯反应、氧化反应、还原反应和异构反应。

1. 成苷反应

在葡萄糖的环式结构中，由醛基氧形成的羟基称为半缩醛羟基，该羟基较其他羟基活泼，可以与其他分子内的羟基（或氨基、亚氨基）脱水缩合，形成糖苷，其连接键称为糖苷键。例如，一分子α-型葡萄糖通过C-1位的半缩醛羟基与另一分子葡萄糖的C-4位羟基缩合，形成麦芽糖，两者之间的连接键称为α-1,4-糖苷键。

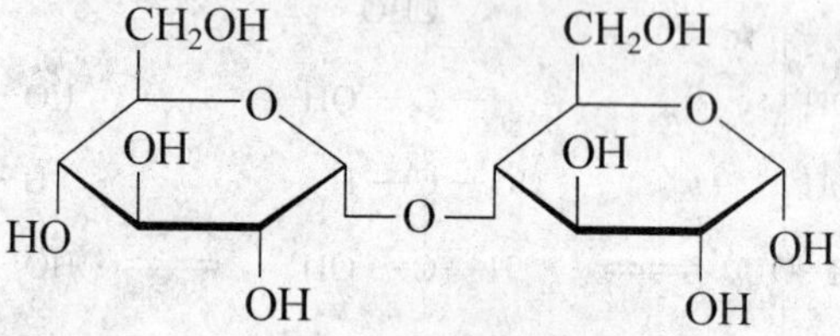

麦芽糖

生物分子内有两种糖苷键，即 O-糖苷键（如麦芽糖、淀粉中的糖苷键）和 N-糖苷键（如核苷酸中的糖苷键）。

2. 成酯反应

葡萄糖分子内所有的羟基都能和酸脱水成酯，其中具有重要生物学意义的是形成磷酸酯，如6-磷酸葡萄糖，它是糖代谢重要的中间产物（在书写分子结构时，我们用—Ⓟ表示磷酸基团—PO_3H_2）。

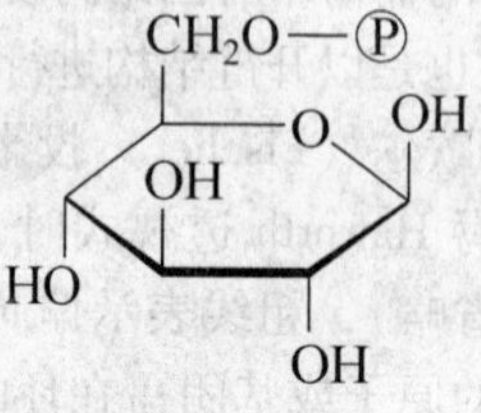

6-磷酸葡萄糖

3. 氧化反应

一定条件下，葡萄糖分子内的醛基和羟甲基可以被氧化。氧化条件不同，氧化产物也就不一样。下面举两个例子。

> **提 示**
>
> （1）与碱性弱氧化剂反应。葡萄糖能被班氏试剂等碱性弱氧化剂氧化，同时将其中的 Cu^{2+}（络合铜）还原成砖红色的 Cu_2O 沉淀。
>
> $$单糖 + Cu^{2+}（络合铜）\xrightarrow[\triangle]{OH^-} Cu_2O\downarrow + 复杂氧化物$$
>
> 砖红色

> **难点提示**
>
> 临床上常用此反应检验尿糖（尿液中的葡萄糖）。不过，班氏试剂与葡萄糖的反应是非特异性的，其他单糖及一些二糖也可以发生该反应。因此，临床上多采用葡萄糖氧化酶法测定血糖（血液中的葡萄糖）含量。葡萄糖氧化酶法特异性很强，可以排除其他单糖的干扰。

（2）酶促氧化反应。在肝脏内，经酶催化，葡萄糖分子的羟甲基被氧化成羧基，生成葡萄糖醛酸，后者参与生物转化，具有保肝解毒作用。

4. 还原反应

葡萄糖可被还原成葡萄糖醇（山梨醇）。

5. 异构反应

在细胞内，6-磷酸葡萄糖可以由酶催化异构成6-磷酸果糖。

6-磷酸葡萄糖　　　　　　　　　　　6-磷酸果糖

二、糖的生理功用

> **重点提示**
>
> 糖是人体主要的供能物质，人体所需能量的50%～70%由糖供应。1 g葡萄糖在体内完全氧化时，可以释放约17 kJ的能量；血液中的葡萄糖是糖的运输形式，进入组织

细胞氧化分解供能，而糖原是糖的储存形式，在肝脏和肌肉组织中含量最多，分别称为肝糖原和肌糖原。

糖也是人体的重要组成成分之一，约占人体干重的2%。例如，糖脂和糖蛋白是神经组织和其他组织细胞膜的组成成分，蛋白聚糖构成结缔组织的基质。

此外，人体可以利用糖合成脂肪酸、氨基酸、核苷酸、辅助因子（CoA、FAD、NAD^+）等。

三、糖的消化与吸收

在人体从食物摄取的营养物质中，糖是除了水之外摄取量最多的。食物中的糖主要是淀粉，此外还有少量麦芽糖、蔗糖和乳糖等。它们在消化道内由水解酶催化水解成单糖后才能被小肠黏膜细胞吸收，并通过血液循环供给全身各组织利用。

（一）糖的消化

1. 口腔

淀粉的消化从口腔开始。唾液中含有 α-淀粉酶（以 Cl^- 为激活剂），可催化水解淀粉分子的 α-1,4-糖苷键，生成麦芽糖和糊精等。由于食物在口腔内滞留时间很短，淀粉消化量很少。

2. 胃

食糜入胃后与胃酸混合，唾液 α-淀粉酶变性失活，所以淀粉在胃中不能被消化。

3. 小肠

糖主要在小肠内消化。食糜由胃进入小肠后，所含胃酸被胰液和胆汁中和。肠液中含有由胰腺分泌的 α-淀粉酶，其活性很强，将淀粉及糊精水解成麦芽糖、麦芽寡糖、α-糊精（含有 α-1,6-糖苷键的寡糖）。另外，小肠黏膜细胞刷状缘上含有麦芽糖酶和 α-糊精酶，能将上述物质进一步水解得到葡萄糖，如图 5-2 所示。此外，小肠黏膜细胞刷状缘上还有蔗糖酶和乳糖酶，分别水解蔗糖（生成葡萄糖和果糖）和乳糖（生成葡萄糖和半乳糖）。

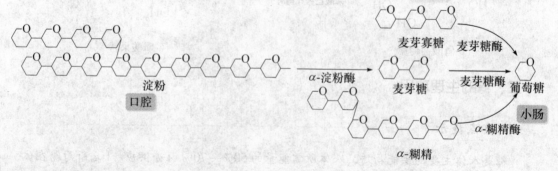

图 5-2 糖的消化

食物中还含有大量纤维素，由于人体消化液不含纤维素酶，所以不能消化纤维素。不过，纤维素有促进肠的蠕动、防止便秘的作用，对人体健康非常重要。

（二）糖的吸收

食物中的多糖水解成单糖后才能被小肠上段黏膜细胞吸收，然后进入小肠壁毛细血管，经门静脉转运到肝脏，再经肝静脉流入心脏，通过血液循环转运到全身各组织被利用。

提 示

葡萄糖的主动吸收是一种有同向转运体参加并且耗能的逆浓度梯度吸收过程，如图 5－3 所示。

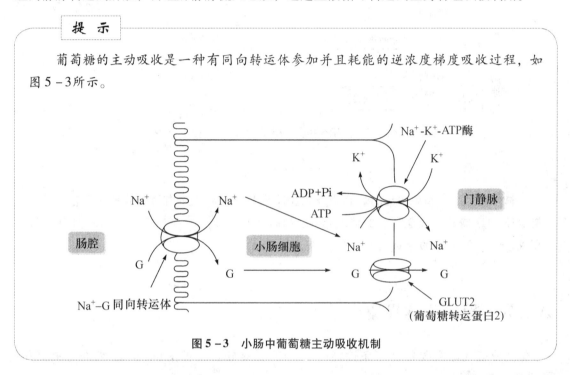

图 5－3　小肠中葡萄糖主动吸收机制

葡萄糖从肠腔转运入小肠黏膜细胞时，葡萄糖和 Na^+ 结合在同向转运体的不同部位，一起进入细胞内；葡萄糖由葡萄糖转运蛋白被动转运，而 Na^+ 则由 Na^+-K^+-ATP 酶泵出，与血液中的 K^+ 进行交换。

重点提示

糖尿病患者要严格控制主食，尤其是葡萄糖的摄入量，并且尽量少摄入动物性脂肪，多选择新鲜的蔬菜和豆制品，以防止血糖浓度过度升高。

四、糖在体内的代谢概况

糖在体内的代谢概况如图 5－4 所示。

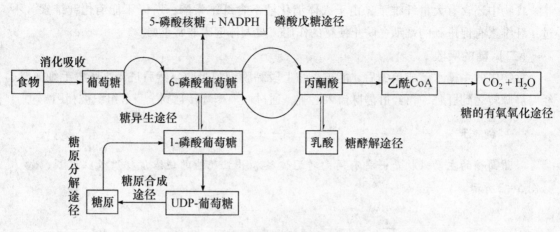

图 5-4　糖代谢概况

┌─ 提　示 ───┐

　　糖代谢主要在细胞内进行，由众多化学反应共同完成。体内的葡萄糖主要有以下代谢途径：① 糖的无氧分解（糖酵解）；② 糖的有氧氧化；③ 磷酸戊糖途径；④ 糖原的合成代谢；⑤ 糖原的分解代谢；⑥ 糖异生途径。

└───┘

第二节　糖的分解代谢

　　糖的分解代谢主要包括三条途径：① 糖的无氧分解（糖酵解）；② 糖的有氧氧化；③ 磷酸戊糖途径。

一、糖的无氧分解途径

┌─ 重点提示 ───┐

　　葡萄糖或糖原在机体供氧不足时，酵解生成乳酸，并释放部分能量推动合成 ATP 的过程，称为糖的无氧分解。糖的无氧分解在各组织的细胞质中进行，其总反应的化学方程式为

$$葡萄糖 + 2Pi + 2ADP \Longrightarrow 2\ 乳酸 + 2ATP + 2H_2O$$

└───┘

（一）糖无氧分解的反应过程

　　糖的无氧分解包括 11 步连续反应，可以分为两个阶段：① 一分子葡萄糖降解生成两分子丙酮酸；② 两分子丙酮酸还原生成两分子乳酸。

1. 一分子葡萄糖降解生成两分子丙酮酸

> **提 示**
>
> （1）葡萄糖磷酸化生成6-磷酸葡萄糖，反应由己糖激酶（肝细胞内为葡萄糖激酶）催化，如图5-5所示。此反应不可逆，且消耗1分子ATP，催化反应的酶是整个代谢途径的第一个关键酶。

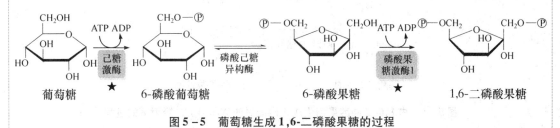

图5-5　葡萄糖生成1,6-二磷酸果糖的过程

（2）6-磷酸葡萄糖异构生成6-磷酸果糖，反应由磷酸己糖异构酶催化。

（3）6-磷酸果糖磷酸化生成1,6-二磷酸果糖，由磷酸果糖激酶1催化。

> **提 示**
>
> 该反应不可逆，且消耗1分子ATP，催化反应的酶是整个代谢途径的第二个关键酶。由于催化反应的速率最慢，也成为代谢途径最重要的关键酶；酶活性受多种物质调控，从而影响代谢途径的速度，以适应机体需要。

（4）1,6-二磷酸果糖裂解生成3-磷酸甘油醛和磷酸二羟丙酮，由醛缩酶催化。这两种磷酸丙糖是同分异构体。

（5）磷酸二羟丙酮异构生成3-磷酸甘油醛，由磷酸丙糖异构酶催化。联合前一步反应，可以理解为此代谢途径中，1,6-二磷酸果糖裂解生成两分子3-磷酸甘油醛，如图5-6所示。

（6）3-磷酸甘油醛脱氢并磷酸化生成1,3-二磷酸甘油酸，反应由3-磷酸甘油醛脱氢酶催化，其辅助因子NAD^+被还原成NADH。产物1,3-二磷酸甘油酸为高能磷酸化合物。这是糖无氧分解途径中唯一的脱氢反应。

> **提 示**
>
> （7）1,3-二磷酸甘油酸含有一个高能磷酸基团，它将高能磷酸基团转移给ADP，生成3-磷酸甘油酸和ATP，反应由磷酸甘油酸激酶催化。这是此代谢途径的第一次底物水平磷酸化反应。

（8）3-磷酸甘油酸异构生成2-磷酸甘油酸，反应由磷酸甘油酸变位酶催化。

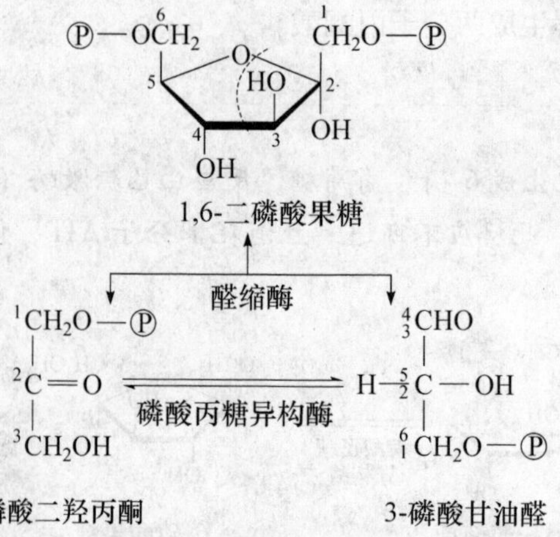

图5-6 由1,6-二磷酸果糖生成3-磷酸甘油醛和磷酸二羟丙酮的过程

注：3-磷酸甘油醛化学式中C的编号1，2，3为新编号

（9）2-磷酸甘油酸脱水生成磷酸烯醇式丙酮酸，反应由烯醇化酶催化。

提 示

磷酸烯醇式丙酮酸为高能磷酸化合物。

提 示

（10）磷酸烯醇式丙酮酸将高能磷酸基团转移给ADP，生成丙酮酸和ATP，反应由丙酮酸激酶催化。该反应不可逆，并且是代谢途径的第二次底物水平磷酸化反应，催化反应的酶是整个代谢途径的第三个关键酶，如图5-7所示。

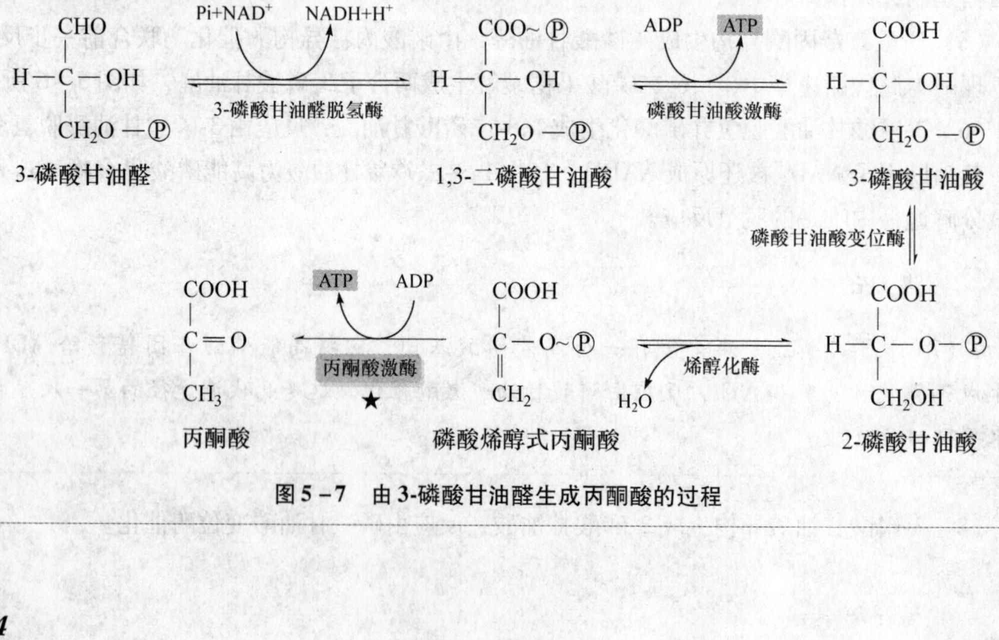

图5-7 由3-磷酸甘油醛生成丙酮酸的过程

在这一阶段中，先消耗2分子ATP，后生成4分子ATP；由于供氧不足，脱氢反应生成的NADH不会进入呼吸链生成ATP，而是在第二阶段重新氧化成NAD^+。

2. 2分子丙酮酸还原生成2分子乳酸

机体细胞缺氧时丙酮酸可还原生成乳酸，反应由乳酸脱氢酶催化。其辅助因子NADH被氧化成NAD^+。这步反应的意义在于重新获得NAD^+，使3-磷酸甘油醛脱氢反应得以继续进行。

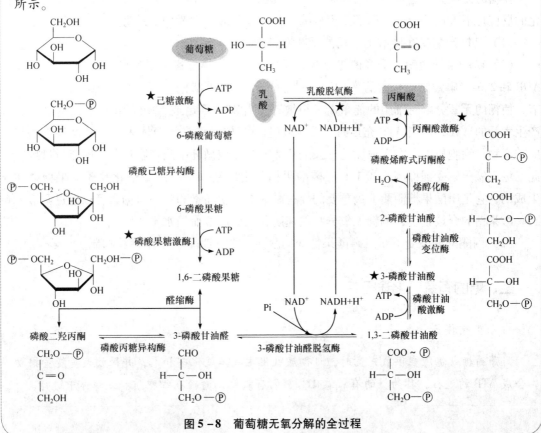

重点提示

1分子葡萄糖降解生成2分子乳酸，同时净生成2分子ATP。虽然得到的ATP较少，但在缺氧条件下，这是机体获取能量的重要方式。葡萄糖无氧分解的全过程如图5-8所示。

图5-8 葡萄糖无氧分解的全过程

难点提示

（二）糖无氧分解的生理意义

1. 糖是机体相对缺氧时补充能量的一种有效方式

生物体在进行剧烈运动时，机体通过提高呼吸频率和血液循环速度来增加供氧，但仍不能满足需要，骨骼肌处于相对缺氧状态，需要葡萄糖的无氧分解来增加组织供能。人从平原初到高原时，组织细胞也通过糖的无氧分解来适应高原缺氧。

2. 某些组织在有氧时也通过糖的无氧分解供能

成熟红细胞不含线粒体，通过糖的无氧分解获得能量。皮肤、睾丸、视网膜和大脑等组织在有氧时也进行糖的无氧分解，以满足其对能量的需求。

3. 糖无氧分解的中间产物是其他物质的合成原料

（1）磷酸二羟丙酮是甘油的合成原料。

（2）3-磷酸甘油酸是丝氨酸、甘氨酸和半胱氨酸的合成原料。

（3）丙酮酸是丙氨酸和草酰乙酸的合成原料。

（三）糖无氧分解的调节

在糖的无氧分解过程中，己糖激酶（葡萄糖激酶）、磷酸果糖激酶 1 和丙酮酸激酶所催化的反应是不可逆反应。它们都是变构酶，其中以磷酸果糖激酶 1 最为重要。

（1）己糖激酶受 6-磷酸葡萄糖的反馈抑制。

（2）磷酸果糖激酶 1 受多种变构剂的调节：ATP 和异柠檬酸是它的变构抑制剂，AMP、ADP 和 2,6-二磷酸果糖是它的变构激活剂。① 磷酸果糖激酶 1 受 ATP、ADP 和 AMP 的调节，使糖的无氧分解对细胞的能量需求很敏感。当 ATP 不足或 AMP 较多时，反应加快，以产生大量的 ATP；而当 ATP 充足时，反应减慢。② 柠檬酸是线粒体内三羧酸循环第一步反应的产物，细胞质中存在高浓度的柠檬酸意味着三羧酸循环中间产物过剩，即能量过剩。因此，糖无氧分解受到抑制。③ 1,6-二磷酸果糖是由磷酸果糖激酶 2 催化 6-磷酸果糖磷酸化生成的，它是磷酸果糖激酶 1 最重要的变构激活剂。胰岛素和胰高血糖素可以通过调节 1,6-二磷酸果糖的合成量，影响糖无氧分解的速度，从而调节血糖水平。

（3）丙酮酸激酶受 1,6-二磷酸果糖变构激活，受 ATP 和丙酮酸变构抑制。

二、糖的有氧氧化途径

重点提示

葡萄糖或糖原在供氧充足时，可彻底氧化生成二氧化碳和水，并释放大量能量推动合成 ATP 的过程，称为糖的有氧氧化。糖的有氧氧化途径在细胞质和线粒体中进行。

（一）糖有氧氧化的反应过程

糖的有氧氧化可以人为分为三个阶段：① 1 分子葡萄糖降解生成 2 分子丙酮酸；② 丙酮酸进入线粒体，氧化脱羧生成乙酰 CoA；③ 乙酰 CoA 经三羧酸循环氧化生成二氧化碳和水，并推动合成大量 ATP，如图 5 - 9 所示。

$$葡萄糖或糖原 \xrightarrow[\text{胞质}]{\text{第一阶段}} 丙酮酸 \xrightarrow[\text{线粒体}]{\text{第二阶段}} 乙酰 CoA \xrightarrow[\text{线粒体}]{\text{第三阶段}} CO_2 + H_2O + ATP$$

图 5 - 9 糖的有氧氧化的三个阶段

1. 葡萄糖降解生成丙酮酸

糖有氧氧化的第一个阶段与糖无氧分解的第一个阶段相同，此阶段的总反应式为：

$$葡萄糖 + 2NAD^+ + 2Pi + 2ADP \Longrightarrow 2 丙酮酸 + 2NADH + 2H^+ + 2ATP + 2H_2O$$

但是接下来丙酮酸和 NADH 的去向不同。在糖的无氧分解中，丙酮酸在细胞质中和 NADH 反应生成乳酸和 NAD^+。在有氧氧化中，丙酮酸进入线粒体氧化脱羧生成乙酰 CoA；NADH 在不同组织中分别通过两种穿梭方式（3-磷酸甘油穿梭和苹果酸—天冬氨酸穿梭）将氢原子送入呼吸链，既获得一定量的 ATP，又再生了 NAD^+。

2. 丙酮酸氧化脱羧生成乙酰 CoA

丙酮酸透过线粒体膜进入线粒体，通过 α-氧化脱羧生成乙酰 CoA，反应由丙酮酸脱氢酶复合体催化。

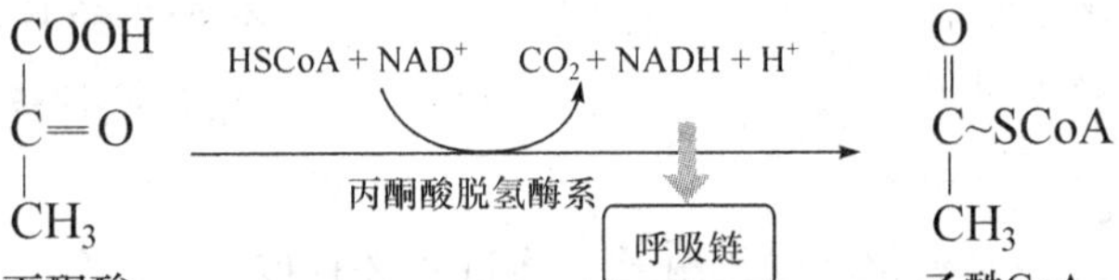

提示

这是一个关键性的不可逆反应。丙酮酸脱氢酶复合体是一种多酶复合体，由三种酶和五种辅助因子构成，是糖有氧氧化途径的关键酶之一，见表 5 - 1。催化过程如图 5 - 10 所示。

表 5 - 1 丙酮酸脱氢酶复合体

组成酶	辅基（维生素）	辅酶（维生素）
丙酮酸脱氢酶	TPP（硫胺素）	
二氢硫辛酰胺乙酰转移酶	硫辛酰胺（硫辛酸）	CoA（泛酸）
二氢硫辛酰胺脱氢酶	FAD（核黄素）	NAD^+（烟酰胺）

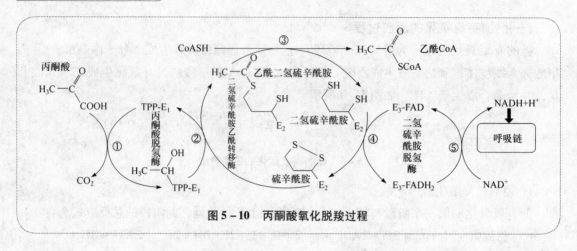

图 5 – 10 丙酮酸氧化脱羧过程

总结这一阶段：1 分子葡萄糖降解可生成 2 分子丙酮酸，2 分子丙酮酸氧化脱羧生成 2 分子乙酰 CoA，同时生成 2 分子 CO_2 和 2 分子 $NADH + 2H^+$，2 分子 $NADH + 2H^+$ 可通过呼吸链的传递将 H^+ 传递给氧生成水，同时有能量的释放被 ADP 截获生成 ATP，2 分子 $NADH + 2H^+$ 可有 5 （2.5×2）分子 ATP 生成。

> **重点提示**
>
> 3. 三羧酸循环
>
> 在线粒体内，乙酰 CoA 与草酰乙酸缩合生成含有三个羧基的柠檬酸，经过一系列酶促反应之后又生成草酰乙酸而形成循环，故称为三羧酸循环或柠檬酸循环。

三羧酸循环每循环一次氧化一个乙酰基，通过两次脱羧生成 2 分子 CO_2，通过四次脱氢给出四对氢原子（其中三对由 NAD^+ 接收，一对由 FAD 接收），还通过底物水平磷酸化合成一个高能化合物 GTP。三羧酸循环由八种酶依次催化进行。

（1）乙酰 CoA 与草酰乙酸缩合生成柠檬酸，反应由柠檬酸合酶催化。

> **提示**
>
> 催化此反应的柠檬酸合酶是三羧酸循环的第一个关键酶。反应在生理条件下不可逆。

$$H_3C-\overset{\displaystyle O}{\overset{\|}{C}}\sim SCoA$$

$$
O=\underset{\underset{CH_2COOH}{|}}{C}-COOH \xrightarrow[\text{柠檬酸合酶}]{\quad H_2O \quad CoASH \quad} HO-\underset{\underset{CH_2COOH}{|}}{\overset{\overset{CH_2COOH}{|}}{C}}-COOH
$$

草酰乙酸   柠檬酸

（2）柠檬酸脱水生成顺乌头酸，再加水生成异柠檬酸，反应由顺乌头酸酶催化。

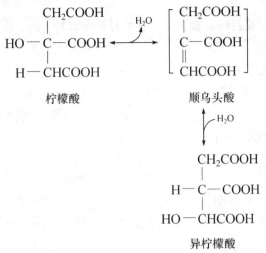

（3）异柠檬酸氧化脱羧生成 α-酮戊二酸，反应由异柠檬酸脱氢酶催化，其辅助因子 NAD^+ 被还原成 $NADH + H^+$。这是三羧酸循环中第一次脱氢，同时生成 CO_2，属于 β-氧化脱羧。

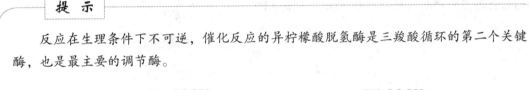

反应在生理条件下不可逆，催化反应的异柠檬酸脱氢酶是三羧酸循环的第二个关键酶，也是最主要的调节酶。

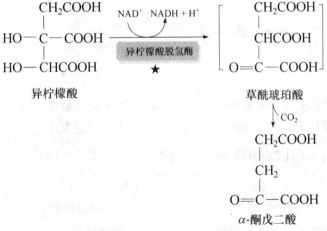

（4）α-酮戊二酸氧化脱羧生成琥珀酰 CoA，反应由 α-酮戊二酸脱氢酶复合体催化，其辅助因子 NAD^+ 被还原成 $NADH + H^+$。产物琥珀酰 CoA 是高能化合物。这是三羧酸循环中的第二次脱氢，同时生成 CO_2，属于 α-氧化脱羧。

> **提 示**
>
> 反应不可逆，催化反应的 α-酮戊二酸脱氢酶复合体是三羧酸循环的第三个关键酶。

α-酮戊二酸脱氢酶复合体与丙酮酸脱氢酶复合体相似，也由三种酶和五种辅助因子构成。两者的辅助因子及催化机制一致，差别在酶的组成。α-酮戊二酸脱氢酶复合体的组成酶为 α-酮戊二酸脱氢酶、二氢硫辛酰胺琥珀酰转移酶和二氢硫辛酰胺脱氢酶。

$$CH_2COOH - CH_2 - O{=}C{-}COOH \xrightarrow[\text{α-酮戊二酸脱氢酶系}]{\begin{array}{c} CoASH \quad CO_2 \\ NAD^+ \quad NADH+H^+ \end{array}} CH_2COOH - CH_2 - O{=}C{\sim}SCoA$$

α-酮戊二酸　　　　　　　　　α-酮戊二酸脱氢酶系　　　　　　琥珀酰 CoA
★

（5）琥珀酰 CoA 生成琥珀酸，反应由琥珀酰 CoA 合成酶（也称琥珀酸硫激酶）催化。

> **提 示**
>
> 这是三羧酸循环中唯一的底物水平磷酸化反应，生成的 GTP 可以由核苷二磷酸激酶催化将高能磷酸基团转移给 ADP，生成 ATP。

$$CH_2COOH - CH_2 - O{=}C{\sim}SCoA \xrightarrow[\begin{array}{c} Pi \quad CoASH \end{array}]{\begin{array}{c} ATP \quad ADP \\ GDP \quad GTP \end{array}} CH_2COOH - CH_2COOH$$

琥珀酰 CoA

底物水平磷酸化　　　　　　　　　　琥珀酸

（6）琥珀酸脱氢生成延胡索酸，反应由琥珀酸脱氢酶（呼吸链复合体 Ⅱ）催化，其辅助因子 FAD 被还原成 $FADH_2$。这是三羧酸循环中的第三次脱氢。

$$CH_2COOH - CH_2COOH \xrightarrow[\quad]{FAD \quad FADH_2} HC{-}COOH \,{=}\, HOOC{-}CH$$

琥珀酸　　　　　　　　　　　　　　延胡索酸

（7）延胡索酸加水生成苹果酸，反应由延胡索酸酶催化。

$$HC{-}COOH \,{=}\, HOOC{-}CH \xrightarrow[\quad]{H_2O} HO{-}CHCOOH \;\; H{-}CHCOOH$$

延胡索酸　　　　　　　　　　　　苹果酸

（8）苹果酸脱氢生成草酰乙酸，反应由苹果酸脱氢酶催化，其辅助因子 NAD^+ 被还原成

$NADH + H^+$。这是三羧酸循环中第四次脱氢。

$$HO—CHCOOH \atop |\ CH_2COOH \qquad \xrightarrow[\text{NAD}^+ \quad \text{NADH}+\text{H}^+]{} \qquad O{=}C—COOH \atop |\ CH_2COOH$$

苹果酸   草酰乙酸

三羧酸循环过程汇总如图 5 - 11 所示。

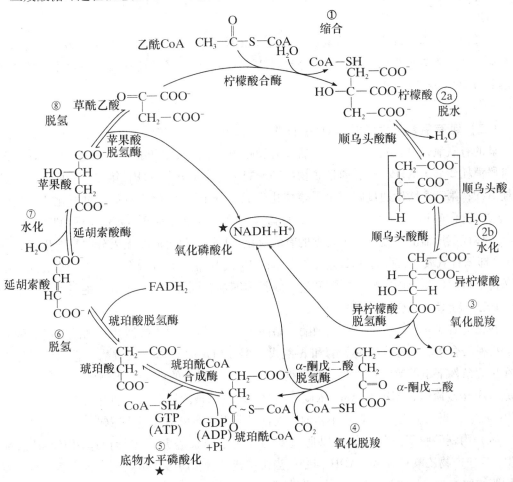

图 5 - 11 三羧酸循环

难点提示

4. 氧化磷酸化

由于糖有氧氧化过程中，1 分子葡萄糖可生成 2 分子 3-磷酸甘油醛，进而生成 2 分子丙酮酸、2 分子乙酰 CoA，因此第一个阶段生成 2 个（$NADH + H^+$），第二个阶段也生成 2 个（$NADH + H^+$），第三个阶段共生成 6 个（$NADH + H^+$）和 2 个 $FADH_2$。第一

个阶段的 $NADH + H^+$ 在细胞质内生成，第二个、第三个阶段的 $NADH + H^+$ 和 $FADH_2$ 在线粒体内生成。

细胞质 $NADH + H^+$ 在不同组织中通过 3-磷酸甘油穿梭或苹果酸—天冬氨酸穿梭将 1 对氢原子送入呼吸链，分别获得 1.5 或 2.5 个 ATP；线粒体 $NADH + H^+$ 将 1 对氢原子送入呼吸链，可获得 2.5 个 ATP；线粒体 $FADH_2$ 将 1 对氢原子送入呼吸链，可获得 1.5 个 ATP。

因此，前三个阶段释放的氢原子通过氧化磷酸化生成的 ATP 数为：第一个阶段 3 个或 5 个；第二个阶段 5 个；第三个阶段 18 个。计算可得通过氧化磷酸化生成的 ATP 总数为 26 个或 28 个。

（二）糖有氧氧化生成的 ATP 的计算

糖的有氧氧化过程先消耗 ATP，后又通过底物水平磷酸化和氧化磷酸化合成 ATP。第一个阶段消耗 2 分子 ATP，然后通过底物水平磷酸化生成 4 分子 ATP；第二个阶段没有生成或消耗 ATP；第三个阶段通过底物水平磷酸化生成 2 分子 ATP（GTP）；通过氧化磷酸化生成 26 或 28 分子 ATP。计算可得 1 分子葡萄糖经有氧氧化可净生成 30 或 32 分子 ATP。

人体代谢所需的能量主要来自糖的有氧氧化。1 分子葡萄糖经无氧分解只净生成 2 分子 ATP，即糖有氧氧化获得的 ATP 是无氧分解的 15 或 16 倍。糖无氧分解的终产物乳酸，在适当条件下可脱氢生成丙酮酸，丙酮酸进入线粒体继续有氧氧化过程，获取能量，避免浪费。

（三）糖有氧氧化的调节

在糖的有氧氧化过程中，己糖激酶、磷酸果糖激酶 1、丙酮酸激酶、丙酮酸脱氢酶复合体、柠檬酸合酶、异柠檬酸脱氢酶和 α-酮戊二酸脱氢酶复合体是关键酶，它们所催化的反应在生理条件下不可逆，其活性主要受机体对 ATP 需要量的调节。当细胞内大量消耗 ATP 造成 ATP 浓度降低、ADP 和 AMP 浓度升高时，关键酶被激活，从而使有氧氧化加快，补充 ATP；反之，当细胞内 ATP 含量丰富时，酶活性降低，有氧氧化过程减慢。

（1）丙酮酸脱氢酶复合体可以通过变构和化学修饰等方式进行快速调节，其活性受 ATP、反应产物乙酰 CoA 和 NADH 抑制。当饥饿或大量脂肪被动员利用时，大多数组织器官利用脂肪酸作为能量来源。脂肪酸氧化生成的乙酰 CoA 抑制糖的有氧氧化，因而这些组织不再消耗葡萄糖，以确保大脑等组织对葡萄糖的需要。

（2）柠檬酸合酶活性可以被柠檬酸和 ATP 抑制，曾被视为三羧酸循环的调节点，可以控制乙酰 CoA 进入三羧酸循环，但目前认为柠檬酸可以向细胞质转运乙酰 CoA 用于合成脂肪酸，所以柠檬酸合酶活性升高不一定意味着三羧酸循环加快。

（3）异柠檬酸脱氢酶是三羧酸循环的主要调节点，其活性受 ATP 变构抑制，受 ADP 变构激活。

（4）α-酮戊二酸脱氢酶复合体也是三羧酸循环的调节点，其调节机制与丙酮酸脱氢酶复合体一致，受 ATP、反应产物琥珀酰 CoA 和 NADH 抑制。

(四) 糖有氧氧化的生理意义

> **重点提示**
>
> 1. 有氧氧化是体内供能的主要途径
>
> 1 分子葡萄糖经有氧氧化可生成 30（或 32）分子 ATP。而糖无氧分解从葡萄糖开始仅生成 2 分子 ATP，前者是后者的 15（或 16）倍。
>
> 2. 三羧酸循环是葡萄糖、脂肪和氨基酸分解代谢的共同途径
>
> 葡萄糖、脂肪酸和氨基酸在氧化分解过程中都会生成乙酰 CoA，然后进入三羧酸循环继续分解。
>
> 3. 三羧酸循环是葡萄糖、脂肪和氨基酸分解代谢相互联系的枢纽
>
> 葡萄糖分解成乙酰 CoA，通过三羧酸循环合成柠檬酸，可转运到细胞质用于合成脂肪酸，并进一步合成脂肪；葡萄糖经过代谢生成草酰乙酸等三羧酸循环的中间产物，可以用于合成非必需氨基酸；氨基酸分解生成的乙酰 CoA 和草酰乙酸等物质，也分别可以合成脂肪酸和葡萄糖。

三、磷酸戊糖途径

葡萄糖氧化分解生成 5-磷酸核糖和 NADPH 的途径，称为磷酸戊糖途径。磷酸戊糖途径在各组织的细胞质中均可以进行，以增殖旺盛（如骨髓）、损伤后再生能力强（如肝脏）和脂类合成旺盛（如脂肪组织）的组织更为活跃。

(一) 磷酸戊糖途径的反应过程

磷酸戊糖途径如图 5 - 12 所示。

1. 葡萄糖磷酸化生成 6-磷酸葡萄糖

反应由己糖激酶（肝细胞内为葡萄糖激酶）催化。这步反应与糖无氧分解/有氧氧化的第一步反应相同。

2. 6-磷酸葡萄糖脱氢生成 6-磷酸葡萄糖酸-δ-内酯

> **提示**
>
> 反应由 6-磷酸葡萄糖脱氢酶催化，此酶是磷酸戊糖途径的关键酶，其辅助因子 $NADP^+$ 被还原成 $NADPH + H^+$。

3. 6-磷酸葡萄糖酸-δ-内酯水解生成 6-磷酸葡萄糖酸

反应由内酯酶催化。

4. 6-磷酸葡萄糖酸氧化脱羧生成 5-磷酸核酮糖

反应由 6-磷酸葡萄糖酸脱氢酶催化，其辅助因子 $NADP^+$ 被还原成 $NADPH + H^+$。

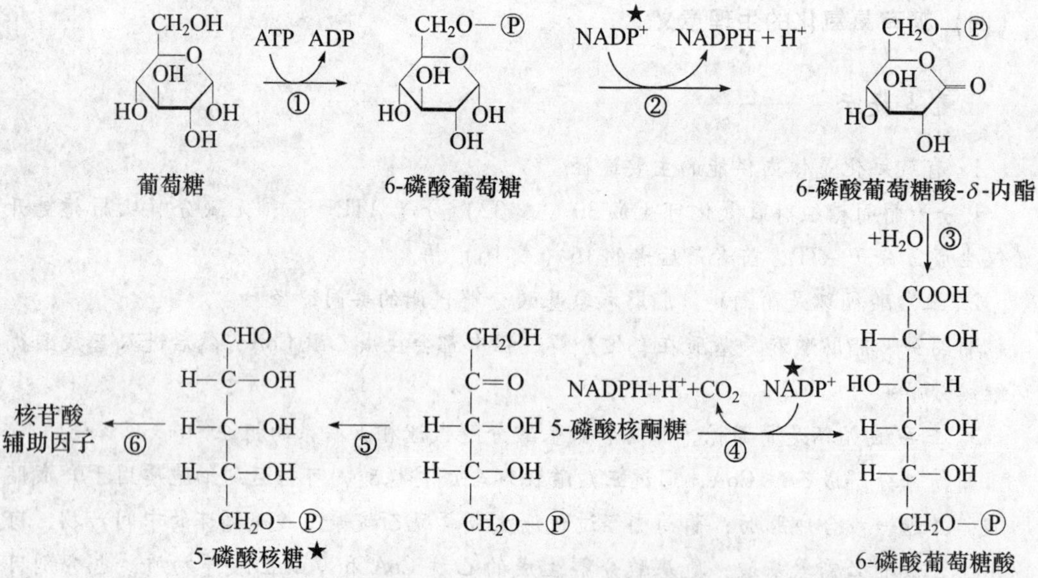

图 5 – 12　磷酸戊糖途径

5. 5-磷酸核酮糖异构生成 5-磷酸核糖

反应由磷酸戊糖异构酶催化。

重点提示

（二）磷酸戊糖途径的生理意义

磷酸戊糖途径生成的 5-磷酸核糖和 NADPH 是重要的生命物质。

1. 5-磷酸核糖

5-磷酸核糖可合成核苷酸，还可合成辅助因子（如 CoA、FAD、NAD$^+$）。磷酸戊糖途径是体内利用葡萄糖生成 5-磷酸核糖的唯一途径，所以在增殖旺盛和损伤后修补再生作用强的组织中很活跃。

2. NADPH

（1）NADPH 为脂肪酸和胆固醇等物质的合成提供氢，所以磷酸戊糖途径在脂类合成旺盛的组织中很活跃。

（2）NADPH 作为谷胱甘肽还原酶的辅酶，参与氧化型谷胱甘肽（Oxidized Glutathione，GSSG）还原成还原型谷胱甘肽（Reduced Glutathione，GSH）的反应。GSH 具有抗氧化作用，能保护巯基酶活性，清除活性氧和其他氧化剂。

提示

红细胞与氧气接触，会产生较多活性氧。6-磷酸葡萄糖脱氢酶基因缺陷的个体NADPH 水平低下，进而 GSH 水平低下，导致活性氧等不能及时清除，红细胞膜易受到氧化损伤发生溶血，并且常在进食蚕豆24~48 h出现溶血症状，称为蚕豆病。

（3）NADPH参与生物转化。肝细胞内质网含有以NADPH为供氢体的P450羟化酶系，该酶系既参与类固醇代谢，又参与药物及毒物的生物转化。

第三节 糖原的合成与分解

糖原是动物体内糖的储存形式。当葡萄糖充足时，组织细胞可以摄取葡萄糖合成糖原，其中肝脏和肌肉储存的糖原较多。正常成人肝糖原总量约为100 g，肌糖原为120~400 g。当血糖水平下降时，肝糖原被分解利用，以维持血糖浓度的稳定。肌糖原分解主要是生成ATP来支持肌肉收缩。

一、糖原的合成代谢

提 示

由葡萄糖合成糖原的过程称为糖原合成。糖原合成主要在肝脏和肌肉的细胞质中进行。

葡萄糖合成糖原的过程如图5-13所示。

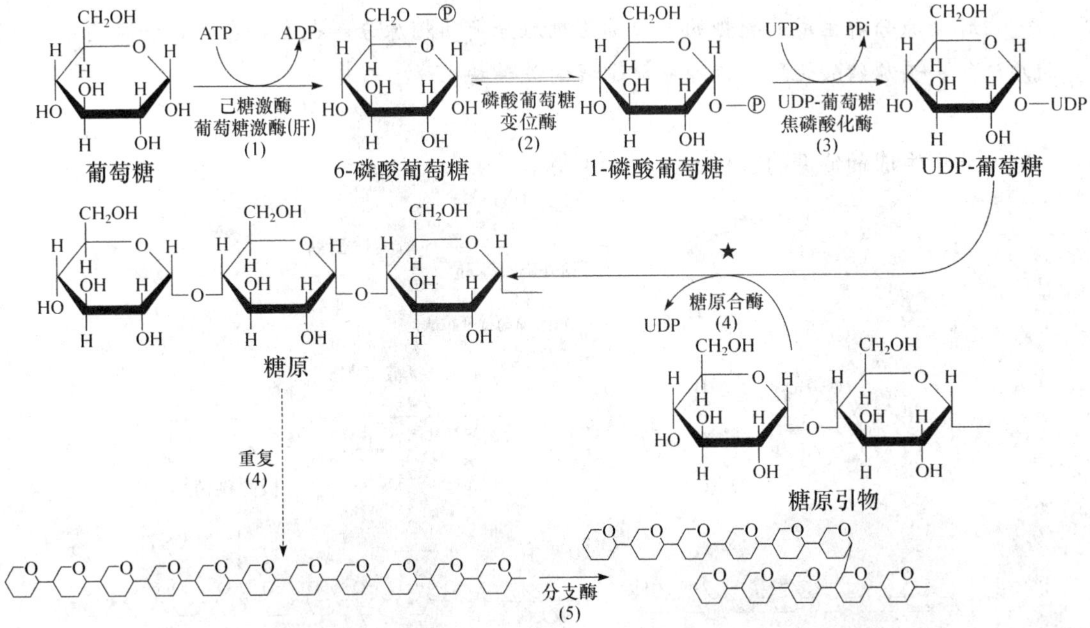

图5-13 糖原合成

（1）葡萄糖磷酸化生成6-磷酸葡萄糖，反应由己糖激酶（肝细胞内为葡萄糖激酶）催化，消耗1分子ATP。这步反应与糖无氧分解、有氧氧化、磷酸戊糖途径的第一步反应相同。

（2）6-磷酸葡萄糖异构生成1-磷酸葡萄糖，反应由磷酸葡萄糖变位酶催化。

（3）1-磷酸葡萄糖尿苷酸化生成UDP-葡萄糖，反应由UDP-葡萄糖焦磷酸化酶催化，消耗1分子UTP，相当于消耗1分子ATP。

（4）UDP-葡萄糖的葡萄糖基以 α-1,4-糖苷键连接于糖原的非还原端，反应由糖原合酶催化，并重复进行，使糖链不断延长。糖原合酶只能把葡萄糖连接到已有的糖原分子上，不能合成新的糖原分子，它（糖原合酶）是糖原合成过程的关键酶。

（5）当糖链长度达到12~18个葡萄糖时，含有6~7个葡萄糖的糖链向还原端或邻近的糖链上移位，以 α-1,6-糖苷键连接，形成糖原分支，反应由分支酶催化。

> **重点提示**
>
> 合成糖原的关键酶是糖原合酶，糖原主要以颗粒形式存在于细胞质中。在糖原合成过程中，每连接1个葡萄糖分子需要消耗2个高能化合物，即1分子ATP和1分子UTP。

二、糖原的分解代谢

> **重点提示**
>
> 由肝糖原分解生成葡萄糖的过程称为糖原分解。糖原分解也主要在肝脏和肌肉的细胞质进行。糖原磷酸化酶是糖原分解过程的关键酶。

糖原分解生成葡萄糖的过程如图5-14所示。

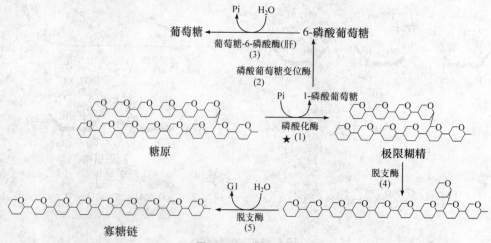

图5-14 糖原分解

（1）糖原磷酸解生成1-磷酸葡萄糖，反应由糖原磷酸化酶催化，此葡萄糖基原先位于糖原的非还原端。

（2）1-磷酸葡萄糖异构生成6-磷酸葡萄糖，反应由磷酸葡萄糖变位酶催化。

（3）6-磷酸葡萄糖水解生成葡萄糖，反应由葡萄糖-6-磷酸酶催化。该酶主要存在于肝脏内，而骨骼肌内含量极低，所以只有肝糖原分解才会发生这一步反应。

（4）当糖原磷酸解到离分支点还有四个葡萄糖时发生脱支反应，由脱支酶催化。反应分两步进行：① 将四糖分支中的三个葡萄糖切下，以 α-1,4-糖苷键连接于相邻分支的非还原端。② 水解分支点的 α-1,6-糖苷键，生成葡萄糖和寡糖链。这样，除去分支的寡糖链可以由糖原磷酸化酶继续磷酸解，生成 1-磷酸葡萄糖。

三、糖原合成与分解的调节

糖原的合成与分解是维持血糖正常水平的重要途径。

糖原合酶和糖原磷酸化酶分别是糖原合成与分解的关键酶。

当血糖浓度高于正常水平时，胰岛素释放，使糖原合酶活性增强，促进肝脏和肌肉合成糖原，使血糖回落至正常水平。

当血糖浓度低于正常水平时，胰高血糖素释放，使糖原磷酸化酶活性增强，促进肝糖原分解；同时降低糖原合酶活性，抑制肝糖原合成，使血糖回升至正常水平。

肌糖原分解产生的6-磷酸葡萄糖不能水解生成葡萄糖，因此不能直接补充血糖。肌糖原分解产生的6-磷酸葡萄糖主要通过糖的无氧分解，生成 ATP 供肌肉收缩。不过，肌糖原可以通过乳酸循环间接补充血糖。

第四节 糖 异 生

重点提示

糖异生是指由非糖物质合成葡萄糖的过程。能生成糖的非糖物质主要有乳酸、丙酮酸、氨基酸、甘油和三羧酸循环中间产物。糖异生主要在肝脏内进行，肾在正常情况下糖异生的能力仅为肝的1/10，长期饥饿时肾糖异生的能力则大为增强，可占全身糖异生量的40%左右。

一、糖异生途径

糖异生途径与糖无氧分解途径的多数反应是共有的、可逆的。糖无氧分解途径中，葡萄糖通过 11 步反应生成乳酸，其中 8 步是可逆反应，3 步是不可逆反应。糖异生途径中，乳酸可以脱氢生成丙酮酸，再通过 12 步反应生成葡萄糖，其中 8 步就是糖无氧分解途径可逆反应的逆反应，其余 4 步是不可逆反应，绕过了糖无氧分解途径中的 3 步不可逆反应，如图 5 – 15 所示。

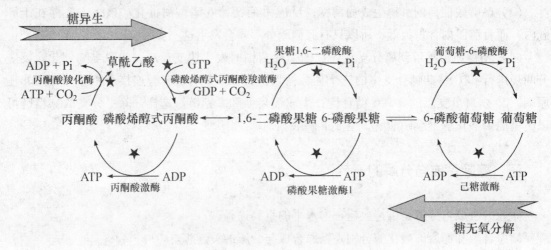

图 5 – 15　糖异生和糖无氧分解的不可逆反应

（1）丙酮酸羧化支路。丙酮酸羧化支路包括两步不可逆反应，最终结果是将丙酮酸转化为磷酸烯醇式丙酮酸。反应中共消耗 2 分子 ATP。

① 丙酮酸羧化生成草酰乙酸，反应由丙酮酸羧化酶催化，辅基是生物素，消耗 1 分子 ATP。

② 草酰乙酸脱羧并磷酸化生成磷酸烯醇式丙酮酸，反应由磷酸烯醇式丙酮酸羧激酶催化，消耗 1 分子 GTP。

（2）1,6-二磷酸果糖水解脱磷酸生成 6-磷酸果糖，反应由果糖-1,6-二磷酸酶催化。

（3）6-磷酸葡萄糖水解脱磷酸生成葡萄糖，反应由葡萄糖-6-磷酸酶催化。

二、糖异生的调节

丙酮酸羧化酶、磷酸烯醇式丙酮酸羧激酶、果糖-1,6-二磷酸酶和葡萄糖-6-磷酸酶是控制糖异生的关键酶，它们在结构和数量上受到调节。

（一）变构调节

（1）丙酮酸羧化酶受乙酰 CoA 的变构激活。

（2）果糖-1,6-二磷酸酶受 AMP 的变构抑制和 1,6-二磷酸果糖的竞争性抑制。

（二）数量调节

饥饿时糖皮质激素分泌增多，通过信号转导诱导肝细胞糖异生的关键酶（如磷酸烯醇式丙酮酸羧激酶和葡萄糖-6-磷酸酶）基因的表达，促进糖异生。

三、糖异生的生理意义

糖异生主要在饥饿、摄入高蛋白食物或剧烈运动之后进行。

重点提示

（一） 维持血糖水平的相对稳定

在饥饿时，肝内糖异生增多，主要原料是氨基酸和甘油，合成的葡萄糖进入血液，以维持血糖水平的相对稳定，这对主要利用葡萄糖供能的组织来说具有重要意义。

例如，脑组织不能利用脂肪酸，主要利用葡萄糖供给能量，并且葡萄糖消耗量大，每天消耗约 120 g；红细胞没有线粒体，也只能通过葡萄糖供能。人体储存的肝糖原约为 150 g（肌糖原主要供肌肉组织自己利用），如果仅靠分解肝糖原来维持血糖水平，则 12 h 基本耗尽，所以需要通过糖异生来维持饥饿时的血糖稳定。

（二） 参与食物氨基酸的转化与储存

有些从食物消化吸收而来的氨基酸经过脱氨基等分解代谢产生 α-酮酸，可以通过糖异生途径合成葡萄糖，并进一步合成糖原。

（三） 有利于乳酸的回收利用

在某些生理（如剧烈运动）和病理（如循环或呼吸功能障碍）情况下，由于机体的相对或绝对缺氧，糖的无氧分解增强，产生大量乳酸。乳酸可以通过血液循环运到肝脏，再合成葡萄糖或糖原。乳酸循环如图 5 - 16 所示。这样可以回收乳酸，避免营养物质浪费，并防止代谢性酸中毒。

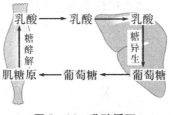

图 5 - 16　乳酸循环

第五节 血糖及其调节

> **重点提示**
>
> 血糖是指血液中的葡萄糖。正常人血糖浓度是相对稳定的，临床上多用葡萄糖氧化酶法测定空腹（8~10 h）血浆葡萄糖浓度，正常值为3.9~6.1 mmol/L。刚进食后血糖浓度稍高，但一般情况下不会超过肾脏重吸收糖的能力肾糖阈（8.9~10.0 mmol/L），且2~3 h后即接近空腹值；一定时间内不进食，血糖浓度也不会低于正常水平，这是因为血糖受神经、激素等因素的调节，通过多种来源和去路维持血糖水平稳定。

一、血糖的来源和去路

血糖有多个来源和多条去路，受到严格调控，形成动态平衡。

> **难点提示**
>
> ### （一）血糖的来源
>
> 血糖有以下几种来源：
>
> （1）食物中的糖。从食物消化吸收的葡萄糖及其他单糖（如果糖和半乳糖等）在肝脏内异构生成的葡萄糖是血糖的主要来源。
>
> （2）肝糖原分解。肝糖原分解生成的葡萄糖是空腹血糖的直接来源。
>
> （3）肝脏内糖异生作用。甘油、乳酸和大多数氨基酸等可以在肝脏内合成葡萄糖，然后进入血液循环。
>
> ### （二）血糖的去路
>
> 血糖有以下几条去路：
>
> （1）氧化分解供能。血糖进入全身组织细胞，进行糖的无氧分解或彻底氧化生成二氧化碳和水，释放能量满足代谢需要，这是血糖的主要去路。
>
> （2）合成糖原。血糖进入肝脏和肌肉组织，合成肝糖原和肌糖原。
>
> （3）转化成其他糖类或非糖物质。血糖在各组织中可以转化成核糖、脱氧核糖、氨基糖、唾液酸和糖醛酸等，也可以转化成脂肪和非必需氨基酸等非糖物质。
>
> （4）血糖过高时随尿排出体外。当血糖浓度高于肾糖阈，肾小管无法将葡萄糖全部重吸收时，尿液中会出现葡萄糖。但在正常情况下，肾小管细胞能将原尿中几乎所有的葡萄糖都重新吸收入血，尿糖的排出主要见于糖尿病人。

血糖的来源和去路如图 5 – 17 所示。

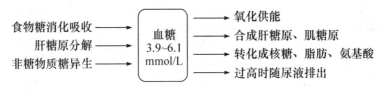

图 5 – 17 血糖的来源和去路

二、血糖水平的调节

> **提 示**
>
> 肝脏是调节血糖的主要器官，肾脏对调节血糖起重要作用，神经系统和激素通过调控肝脏和肾脏的糖代谢来维持血糖浓度的稳定。

（一）肝脏调节

> **提 示**
>
> 肝脏是维持血糖浓度的最主要器官，通过控制糖原的合成与分解及糖异生来调节血糖。

当血糖浓度高于正常水平时，肝糖原合成作用加强，促进血糖消耗；糖异生作用减弱，限制血糖补充，从而使血糖浓度降至正常水平。当血糖浓度低于正常水平时，肝糖原分解作用加强，糖异生作用加强，从而使血糖浓度升至正常水平。当然，肝脏对血糖浓度的调节是在神经和激素的控制下进行的。

（二）肾脏调节

> **提 示**
>
> 肾脏对糖具有很强的重吸收能力，其极限值可以用血糖浓度来表示，为 8.9 ~ 10.0 mmol/L，该值称为肾糖阈。

只要血糖浓度不超过肾糖阈，肾小管就能将原尿中几乎所有的葡萄糖都重吸收入血，不会出现糖尿。肾糖阈是可以变化的，长期糖尿病患者肾糖阈稍高，而有些孕妇肾糖阈稍低。

（三）神经调节

用电刺激交感神经系的视丘下部腹内侧核或内脏神经，能促进肝糖原分解，使血糖浓度升高；用电刺激副交感神经系的视丘下部外侧或迷走神经，能促进肝糖原合成，使血糖浓度降低。

（四）激素调节

> **重点提示**
>
> 　　胰岛 β-细胞分泌的胰岛素是唯一能降低血糖浓度的激素；而能升高血糖浓度的激素较多，主要有胰岛 α-细胞分泌的胰高血糖素、肾上腺髓质分泌的肾上腺素、肾上腺皮质分泌的糖皮质激素、腺垂体分泌的生长激素和甲状腺分泌的甲状腺激素等。它们主要通过调节糖代谢各主要途径来维持血糖浓度。
>
> 　　胰岛素的降糖机制包括：① 促进肌细胞、脂肪细胞摄取血糖；② 促进糖有氧氧化，转化成脂肪；③ 促进糖原合成；④ 抑制糖原分解；⑤ 抑制糖异生。

　　各种激素的调节作用并非孤立地各行其是，而是既相互协同又相互制约，共同维持血糖的正常浓度。

三、血糖水平异常

　　神经系统功能紊乱、内分泌失调，以及肝、肾功能障碍均可以引起糖代谢紊乱。无论何种原因引起的糖代谢紊乱都会影响血糖水平，但不应将偶尔出现的血糖水平异常视为糖代谢紊乱。

（一）低血糖

> **提示**
>
> 　　空腹时血糖浓度低于 3.0 mmol/L 称为低血糖。

　　低血糖可以由某些生理因素引起，如长时间饥饿或持续剧烈的体力活动等；也可以由某些病理因素引起，例如：胰岛 β-细胞增生或癌变，导致胰岛素分泌过多；垂体前叶或肾上腺皮质功能减退，导致生长激素或糖皮质激素等对抗胰岛素的激素分泌不足；严重的肝脏疾患，导致肝脏不能有效地调节血糖等。

　　低血糖时脑组织首先出现反应，表现为头晕、心悸、出冷汗及饥饿等。若血糖浓度进一步下降，会出现精神恍惚、嗜睡、抽搐、昏迷。

（二）高血糖及糖尿

> **提示**
>
> 　　空腹时血糖浓度超过 7.0 mmol/L 称为高血糖，超过 8.9 ~ 10.0 mmol/L（肾糖阈）则出现糖尿。持续性高血糖和糖尿多见于糖尿病。

糖尿病在中医学中属于"消渴"症。现代医学认为糖尿病是胰岛素分泌不足或应答障碍导致糖、脂肪、蛋白质的代谢紊乱。在我国,临床上常见的糖尿病主要是 2 型糖尿病。糖尿病患者除了表现为高血糖和糖尿之外,尚有"三多一少"的症状,即多食、多饮、多尿和体重减轻,严重时还会出现酮症酸中毒。2 型糖尿病受环境因素和遗传因素的双重影响。

尿糖多次阳性一般提示疾病的存在,但不一定是糖尿病。例如:生长激素分泌过多时,可因血糖升高而出现垂体性糖尿;肾脏疾患导致肾小管重吸收葡萄糖的能力减弱时,即使血糖正常也可以出现肾性糖尿。

正常人偶尔也会出现一过性高血糖和糖尿,如进食大量糖后或情绪极度激动时。

(三) 糖代谢异常的实验室检测方法

血糖是否存在异常,临床上常规检测的是空腹血糖和餐后 2 h 血糖。除此以外,有时还会进行更全面的检测,即进行糖耐量试验。

常用的糖耐量试验方法是先测定受试者清晨空腹血糖浓度,然后 5 min 内进食 75 g 葡萄糖,或按 0.333 g/kg 体重的剂量静脉注射 50% 葡萄糖溶液。之后 0.5 h、1 h、2 h 和 3 h 分别取血,测定血糖浓度,然后以时间为横坐标、血糖浓度为纵坐标绘制耐糖曲线,如图 5-18 所示。

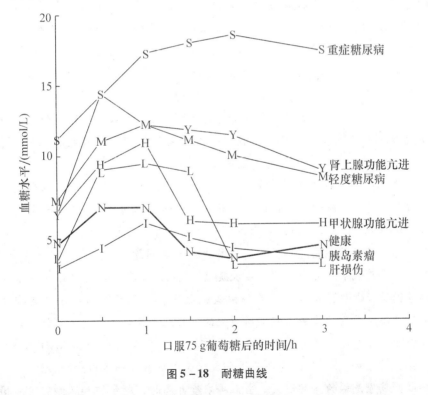

图 5-18 耐糖曲线

如果血糖浓度升高后恢复缓慢,或血糖浓度无明显升高甚至不升高,均反映血糖调节存在障碍,称为耐糖现象失常。

> **提 示**
>
> 　　健康人体耐糖曲线的特点是：空腹血糖浓度正常；进食糖后血糖浓度升高，在1 h内达到高峰，但不超过肾糖阈（并且一般不会超过7.0 mmol/L）；而后血糖浓度迅速降低，在2~3 h内恢复到正常水平。
>
> 　　糖尿病患者耐糖曲线的特点是：空腹血糖浓度高于正常值；进食糖后血糖浓度急剧上升，并超过肾糖阈；2~3 h内不能恢复到空腹血糖水平。

　　胰岛素瘤患者耐糖曲线的特点是：空腹血糖浓度低于正常值；进食后血糖浓度升高不明显，并且短时间即恢复到原有水平。

📖 本章小结

　　糖的主要生理功能是氧化供能。食物中的糖主要是淀粉，它在消化道内由一系列酶催化水解成葡萄糖，并由小肠黏膜细胞通过主动转运吸收。

　　体内的葡萄糖主要有以下代谢途径：① 糖的无氧分解（糖酵解）；② 糖的有氧氧化；③ 磷酸戊糖途径；④ 糖原的合成代谢；⑤ 糖原的分解代谢；⑥ 糖异生途径。

　　糖的无氧分解：是指葡萄糖在供氧不足的情况下分解成乳酸，同时释放少量能量的过程。反应过程分为两个阶段，在细胞质中进行。由11种酶催化，其中己糖激酶、磷酸果糖激酶1和丙酮酸激酶是控制糖无氧分解进行的关键酶，它们催化的反应是不可逆反应。糖无氧分解释放的能量较少，1分子葡萄糖通过无氧分解净生成2分子ATP。糖无氧分解的生理意义是：① 在相对缺氧时有效供给机体能量；② 某些组织即使在有氧时也能通过糖的无氧分解获得能量；③ 为合成其他生物分子提供原料。

　　糖的有氧氧化：指葡萄糖在有氧条件下彻底氧化成CO_2和H_2O，同时释放大量能量的过程。反应过程分为三个阶段，从细胞质中开始，在线粒体内完成。1分子葡萄糖彻底氧化可以净生成30~32分子ATP，所以糖有氧氧化是机体供能的主要方式。

　　三羧酸循环：既是糖、脂肪和蛋白质分解代谢的共同途径，又是它们代谢联系的枢纽。每次循环氧化1个乙酰基，反应过程有4次脱氢、2次脱羧和1次底物水平磷酸化。三羧酸循环有三种关键酶，即柠檬酸合酶、异柠檬酸脱氢酶和α-酮戊二酸脱氢酶复合体，其中异柠檬酸脱氢酶是最重要的调节酶。它们所催化的反应在生理条件下是不可逆的。

　　磷酸戊糖途径：葡萄糖通过磷酸戊糖途径可以生成5-磷酸核糖和NADPH，5-磷酸核糖是合成核苷酸等的原料，NADPH为还原性合成代谢提供氢，并参与生物转化。

　　糖原合成：糖原是糖的储存形式。当血糖浓度升高时，肝细胞和肌细胞可以摄取葡萄糖合成肝糖原和肌糖原。糖原合酶是催化糖原合成的关键酶。每连接1个葡萄糖需要消耗1个ATP和1个UTP。

　　糖原分解：当血糖浓度下降时，肝糖原分解以补充血糖；肌肉剧烈活动时，肌糖原分解供能。糖原磷酸化酶是催化糖原分解的关键酶。

糖异生：指由非糖物质合成葡萄糖的过程，主要在肝脏和肾皮质进行。糖异生成糖的非糖物质主要有乳酸等。乳酸异生成葡萄糖由 12 种酶催化，其中丙酮酸羧化酶、磷酸烯醇式丙酮酸羧激酶、果糖-1,6-二磷酸酶和葡萄糖-6-磷酸酶是关键酶。糖异生的生理意义是：① 在饥饿时维持血糖水平的相对稳定；② 参与食物氨基酸的转化与储存；③ 参与乳酸的回收利用。

血液中的糖主要是葡萄糖，血糖浓度受肝脏、肾脏、神经和激素的调节。健康人血糖浓度保持动态稳定。血糖的来源是食物糖的消化吸收、肝糖原分解和糖异生；去路是氧化分解供能、合成糖原和转化成其他糖类和非糖物质。血糖过高时可随尿排出，但生理条件下极少发生。

本章重点名词解释

1. 糖的无氧分解
2. 糖的有氧氧化
3. 三羧酸循环
4. 磷酸戊糖途径
5. 糖异生
6. 血糖
7. 肾糖阈

思考与练习

一、选择题

1. 糖酵解途径的关键酶是（　　　）。

　　A. 3-磷酸甘油醛脱氢酶　　　　　　　　B. L-乳酸脱氢酶

　　C. 磷酸果糖激酶 1　　　　　　　　　　D. 磷酸己糖异构酶

2. 葡萄糖的有氧氧化过程有（　　　）步消耗 ATP 的反应。

　　A. 1　　　　　　　　　　　　　　　　B. 2

　　C. 3　　　　　　　　　　　　　　　　D. 4

3. 属于三羧酸循环中间产物的是（　　　）。

　　A. 1,3-二磷酸甘油酸　　　　　　　　　B. 2,3-二磷酸甘油酸

　　C. 3-磷酸甘油醛　　　　　　　　　　　D. 琥珀酰 CoA

4. 三羧酸循环中的底物水平磷酸化反应发生在（　　　）阶段。

　　A. α-酮戊二酸→琥珀酸　　　　　　　　B. 琥珀酸→延胡索酸

　　C. 柠檬酸→α-酮戊二酸　　　　　　　　D. 苹果酸→草酰乙酸

5. 磷酸戊糖途径的代谢场所是（   ）。

    A. 内质网　　　　　　　　　　　　B. 微粒体

    C. 细胞核　　　　　　　　　　　　D. 细胞液

6. 蚕豆病患者缺乏（   ）。

    A. 6-磷酸葡萄糖脱氢酶　　　　　　B. 丙酮酸激酶

    C. 内酯酶　　　　　　　　　　　　D. 葡萄糖激酶

7. 催化糖原分解的关键酶是（   ）。

    A. 分支酶　　　　　　　　　　　　B. 磷酸葡萄糖变位酶

    C. 葡萄糖-6-磷酸酶　　　　　　　　D. 糖原磷酸化酶

8. 肌糖原分解时不能释出葡萄糖，因为肌肉细胞内缺乏（   ）。

    A. 果糖-1,6-二磷酸酶　　　　　　　B. 葡萄糖-6-磷酸酶

    C. 葡萄糖激酶　　　　　　　　　　D. 糖原合酶

9. 既是糖酵解产物又是糖异生原料的是（   ）。

    A. 丙氨酸　　　　　　　　　　　　B. 丙酮

    C. 甘油　　　　　　　　　　　　　D. 乳酸

10. 葡萄糖经糖酵解途径净生成 ATP 数是（   ）。

    A. 1　　　　　　　　　　　　　　B. 2

    C. 3　　　　　　　　　　　　　　D. 4

11. 有关糖的无氧酵解过程可以认为（   ）。

    A. 终产物是乳酸

    B. 催化反应的酶系存在于细胞液和线粒体中

    C. 通过氧化磷酸化生成 ATP

    D. 不消耗 ATP，同时通过底物磷酸化产生 ATP

12. 调节三羧酸循环运转最主要的酶是（   ）。

    A. 琥珀酸脱氢酶　　　　　　　　　B. 丙酮酸脱氢酶复合体

    C. 柠檬酸合酶　　　　　　　　　　D. 异柠檬酸脱氢酶

13. 1 分子丙酮酸进入三羧酸循环彻底氧化成二氧化碳和能量时，（   ）。

    A. 生成 4 分子二氧化碳

    B. 反应均在线粒体内进行

    C. 生成 18 分子 ATP

    D. 有 5 次脱氢，均通过 NADH 开始的呼吸链生成水

14. 下列不能补充血糖的代谢过程是（   ）。

    A. 肝糖原分解　　　　　　　　　　B. 肌糖原分解

    C. 食物糖类的消化吸收　　　　　　D. 糖异生作用

15. 肌糖原分解不能直接补充血糖的原因是（   ）。

    A. 肌肉组织是储存葡萄糖的器官　　B. 肌肉组织缺乏葡萄糖磷酸激酶

C. 肌肉组织缺乏葡萄糖-6-磷酸酶　　　　D. 肌肉组织缺乏磷酸化酶

16. 胰岛素对糖代谢的主要调节作用是 (　　　)。

　　A. 促进糖的异生　　　　　　　　　　B. 抑制糖转变为脂肪

　　C. 促进葡萄糖进入肌细胞和脂肪细胞　　D. 降低糖原合成

17. 糖酵解途径中大多数酶催化的反应是可逆的，催化不可逆反应的酶是 (　　　)。

　　A. 丙酮酸激酶　　　　　　　　　　　　B. 磷酸己糖异构酶

　　C. （醇）醛缩合酶　　　　　　　　　　D. 乳酸脱氢酶

18. 糖酵解与糖异生途径中共有的酶是 (　　　)。

　　A. 果糖二磷酸酶　　　　　　　　　　　B. 丙酮酸激酶

　　C. 丙酮酸羧化酶　　　　　　　　　　　D. 3-磷酸甘油醛脱氢酶

19. 可使血糖浓度下降的激素是 (　　　)。

　　A. 肾上腺素　　　　　　　　　　　　　B. 胰高血糖素

　　C. 胰岛素　　　　　　　　　　　　　　D. 糖皮质激素

20. 糖酵解、糖异生、磷酸戊糖途径、糖原合成和糖原分解各条代谢途径交汇点上的化合物是 (　　　)。

　　A. 1-磷酸葡萄糖　　　　　　　　　　　B. 6-磷酸葡萄糖

　　C. 1,6-二磷酸果糖　　　　　　　　　　D. 3-磷酸甘油醛

21. 磷酸戊糖途径的重要生理功能是生成 (　　　)。

　　A. 6-磷酸葡萄糖　　　　　　　　　　　B. $NADH + H^+$

　　C. FAD　　　　　　　　　　　　　　　D. 5-磷酸核糖

22. 1 分子葡萄糖在有氧氧化中，通过脱氢氧化成水生成 ATP 的数量是 (　　　)。

　　A. 6 分子　　　　　　　　　　　　　　B. 12 分子

　　C. 24 分子　　　　　　　　　　　　　　D. 32 分子

23. 丙酮酸羧化酶作为催化剂的反应是 (　　　)。

　　A. 糖酵解　　　　　　　　　　　　　　B. 糖的有氧氧化

　　C. 糖异生　　　　　　　　　　　　　　D. 糖原合成

24. 异柠檬酸脱氢酶作为催化剂的反应是 (　　　)。

　　A. 糖酵解　　　　　　　　　　　　　　B. 三羧酸循环

　　C. 糖异生　　　　　　　　　　　　　　D. 糖原合成

25. 丙酮酸脱氢酶复合体作为催化剂的反应是 (　　　)。

　　A. 糖酵解　　　　　　　　　　　　　　B. 糖的有氧氧化

　　C. 糖异生　　　　　　　　　　　　　　D. 糖原合成

26. 下列代谢中只能间接调节血糖浓度的是 (　　　)。

　　A. 肝糖原分解　　　　　　　　　　　　B. 肌糖原分解

　　C. 食物糖原　　　　　　　　　　　　　D. 糖异生作用

27. 在糖原合成中作为葡萄糖的载体的是（　　）。

    A. ADP   B. GDP

    C. UDP   D. TDP

28. 1分子葡萄糖经无氧氧化生成乳酸时，净生成ATP的分子数是（　　）。

    A. 2   B. 12

    C. 24   D. 32

29. 体内含糖原总量最高的器官是（　　）。

    A. 肝   B. 肾

    C. 脑   D. 肌肉

30. 位于糖代谢各条代谢途径交汇点的化合物是（　　）。

    A. 1-磷酸葡萄糖   B. 6-磷酸葡萄糖

    C. 1,6-二磷酸葡萄糖   D. 3-磷酸甘油醛

二、简答题

1. 葡萄糖在体内的代谢途径主要有哪些？

2. 试从下列各点比较糖无氧分解与糖的有氧氧化的不同：反应条件、反应场所、终产物、释放能量。

3. 糖酵解有何生理意义？

4. 磷酸戊糖途径有何生理意义？

5. 糖异生有何生理意义？

6. 血糖有哪些来源与去路？

第六章 CHAPTER

脂类代谢

学习目标

掌握：

1. 血脂的概念、种类和含量
2. 甘油三酯水解的关键酶
3. 脂肪酸β-氧化过程
4. 酮体代谢
5. 胆固醇的转化

熟悉：

1. 血浆脂蛋白的代谢
2. 磷脂代谢
3. 胆固醇代谢
4. 胆汁酸代谢

了解：

1. 脂类的生理功用
2. 脂类消化和吸收的特点
3. 高脂血症

本章知识导图

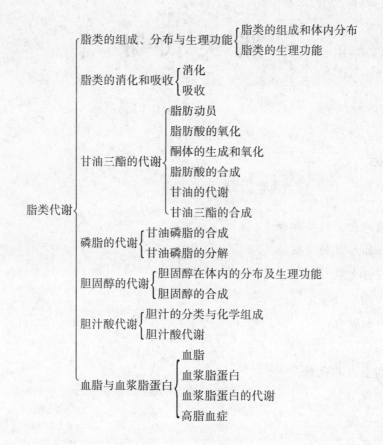

第一节　脂类的组成、分布与生理功能

> **提示**
>
> 脂类是脂肪和类脂的总称。脂类的共同特征是：一般难溶于水，易溶于乙醚、氯仿、丙酮等有机溶剂；具有酯的结构或成酯的可能；能被生物体所利用，是构成生物体的重要组成成分。

脂类的种类很多，本章仅介绍甘油三酯和部分类脂的化学组成及代谢。

一、脂类的组成和体内分布

脂类包括脂肪和类脂。它们的组成和结构不相同，在体内的分布和生理功能也不同。

（一）脂类的组成

1. 甘油三酯的结构

甘油三酯（Triglyceride，TG）的结构俗称脂肪，是由 1 分子甘油与 3 分子脂肪酸构成的酯。

甘油三酯　　　　　　　甘油　　　　脂肪酸

> **提 示**
>
> 甘油三酯中的脂肪酸如果是含较多的饱和脂肪酸，则在室温下呈固态，常称为脂肪；如果是含较多的不饱和脂肪酸，则在室温下呈液态，常称为油。

2. 脂肪酸的结构

脂肪酸（Fatty Acid，FA）是 C、H、O 三种元素组成的，其通式为 R—COOH。种类很多，是生物体内许多脂类化合物的重要组成成分，生物体内常见的脂肪酸如表 6－1 所示。

表 6－1　生物体内常见的脂肪酸

类型	碳原子数目	碳—碳双键数目	名　称	分子式
饱和脂肪酸	12	0	月桂酸（十二烷酸）	$CH_3(CH_2)_{10}COOH$
	14	0	豆蔻酸（十四烷酸）	$CH_3(CH_2)_{12}COOH$
	16	0	软脂酸（十六烷酸）	$CH_3(CH_2)_{14}COOH$
	18	0	硬脂酸（十八烷酸）	$CH_3(CH_2)_{16}COOH$
	20	0	花生酸（二十烷酸）	$CH_3(CH_2)_{18}COOH$
	22	0	山嵛酸（二十二烷酸）	$CH_3(CH_2)_{20}COOH$
	24	0	掬焦油酸（二十四烷酸）	$CH_3(CH_2)_{22}COOH$
不饱和脂肪酸	16	1	棕榈油酸（十六碳烯酸）	$CH_3(CH_2)_5CH{=}CH(CH_2)_7COOH$
	18	1	油酸（十八碳烯酸）	$CH_3(CH_2)_7CH{=}CH(CH_2)_7COOH$
	18	2	亚油酸（十八碳二烯酸）	$CH_3(CH_2)_4(CH{=}CHCH_2)_2(CH_2)_6COOH$
	18	3	亚麻酸（十八碳三烯酸）	$CH_3CH_2(CH{=}CHCH_2)_3(CH_2)_6COOH$
	20	4	花生四烯酸（二十碳烯酸）	$CH_3(CH_2)_4(CH{=}CHCH_2)_4(CH_2)_2COOH$

生物体内的脂肪酸绝大多数是含偶数碳原子的直链一元酸，碳原子数目一般为 4～26，尤以 C_{16} 和 C_{18} 为最多。

脂肪酸根据碳原子数目可分为短链脂肪酸、中链脂肪酸和长链脂肪酸；根据烃基中是否含有双键可分为饱和脂肪酸和不饱和脂肪酸；也能根据机体能否合成分为必需脂肪酸和非必需脂肪酸。

> **重点提示**
>
> 必需脂肪酸是维持人和动物正常生命活动所必需的，但哺乳动物体内不能合成或合成量不足，需由食物提供的脂肪酸，包括亚油酸、亚麻酸和花生四烯酸。

在日常生活中，花生油可预防动脉粥样硬化；大豆油可预防高血压；芝麻油可提供亚麻酸。面包、饼干等食品中含有较多的反式脂肪酸，应尽量少吃。

3. 磷脂的结构

磷脂（Phospholipid，PL）是分子中含有磷酸基的类脂。磷脂分为甘油磷脂和神经鞘磷脂。

甘油磷脂分子中都含有甘油骨架，是磷脂酸及其衍生物。

甘油磷脂分子中含有非极性尾和极性头的结构。甘油磷脂在水溶液中形成稳定的脂质双分子层结构，是生物膜的基本结构。

> **重点提示**
>
> （1）磷脂酰胆碱（Phosphatidylcholine，PC）：又称卵磷脂，由脂肪酸、甘油、磷酸和胆碱构成，是分布最广的一种磷脂，为各种生物膜结构的主要成分。作为胆汁及脂蛋白的成分能协助运输脂肪，可用于防治脂肪肝。
>
>
> （2）磷脂酰乙醇胺（Phosphatidylethanolamine，PE）：曾称为脑磷脂，在结构上与磷脂酰胆碱很相似，所不同的是乙醇胺代替了胆碱，与磷脂酰胆碱同时存在于机体各组织及器官中，尤以脑组织和其他神经组织中含量较高，可能与神经活动有关。

重点提示

磷酯酰乙醇胺

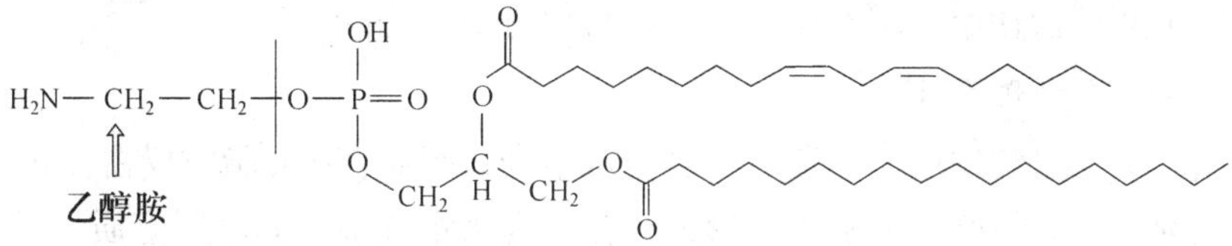

提 示

磷脂酰胆碱和磷脂酰乙醇胺的组成的最大的区别是：胆碱与磷脂酸结合成为磷脂酰胆碱（又称卵磷脂），乙醇胺与磷脂酸结合生成磷脂酰乙醇胺（曾称脑磷脂）。

（3）神经鞘磷脂：神经鞘磷脂简称鞘磷脂，由鞘氨醇、脂肪酸、磷酸和胆碱构成。在脑和神经组织中含量很高，是包围某些神经细胞髓鞘的主要成分。

4. 胆固醇的结构

胆固醇是脊椎动物细胞膜的重要成分，在脑组织和其他神经组织中含量较多，在植物中很少出现，在原核生物中尚未发现。

提 示

胆固醇的结构特点是含有环戊烷多氢菲基本骨架，分子中 C-3 上的羟基可与脂肪酸结合成胆固醇酯（Cholesterol Ester，ChE），所以在体内有游离胆固醇和胆固醇酯两种存在形式。

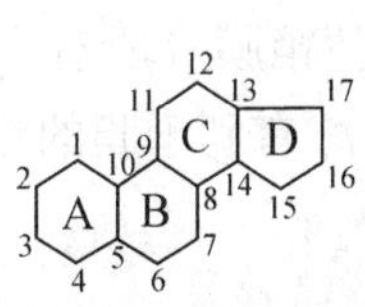

环戊烷多氢菲 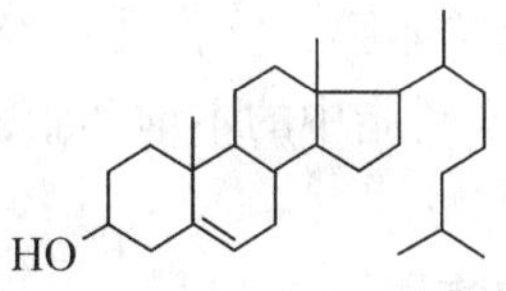　　　　胆固醇 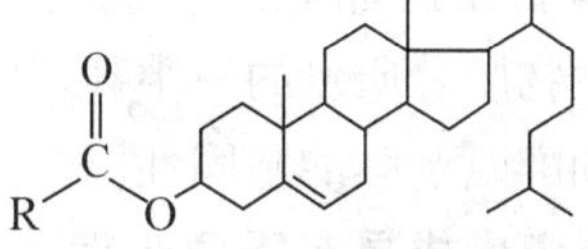　　　　胆固醇酯

（二）脂类在体内的分布

脂肪主要分布于皮下、肠系膜、腹腔大网膜和内脏周围等脂肪组织中，其含量因人而异，一般占体重的 10%～20%。脂肪的含量很容易受膳食、运动、神经和激素等多种因素的影响而发生变动，因此脂肪又称为可变脂。

类脂是组织细胞的构成材料，约占总脂的 5%。在各种器官和组织中，类脂的含量比较恒定，而且基本上不受膳食营养状况和机体活动的影响，因此，类脂又被称为固定脂或基本脂。

二、脂类的生理功能

脂类的生理功用是多方面的，主要包括以下几方面：

（一）储能和供能

脂肪是疏水性物质，储存时很少与水结合，每储存 1 g 脂肪仅占体积 1.2 mL，而糖的储存形式为糖原，糖原以亲水胶体形式存在，含水量较多，储存同等质量的糖原所占体积为脂肪的 4 倍。1 g 脂肪在体内彻底氧化产生约 37.7 kJ（9 kcal）能量，比氧化 1 g 糖或 1 g 蛋白质所产生的能量（17 kJ，4 kcal）多一倍以上。因此，脂肪是一种氧化供能多、所占体积小的理想储能和供能物质。

（二）保温、防震、乳化等作用

脂肪因不易导热，分布在皮下的脂肪可以防止热量散发，从而保持体温，故脂肪含量多的胖人耐寒而怕热。内脏周围的脂肪有减少器官间的摩擦、固定脏器和缓冲机械性撞击对内脏器官损伤的作用。瘦而高的人（无力型）易发生内脏下垂，与其脏器间脂肪含量过少有一定关系。

> **重点提示**
>
> 食物中的脂肪是脂溶性维生素的溶剂，脂溶性维生素，如维生素 A、维生素 D、维生素 E、维生素 K 和胡萝卜素等，必须溶解在脂肪中，伴随脂肪一同吸收、运输和储存。胆道梗阻病人不仅存在脂类消化吸收障碍，而且常伴有脂溶性维生素的吸收障碍，从而引起相应的维生素缺乏症。食物中的脂肪还提供了必需脂肪酸，它们在机体代谢中起着重要的作用。

（三）构成生物膜的结构

类脂（磷脂和胆固醇）为细胞膜、线粒体膜、核膜及神经髓鞘膜等所有生物膜的重要组成，约占生物膜总质量的一半甚至以上。磷脂中的不饱和脂肪酸有利于膜的流动性，饱和脂肪酸和胆固醇赋予膜的坚固性。

（四）转变生成具有重要生理功能的物质

胆固醇还是机体合成胆汁酸和各种类固醇激素（如睾酮、雌二醇、孕酮、肾上腺皮质激素等）的原料。

第二节　脂类的消化和吸收

一、脂类的消化

脂肪消化的主要部位在小肠。唾液中无消化脂类的酶，胃液中虽然含有少量脂肪酶，但成人胃液的 pH 为 1.5~2.5，而胃脂肪酶的最适 pH 为 6.3~7.0。因此，胃内脂肪的消化作用很弱。胰腺分泌的胰脂肪酶对催化食物脂肪的水解起着主要作用。食物中的甘油磷脂可被胰腺分泌磷脂酶 A 水解成溶血磷脂和脂肪酸。

食物中所含的胆固醇，一部分以游离状态存在，另一部分与脂肪酸结合成胆固醇酯。后者经胰腺分泌的胆固醇酯酶水解，生成游离胆固醇和脂肪酸。

二、脂类的吸收

脂类的吸收主要在十二指肠下部和空肠上部。脂肪消化的产物——甘油一酯和脂肪酸、溶血卵磷脂和大部分胆固醇（约占吸收胆固醇的 2/3）等扩散进入小肠黏膜细胞后，需经酯化，重新合成甘油三酯、磷脂和胆固醇酯。汇同吸收的少部分游离胆固醇以及肠黏膜细胞产生的载脂蛋白，组装成乳糜微粒（Chylomicron，CM）。由细胞间隙汇集于淋巴液中，通过胸导管进入血液循环。

三、脂类的消化和吸收的特点

难点提示

脂类难溶于水，因此，脂类的消化和吸收具有不同于糖和蛋白质的以下特点：

（一）胆汁酸盐的作用

胆汁酸的钠盐或钾盐称为胆汁酸盐或胆盐。脂类的消化不仅需要各种水解酶，而且需要肝细胞分泌的胆汁酸盐，它在脂肪的消化和吸收过程中起着重要作用。

（1）胆汁酸盐是食物脂肪的乳化剂，食物中的脂类在胆汁酸盐作用下分散成细小的微团，从而增大了脂肪、胆固醇酯、磷脂等与其水解酶的接触面积，促进了消化作用的进行。

（2）胆汁酸盐是脂类的各种消化产物扩散进入肠黏膜细胞的运载工具，食物脂类的主要水解产物，可同胆汁酸盐形成带有极性的混合微团，穿过小肠绒毛表面的水层，而使脂类的消化产物扩散进入肠黏膜细胞。

（二）小肠黏膜细胞中脂类的再合成

肠黏膜细胞中长链脂肪酸、甘油一酯、溶血磷脂和游离胆固醇的重新酯化，促使肠黏膜细胞与肠腔中脂类水解产物之间形成一定的浓度梯度，从而有利于脂类的被动扩散。

（三）乳糜微粒的生成和转运

脂类主要的消化产物并不能直接吸收进入血液，而需要在肠黏膜细胞中形成一种称为乳糜微粒的脂蛋白颗粒，再经淋巴进入血液循环。乳糜微粒的组成中除了少量磷脂（4%～9%）、胆固醇（1%～5%）和蛋白质（0.6%～2%）以外，绝大部分（85%～95%）为甘油三酯，是食物脂肪的运输形式。

第三节　甘油三酯的代谢

甘油三酯的代谢包括甘油三酯的分解和合成、脂肪酸的分解和合成及酮体的生成和氧化。

一、脂肪动员

重点提示

储存的脂肪被组织细胞内的脂肪酶逐步水解，释放出脂肪酸和甘油，供给其他组织氧化利用的过程，称为脂肪动员。在脂肪动员的过程中，由甘油三酯脂肪酶催化，是脂肪动员的限速反应，此酶也称为脂肪动员的限速酶。它受多种激素的调节，所以又称为激素敏感性脂肪酶。

甘油三酯　　　　　　甘油三酯脂肪酶　　　　　甘油二酯

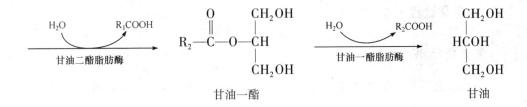

二、脂肪酸的氧化

脂肪酸是机体主要的供能物质之一。大多数脂肪酸，特别是长链脂肪酸的氧化分解代谢包括活化、转移、在线粒体内的 β-氧化和 ATP 生成过程。经上述过程，脂肪酸逐步分解成多个乙酰 CoA，可以进入三羧酸循环彻底氧化，并释出大量能量，供应机体生命活动需要。

（一）脂肪酸的活化

脂肪酸氧化分解前必须先在线粒体外进行活化生成脂酰 CoA。该反应是脂肪酸氧化分解过程中唯一消耗 ATP 的反应，虽然仅消耗了 1 分子 ATP，而实际上消耗了 2 个高能磷酸键，最后计算产能时应予注意。

$$R-COOH + HSCoA \xrightarrow[\substack{Mg^{2+} \\ ATP \bigstar \quad AMP}]{\text{脂酰CoA合成酶}} RCO{\sim}SCoA + PPi$$

脂肪酸   脂酰CoA

（二）脂酰 CoA 进入线粒体

> **提 示**
>
> 催化脂肪酸氧化的酶系存在于线粒体基质内，胞液中活化的脂酰 CoA 不能直接透过线粒体内膜，它进入线粒体要以肉碱为载体转运。

位于线粒体外膜的肉碱脂酰转移酶Ⅰ，催化脂肪酰 CoA 转变为脂酰肉碱而进入线粒体膜，在线粒体内膜的肉碱脂酰转移酶Ⅱ的作用下，重新转变成脂酰 CoA。这样，在肉碱和脂酰转移酶的作用下，长链脂酰 CoA 可进入线粒体内。脂肪酸活化后通过线粒体膜的过程如图 6-1 所示。

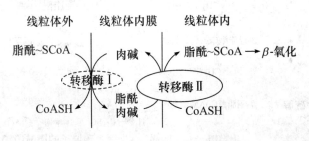

图 6-1 脂酰 CoA 通过线粒体膜

（三）β-氧化过程

重点提示

脂酰 CoA 进入线粒体后逐步进行氧化降解，由于氧化发生在脂酰基的 β-碳原子上，故称为 β-氧化。这是体内脂肪酸氧化的主要方式。

β-氧化包括四步连续反应：脱氢、加水、再脱氢、硫解。

1. 脱氢

脂酰 CoA 在脂酰 CoA 脱氢酶作用下，α-碳原子、β-碳原子上各脱下一个氢原子，生成 α,β-烯脂酰 CoA，脱下的 2H 由辅基 FAD 接受生成 $FADH_2$。

2. 加水

α,β-烯脂酰 CoA 加 1 分子水，生成 β-羟脂酰 CoA，由水化酶催化。

3. 再脱氢

β-羟脂酰 CoA 在 β-羟脂酰 CoA 脱氢酶作用下，再次脱氢，生成 β-酮脂酰 CoA。脱下的 2H 由该酶的辅酶 NAD^+ 接受，生成 $NADH + H^+$。

4. 硫解

β-酮脂酰 CoA 在硫解酶的作用下，被 1 分子 CoA 分解，碳链从 α-碳原子和 β-碳原子中间断裂，生成 1 分子乙酰 CoA 和 1 分子比原来少 2 个碳原子的脂酰 CoA。

以上生成的少了 2 个碳原子的脂酰 CoA，再经过脱氢、加水、再脱氢、硫解，又生成 1 分子乙酰 CoA。如此反复进行，偶数碳原子的脂肪酸最终全部分解为乙酰 CoA。脂肪酸 β-氧化的过程如图 6-2 所示。

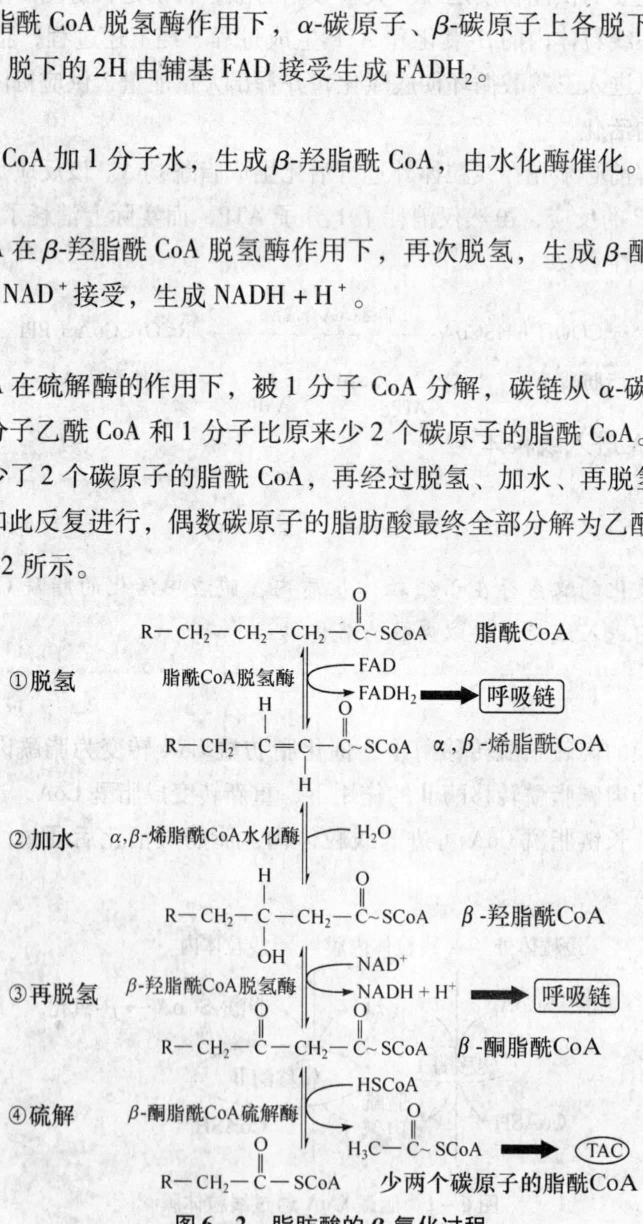

图 6-2 脂肪酸的 β-氧化过程

难点提示

（四）ATP 的生成

以 16 个碳的软脂酸为例，共进行 7 次 β-氧化，产生 8 分子乙酰 CoA、7 分子 $FADH_2$ 和 7 分子 $NADH + H^+$。每分子 $FADH_2$ 经过呼吸链氧化生成水，可产生 1.5 分子 ATP；每分子 $NADH + H^+$ 经过呼吸链氧化生成水，产生 2.5 分子 ATP；每分子乙酰 CoA 通过三羧酸循环氧化为 CO_2 和 H_2O，产生 10 分子 ATP。因此，1 分子软脂酸彻底氧化总共生成 $7 \times (2.5 + 1.5) + 8 \times 10 = 108$ 分子 ATP，减去脂肪酸活化时消耗的 2 分子 ATP，净生成 106 分子 ATP。按质量计，脂肪酸氧化所产生的 ATP 是葡萄糖氧化产生 ATP 的 2 倍以上。

三、酮体的生成和氧化

重点提示

酮体包括乙酰乙酸、β-羟丁酸和丙酮，是这三种物质的统称，是脂肪酸在肝脏氧化分解的特有中间代谢物。

脂肪酸 β-氧化生成的乙酰 CoA，在心肌和骨骼肌内能彻底氧化生成 CO_2 和 H_2O 并释放出能量。但在肝细胞内，β-氧化产生的大量乙酰 CoA 不能全部氧化，部分乙酰 CoA 在线粒体中转变为酮体。

（一）酮体的生成

重点提示

脂肪酸 β-氧化生成的乙酰 CoA 是合成酮体的原料。酮体在肝脏合成，这是因为在肝细胞的线粒体内具有催化合成酮体反应的酶系，其中最重要的是 L-β-羟基-β-甲基戊二酸单酰辅酶 A（β-hydroxy-β-methylglutaryl Coenzyme A，HMG-CoA）合酶催化。酮体的生成如图 6-3 所示。

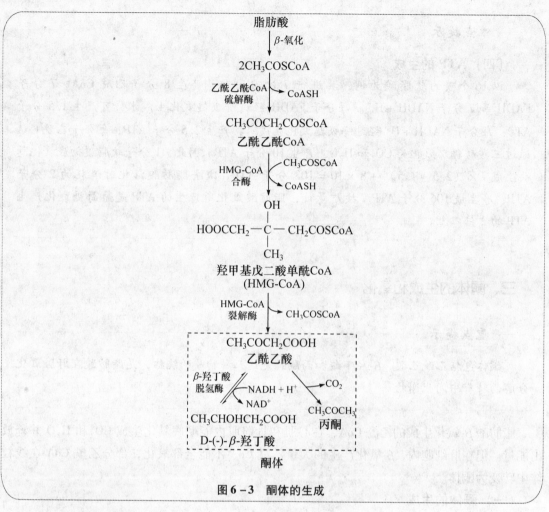

图 6 – 3　酮体的生成

（二）酮体的氧化

┌─ 提　示 ─┐

　　肝外许多组织具有活性很强的利用酮体的酶，乙酰乙酸被琥珀酸 CoA 活化为乙酰乙酰 CoA，然后在硫解酶作用下分解为 2 分子乙酰 CoA 进入三羧酸循环，彻底氧化生成二氧化碳和水。

　　β-羟丁酸在 β-羟丁酸脱氢酶作用下，脱氢生成乙酰乙酸，再沿上述途径氧化。丙酮含量很少，仅占血液酮体总量的 2% 以下，主要随尿排出。当血中酮体剧烈升高时，丙酮也可从肺直接呼出，呼出气体有烂苹果味。酮体的氧化如图 6 – 4 所示。

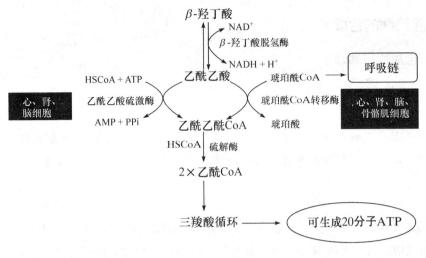

图 6 – 4　酮体的氧化

肝脏是生成酮体的器官，但它不能利用酮体；肝外组织虽不生成酮体，却可以氧化利用酮体。

（三）酮体生成的生理意义

> **难点提示**
>
> 酮体是脂肪酸在肝内氧化分解的正常中间产物。小分子水溶性的酮体易于透过毛细血管壁和血-脑脊液屏障，是肝脏输出能源的重要方式。正常情况下机体主要依靠糖的有氧氧化供能，脂肪动员较少，体内不会生成太多的酮体。但在某些情况下，如饥饿和患糖尿病时，大量脂肪酸在肝脏氧化，酮体生成量明显增多，并且代替葡萄糖成为脑和肌肉组织的主要能源，以维持它们的正常生理功能。正常情况下，血中仅含有少量酮体（小于 0.3 mmol/L），其中乙酰乙酸占 20%，β-羟丁酸占 78%，丙酮在 2% 以下。

> **重点提示**
>
> 饥饿、高脂低糖膳食、患糖尿病时，酮体生成过多，超过肝外组织利用的能力，导致血中酮体含量异常升高，称为酮血症。如血中酮体达到 11.9 mmol/L 以上，超过了肾小管的重吸收能力，尿中排出大量酮体，称为酮尿症。乙酰乙酸和 β-羟丁酸都是较强的有机酸，酮症酸中毒是一种临床常见的代谢性酸中毒。治疗时除对症给予碱性药物，除输注葡萄糖外，糖尿病人还需给予胰岛素，以纠正糖代谢紊乱，增加糖的氧化供能，减少脂肪动员和酮体的生成。

四、脂肪酸的合成

（一）合成原料和场所

> **提 示**
>
> 脂肪酸是用乙酰 CoA 作为碳源，NADPH 作为供氢体，ATP 提供合成所需的能量，在肝、肾、脑、肺、乳腺、脂肪等组织的胞液中合成的。乙酰 CoA 是合成脂肪酸的主要原料。

乙酰 CoA 主要来自糖代谢。细胞内的乙酰 CoA 全部在线粒体内产生，但合成脂肪酸的酶系存在于胞液中，乙酰 CoA 又不能自由透过线粒体内膜。因此，线粒体内的乙酰 CoA 需要通过特殊的转运系统进入胞液，方能用于脂肪酸的合成。此转运过程称为柠檬酸—丙酮酸循环。线粒体内的乙酰 CoA 先与草酰乙酸缩合成柠檬酸，后者通过线粒体内膜上的载体进入胞液，经柠檬酸裂解酶催化，分解为乙酰 CoA 和草酰乙酸。此乙酰 CoA 可作为合成脂肪酸的原料，而草酰乙酸则在苹果酸脱氢酶作用下还原成苹果酸，再经苹果酸酶催化氧化脱羧生成丙酮酸。丙酮酸再进入线粒体羧化为草酰乙酸，以补充线粒体内草酰乙酸的消耗。脂肪酸的合成是还原性合成，$NADPH + H^+$ 是脂肪酸合成过程中必需的供氢体，主要来自磷酸戊糖途径。

（二）软脂酸的合成过程

> **提 示**
>
> #### 1. 丙二酸单酰 CoA 的生成
>
> 乙酰 CoA 羧化成丙二酸单酰 CoA 是脂肪酸合成的第一步反应，催化此反应的乙酰 CoA 羧化酶是脂肪酸合成的限速酶，辅酶为生物素。
>
> $$CH_3CO \sim SCoA + CO_2 \xrightarrow[\text{生物素}]{\text{乙酰CoA羧化酶}} HOOC—CH_2—CO \sim SCoA$$
>
> ATP → ADP + Pi
>
> 乙酰 CoA　　　　　　　　　　　　　　　　丙二酸单酰 CoA

由乙酰 CoA 和丙二酸单酰 CoA 合成软脂酸是一个重复的加成过程。

2. 脂肪酸合成酶系

在植物和微生物细胞中，催化此过程的为脂肪酸合成酶系，它由一个脂酰载体蛋白（Acyl Carrier Protein，ACP）和围绕在其四周的至少六种酶组成，它们是：脂酰转移酶、丙二酸单酰 CoA 转移酶、β-酮脂酰合成酶、β-酮脂酰还原酶、脱水酶、α,β-烯脂酰还原酶。

3. 软脂酸的合成过程

乙酰 CoA 与丙二酸单酰 CoA 合成软脂酸是一个复杂的循环过程，现简述为四步反应：①脱羧缩合。脂肪酸合成酶系的组成中有两个巯基与其催化作用密切相关。一个巯基结合在 ACP 上，由 4′-磷酸泛酰巯基乙胺提供；另一个还原性巯基来自酶的半胱氨酸（合成酶—SH 基）。乙酰 CoA 和丙二酸单酰 CoA 首先在各自转移酶的作用下，分别与合成酶的巯基以及 ACP 的巯基相结合，然后合成酶上的乙酰基转移到 ACP 上并与丙二酰基缩合，同时脱羧并放出 CO_2，生成 β-酮丁酰～SACP。②加氢。β-酮丁酰～SACP 由 $NADPH + H^+$ 获得 2H，还原为 β-羟丁酰～SACP。③脱水。β-羟丁酰～SACP 脱去 1 分子 H_2O 生成 α,β-烯丁酰～SACP。④再加氢。再由 $NADPH + H^+$ 供氢，α,β-烯丁酰～SACP 还原成丁酰～SACP。软脂酸的合成过程如图 6-5 所示。

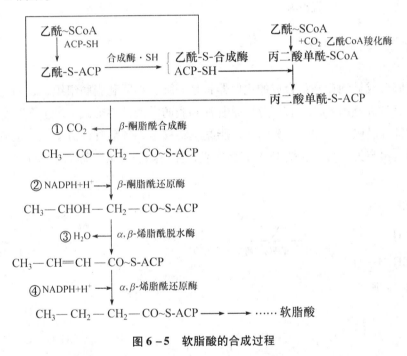

图 6-5 软脂酸的合成过程

通过上述一轮反应，由 2 个碳原子的乙酰基转变为 4 个碳原子的丁酰基。上述缩合、加氢、脱水、再加氢的过程反复进行，就以丙二酸单酰 CoA 作为二碳单位的供给体，经过 7 次循环，每次增加 2 个碳原子，生成十六碳的软脂酰～S-ACP，再经硫酯酶作用生成软脂酸。

五、甘油的代谢

脂肪动员释放的甘油易溶于水，可以直接通过血液循环转运。甘油在组织细胞的氧化利用需要先在甘油激酶作用下转变成 3-磷酸甘油，后者脱氢后生成磷酸二羟丙酮，然后循糖代谢途径分解或经糖异生作用生成糖。肝、肾和小肠黏膜等组织中含有丰富的甘油激酶，但骨骼肌和脂肪细胞中此酶的活性低，所以它们不能很好地利用甘油。甘油的主要代谢是在肝脏经过糖异生作用生成糖，使血糖水平升高。也可以在肝脏经过下列式子中的 TAC 即三羧酸循环（Tricarboxylic Acid Cycle，TAC）彻底氧化生成 CO_2 和 H_2O，释放能量。

$$
\begin{array}{ccc}
\text{CH}_2\text{OH} & & \text{CH}_2\text{OH} \\
| & \xrightarrow[\substack{\text{甘油激酶}\\(\text{肝、肾、肠})}]{\text{ATP} \quad \text{ADP}} & | \\
\text{CHOH} & & \text{CHOH} \quad \xrightarrow[\text{磷酸甘油脱氢酶}]{\text{NAD}^+ \quad \text{NADH}+\text{H}^+} \\
| & & | \\
\text{CH}_2\text{OH} & & \text{CH}_2\text{O}-\text{(P)}
\end{array}
$$

甘油 → 3-磷酸甘油

$$
\begin{array}{c}
\text{CH}_2\text{OH} \\
| \\
\text{C}=\text{O} \\
| \\
\text{CH}_2\text{O}-\text{(P)}
\end{array}
$$

磷酸二羟丙酮

糖酵解 --→ 丙酮酸 → TAC
糖异生 --→ 糖或糖原

六、甘油三酯的合成

体内能够合成甘油三酯，合成的主要器官是肝脏、小肠和脂肪组织。甘油三酯的合成原料是3-磷酸甘油和脂酰 CoA，它们分别是甘油和脂肪酸的活性形式。2 分子脂酰 CoA 与 1 分子3-磷酸甘油在转酰酶作用下，先将 2 个脂酰基转移至3-磷酸甘油分子上，生成磷脂酸，然后脱去磷酸，再与另一分子脂酰 CoA 缩合生成甘油三酯。合成过程如下所示：

3-磷酸甘油 → （酰基转移酶，R—CO~SCoA，HSCoA）→ 溶血磷脂酸 → （酰基转移酶，R—CO~SCoA，HSCoA）→ 磷脂酸 → （磷脂酸磷酸酶，H_2O，Pi）→ 甘油二酯 → （酰基转移酶，R—CO~SCoA，HSCoA）→ 甘油三酯

合成需要的3-磷酸甘油来自糖酵解或甘油磷酸化,脂酰CoA由体内合成或消化道摄入的脂肪酸活化生成。在能源物质供应充足的条件下,机体主要以糖为原料合成脂肪存储起来,以备需要时动用,具有重要的生理意义。

第四节 磷脂的代谢

磷脂包括甘油磷脂和鞘磷脂。

一、甘油磷脂的合成

磷脂是构成生物膜的重要组成成分,红细胞膜脂类的40%、线粒体膜脂类的95%为磷脂。同时,磷脂对脂肪的吸收和转运以及不饱和脂肪酸的储存也起着重要作用。体内含量最多的是卵磷脂和脑磷脂,占磷脂总量的75%以上。

> **提 示**
>
> 生物体可以从食物中获得磷脂,如蛋黄、瘦肉、肝、脑、肾、大豆等;生物体也能自行合成所需要的磷脂,其中肝脏是合成磷脂最活跃的器官。

(一) 乙醇胺和胆碱的合成

乙醇胺在体内可由丝氨酸脱去羧基生成。乙醇胺从 S-腺苷甲硫氨酸上获得3个甲基后转变为胆碱。

$$\begin{array}{c} CH_2OH \\ | \\ CHNH_2 \\ | \\ COOH \end{array} \xrightarrow{\quad CO_2 \quad} \begin{array}{c} CH_2OH \\ | \\ CH_2\!-\!NH_2 \end{array} \xrightarrow{\quad 3S\text{-腺苷甲硫氨酸} \quad} \begin{array}{c} CH_2\!-\!OH \\ | \\ CH_2\!-\!N^+\!\equiv\!(CH_3)_3 \end{array}$$

丝氨酸　　　　　　　　　乙醇胺　　　　　　　　　　　胆碱

(二) 磷脂酰胆碱的合成

磷脂酰胆碱的合成过程如图6-6所示。

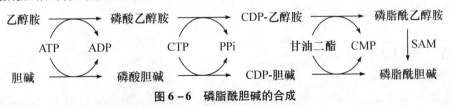

图6-6　磷脂酰胆碱的合成

磷脂酰胆碱(卵磷脂)与磷脂酰乙醇胺(脑磷脂)的合成过程相似。另外,磷脂还可以通过另一条途径合成,即 α-磷酸甘油二酯先与CTP作用生成胞苷二磷酸甘油二酯,再与丝氨酸反应生成丝氨酸磷脂，后者脱羧后生成脑磷脂，脑磷脂再甲基化［由3分子 *S*-腺苷甲硫氨酸（*S*-adenosyl Methionine，SAM）提供3分子甲基］转变为卵磷脂。

重点提示

磷脂是合成脂蛋白的必需材料，如果磷脂在肝脏合成不足，会使肝中内源性甘油三酯的外运发生障碍。肝脏中脂肪过量堆积，称为脂肪肝。

二、甘油磷脂的分解

甘油磷脂在体内磷脂酶 A_1、磷脂酶 A_2、磷脂酶 C 和磷脂酶 D 的作用下，水解成甘油、脂肪酸、磷酸、胆碱或乙醇胺，如图 6-7 所示。其中磷脂酶 A_2 水解甘油磷脂释放出的为不饱和脂肪酸，如花生四烯酸，可用于前列腺素等物质的合成，同时生成溶血磷脂。溶血磷脂是强大的表面活性物质，因能使红细胞膜破裂溶血而得名。

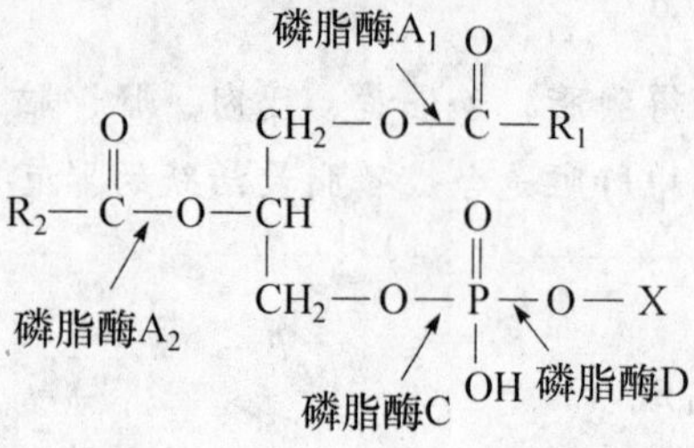

图 6-7　甘油磷脂的水解

提示

临床上发现急性胰腺炎的发病，就是由于消化液反流入胰腺后，磷脂酶 A_2 激活催化生成溶血磷脂，造成对胰腺细胞膜的破坏，从而使胰腺组织坏死所致，此外，还包括被激活的胰蛋白酶的作用。

甘油和脂肪酸均可进一步氧化分解成 CO_2 和 H_2O；胆碱经氧化和脱甲基后生成甘氨酸，脱下的甲基可用于其他物质的合成。

第五节　胆固醇的代谢

胆固醇（Cholesterol，Ch）是存在于机体内的一类固醇，因最早发现于胆石而得名。胆固醇一直是人们关注的热点问题，这不仅是因为胆固醇在体内具有重要的生理功能，更因为有许多疾病与之关系密切。

一、胆固醇在体内的分布及生理功能

（一）分布

胆固醇在体内的分布极不均匀，全身胆固醇总量（大约140 g）的四分之一存在于脑和神经组织内，每百克组织约含胆固醇2 g（2%）；肝、肾、小肠黏膜等内脏以及皮肤和脂肪组织中胆固醇的含量也比较高，达0.2% ~ 0.5%；肌肉组织中胆固醇含量较低，为0.1% ~ 0.2%；骨质中含量最少，仅占0.01%。

（二）生理功能

胆固醇是生物膜和神经髓鞘的重要组成成分，又是胆汁酸和类固醇激素的前体，因此广泛存在于全身各组织中。正常膳食每天提供0.3 ~ 0.5 g胆固醇，全部来自动物性食品，如蛋黄、内脏、奶油等。植物性食品不含胆固醇，所含植物固醇如豆固醇和谷固醇，不仅本身不被人体利用，还能抑制动物胆固醇的吸收。各种常见食物中胆固醇的含量如表6 - 2所示。

表6 - 2　各种食物中的胆固醇含量（mg/100 g）

食物	胆固醇含量	食物	胆固醇含量	食物	胆固醇含量
蛋清	0	猪油	110	带鱼	244
脱脂	2	瘦猪肉	120	蛤蜊	180
牛奶	24	猪肚	150	螃蟹	182
瘦牛肉	57	猪心	150	乌贼鱼	350
瘦猪肉	60	猪肠	163	鸡、鸭蛋	500
瘦羊肉	84	猪肾	300	鱿鱼	1 170
鸡肉	90	猪肝	620	蛋黄	2 000
鸭肉	70	奶油	280		

食物中的胆固醇多以游离胆固醇的形式存在，胆固醇酯仅占10% ~ 15%。后者经胆汁酸盐乳化后，在胰腺分泌的胆固醇酯酶作用下水解为游离胆固醇，吸收进入小肠黏膜。在肠黏膜细胞80% ~ 90%的游离胆固醇与脂肪酸再合成为胆固醇酯，然后游离的胆固醇以及胆固醇酯同甘油三酯、磷脂一起组成乳糜微粒，经淋巴进入体循环。未被吸收的食物胆固醇在肠腔被细菌还原为粪固醇排出体外。胆固醇在肠道的吸收率不高，一般仅占食物中含量的20% ~ 30%。

难点提示

许多因素影响胆固醇的消化和吸收，主要包括：①胆汁酸盐。作为乳化剂，胆汁酸盐有利于胆固醇酯酶的水解作用，而胆汁酸盐微团又是胆固醇等脂类水解产物吸收进入肠黏膜细胞的运载工具。因此，胆汁酸盐能促进胆固醇的消化和吸收。②食物中脂肪的含量。外源性脂肪能促进胆汁的分泌和肠黏膜细胞中乳糜微粒的合成，故能增加胆固醇的吸收。③植物固醇。其结构与胆固醇相似，本身不易吸收，摄入过多还能够抑制胆固醇的吸收。④纤维素和果胶。纤维素和果胶能与胆汁酸盐结合后从肠道排泄，从而削弱了胆汁酸盐对胆固醇消化和吸收的促进作用。临床应用的消胆胺为一种阴离子交换树脂，就是胆汁酸盐结合剂。

二、胆固醇的合成

（一）胆固醇的合成部位及原料

1. 合成部位

在胞液和微粒体中进行，各组织细胞均具有可以合成胆固醇的能力，而以肝脏合成作用最强，占全身胆固醇合成总量的 $70\% \sim 80\%$，其次是小肠，约占 10%。肾上腺皮质、性腺和皮肤等也是胆固醇合成的重要场所，脑合成胆固醇的能力很低。

2. 合成原料

体内胆固醇主要由机体内源合成，每日产生 $1 \sim 2$ g，多于普通膳食条件下食物中胆固醇的吸收量。来自糖、氨基酸和脂肪酸分解代谢所产生的乙酰 CoA，同时还需要 $NADPH + H^+$、ATP 等辅助因子参加。

（二）胆固醇的合成过程

胆固醇的合成过程比较复杂，可分为三个阶段。

1. 合成甲羟戊酸

在细胞质中，2 分子乙酰 CoA 缩合生成乙酰乙酰 CoA，再与 1 分子乙酰 CoA 缩合生成 β-羟基-β-甲基戊二酸单酰 CoA（HMG-CoA），HMG-CoA 是合成胆固醇和生成酮体的共同中间产物。HMG-CoA 被 NADPH 还原，生成甲羟戊酸（Mevalonic Acid，MVA）。催化此反应的酶是 HMG-CoA 还原酶，是合成胆固醇的限速酶。

2. 鲨烯的合成

MVA 经过磷酸化和脱羧基等反应合成 5 个碳的异戊烯焦磷酸和二甲基丙烯焦磷酸。2 分子异戊烯焦磷酸与 1 分子二甲基丙烯焦磷酸缩合生成十五碳的焦磷酸法尼酯。然后是 2 分子焦磷酸法尼酯缩合生成三十碳的鲨烯。

3. 胆固醇合成

鲨烯进入微粒体环化成羊毛脂固醇，再经过氧化、脱羧和还原等一系列反应，转变为胆固醇。胆固醇的合成如图 6-8 所示。

乙酰 CoA 是胆固醇合成的起始物质，每合成 1 分子胆固醇，需要 18 分子乙酰 CoA、16 分子（$NADPH + H^+$）和 36 分子 ATP。这些物质大部分来自糖的氧化，因此，膳食中糖或热

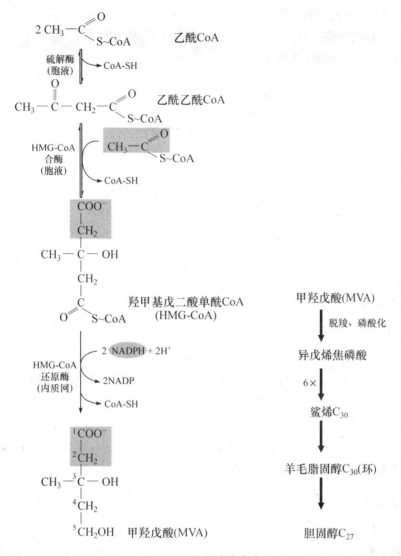

图6-8　胆固醇的合成

量过多会使机体胆固醇的合成增多，饥饿时胆固醇合成减少。HMG-CoA 还原酶在控制胆固醇的合成中具有决定性意义，许多因素通过改变此限速酶的活性，而影响体内胆固醇的合成。

重点提示

　　膳食胆固醇能反馈抑制肝脏中胆固醇的合成，就是通过对 HMG-CoA 还原酶的抑制而发挥作用。肾上腺素、胰岛素和甲状腺素都能促进此还原酶的活性，而使胆固醇的合成增强。但甲状腺素又能促进胆固醇转变为胆汁酸，且后一作用大于前者，故总的结果是使血浆胆固醇降低。甲状腺功能亢进患者，血浆胆固醇含量较正常偏低，而甲状腺功能减退的患者常伴有高胆固醇血症及动脉粥样硬化。

（三）胆固醇的转化与排泄

胆固醇在人体内不能分解成二氧化碳和水，因此不是能源物质，但它能转变为一系列重要的类固醇化合物，如图6-9所示。

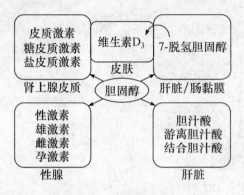

图6-9　胆固醇的转变

重点提示

1. 转变成胆汁酸

体内75%~80%的胆固醇在肝脏转变为游离胆汁酸，游离胆汁酸与甘氨酸或牛磺酸结合生成结合胆汁酸。胆汁酸盐，是胆汁的重要组成，对脂类的消化和吸收起着重要作用。

胆汁酸的生成受自身的反馈调节，终产物胆汁酸能够抑制肝脏中7α-羟化酶（是合成胆汁酸的关键酶）的活性。因此消胆胺等抑制胆汁酸从肠道重吸收的药物，能促进肝脏胆汁酸的生成，从而有利于降低体内胆固醇的含量。

重点提示

2. 转变成类固醇激素

胆固醇在肾上腺皮质细胞内转变为肾上腺皮质激素；在卵巢转变为雌二醇、孕酮等雌激素；在睾丸转变为睾丸酮等雄性激素。

3. 转变为7-脱氢胆固醇

在肝和肠黏膜细胞中，胆固醇转变为7-脱氢胆固醇。后者储存于皮下，经紫外光照射后转变成维生素D_3，而促进钙磷的吸收和骨骼的钙化。

难点提示

体内部分胆固醇可由肝细胞直接排入胆管，随胆汁进入肠道排泄。因此，胆道阻塞的病人，血中胆固醇含量会显著升高。胆汁中胆固醇含量过高，又会形成胆固醇结晶并沉淀下来，这就是引起胆结石的重要原因。

第六节 胆汁酸代谢

胆汁酸是机体胆固醇最主要的转化产物，它不仅在脂类和脂溶性维生素的消化与吸收中发挥着重要作用，同时也是体内胆固醇重要的排泄途径。

一、胆汁的分类与化学组成

（一）分类

胆汁根据存在部位的不同分为肝胆汁和胆囊胆汁。

肝细胞刚分泌出的胆汁称为肝胆汁，呈金黄色，澄清透明，有苦味，相对密度约为1.010，稍偏碱性。成人每天分泌 1 000 mL 左右。肝胆汁进入胆囊后，其中的水分和无机盐不断被胆囊壁吸收，胆囊壁又分泌许多黏蛋白掺入胆汁，使胆汁浓缩，相对密度增大，成为暗褐色黏稠不透明的胆囊胆汁。

（二）化学组成

胆汁既是一种消化液，促进脂类的消化吸收；又是一种排泄液，体内一些代谢或生物转化的产物、毒物或解毒的产物，如胆红素、胆固醇、药物、重金属离子、色素等可经胆汁输送到肠道，再随粪便排出体外。

胆汁是一种水溶液，其固体成分中最重要的为胆汁酸盐，占胆汁固体成分总量的50%~70%；胆色素，主要是结合胆红素，也是胆汁的特征性成分之一，占固体成分的3%~5%；胆汁中还含有较多的磷脂和胆固醇。其中磷脂主要是卵磷脂，占固体成分的25%~30%；胆固醇占3%~6%。除此以外，胆汁中还含有多种蛋白质、脂肪酸、少量尿素，以及 Na^+、K^+、Ca^{2+}、Fe^{2+}、Cl^-、HCO_3^- 等无机离子。正常胆汁的组成成分如表 6-3 所示。

表 6-3 肝胆汁与胆囊胆汁成分比较

参数	肝胆汁	胆囊胆汁	参数	肝胆汁	胆囊胆汁
pH	7.5	6.0	总脂肪酸/（g/L）	2.7	24
Na^+/（mmol/L）	141~165	220	胆色素/（g/L）	1~2	3
K^+/（mmol/L）	2.7~6.7	14	磷脂/（g/L）	1.4~8.1	34
Ca^{2+}/（mmol/L）	1.2~3.2	15	胆固醇/（g/L）	1~3.2	6.3
Cl^-/（mmol/L）	77~117	31	蛋白质/（g/L）	2~20	4.5
HCO_3^-/（mmol/L）	12~55	19	渗透浓度/（mmol/L）	300	300
胆汁酸/（g/L）	3~45	32			

二、胆汁酸代谢

胆汁酸是体内胆固醇的主要代谢产物。成人每天合成 1~2 g 胆固醇，其中二分之一以上在肝脏转变为胆汁酸。肝细胞新合成的胆汁酸称为初级胆汁酸。初级胆汁酸随胆汁进入肠道，一部分经肠道细菌作用，还原成为次级胆汁酸。次级胆汁酸可由门静脉重吸收，再被肝脏分泌到胆汁中。因此，胆汁中既有初级胆汁酸又有次级胆汁酸，它们几乎都与甘氨酸或牛磺酸等结合成结合胆汁酸。各种胆汁酸主要以其钠盐或钾盐的形式存在于胆汁中，即胆汁酸盐。

（一）初级胆汁酸的生物合成

胆固醇转变为胆汁酸的过程相当复杂。首先，胆固醇在 7α-羟化酶催化下，生成 7α-羟胆固醇，7α-羟胆固醇再经羟化酶和侧链氧化酶等的作用，最后生成胆酸和鹅脱氧胆酸两种游离型初级胆汁酸。它们分别同甘氨酸或牛磺酸结合就形成结合型初级胆汁酸，主要包括甘氨胆酸、甘氨鹅脱氧胆酸、牛磺胆酸、牛磺鹅脱氧胆酸。人胆汁中甘氨胆酸与牛磺胆酸含量之比为 3:1。

（二）次级胆汁酸的生成

随胆汁进入肠腔的胆汁酸参与脂类的消化吸收。当胆汁酸移至小肠下端和大肠后，受肠道细菌的作用，一部分结合型胆汁酸首先脱去甘氨酸或牛磺酸，再脱去 7 位上的羟基，转变为次级游离胆汁酸。其中胆酸转变为脱氧胆酸，鹅脱氧胆酸转变为石胆酸。次级游离胆汁酸吸收进入肝脏后，多数转变为次级结合胆汁酸再分泌到胆汁中。正常胆汁中胆酸和鹅脱氧胆酸各占 40%。脱氧胆酸占 18% 左右，石胆酸在 2% 以下。

（三）胆汁酸的肠肝循环

> **重点提示**
>
> 进入肠道的各种胆汁酸绝大部分（95%~98%）被肠壁重吸收，回肠是重吸收的主要部位，因为该处有胆汁酸特异的主动转运系统，如图 6-10 所示。成年人体内每天可分泌约 3 g 胆汁酸，胆汁酸每天需重复利用 10 次左右。由于肠肝循环的存在，数量不多的胆汁酸能够有效地促进食物中脂类的消化和吸收。每天由粪便丢失的胆汁酸为 0.4~0.6 g，占胆汁酸分泌量的 2%~5%，主要是次级胆汁酸，以胆汁酸中溶解度最小的石胆酸排出最多。因而，肝细胞只需合成相等数量的胆汁酸以弥补粪便中胆汁酸的丢失。

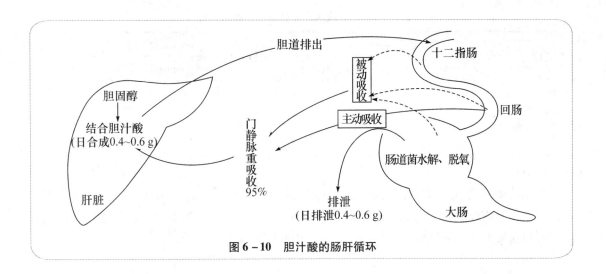

图 6 - 10　胆汁酸的肠肝循环

难点提示

如果阻断胆汁酸的肠肝循环，如使用消胆胺，该药物可作为螯合剂在大肠中与胆汁酸结合排出，而使体内胆汁酸池缩小，7α-羟化酶也是控制胆汁酸代谢的关键酶，因此活性增强，使更多的胆固醇转化为胆汁酸。消胆胺常用于降低血浆胆固醇，但大量使用也会使肠腔中胆汁酸含量降低，影响脂类的消化吸收，甚至出现脂肪泻。

第七节　血脂与血浆脂蛋白

重点提示

血脂是血浆中脂类的统称。血浆脂蛋白是脂类在血浆中的运输形式和存在形式。

一、血　脂

（一）组成

血脂包括甘油三酯（TG）、磷脂（PL）、胆固醇（Ch）和胆固醇酯（ChE）以及游离脂肪酸（Free Fatty Acids，FFA）。

（二）含量

我国正常成年人空腹 12～14 h 的血脂浓度如表 6 - 4 所示。

表6-4 正常成人空腹血脂的组成和含量

脂类	正常参考值		脂类	正常参考值	
	/ (mmol/L)	/ (mg/dL)		/ (mmol/L)	/ (mg/dL)
总脂	—	400 ~ 700 (500)	总胆固醇	2.59 ~ 6.21 (5.17)	100 ~ 240 (200)
甘油三酯	0.11 ~ 1.69 (1.13)	10 ~ 150 (100)	胆固醇酯	1.81 ~ 5.17 (3.75)	70 ~ 200 (145)
游离脂肪酸	—	5 ~ 20 (15)	游离胆固醇	1.03 ~ 1.81 (1.42)	40 ~ 70 (55)
总磷脂	48.44 ~ 80.73 (64.58)	150 ~ 250 (200)			

注：括号内为均值。

血脂的来源概括为两方面：其一为外源性，指经消化吸收后进入血液的食物脂类；其二为内源性，是指经肝脏等组织合成或者经脂肪动员后释放入血的脂类成分。上述两种来源的脂类经过血液循环，分别输送到不同组织细胞中利用或储存。

提　示

血脂含量受年龄、性别、膳食、体重、运动状况，以及激素水平、药物和疾病等多种生理和病理因素的影响，波动范围较大。例如，青年人血浆胆固醇水平低于老年人；育龄期妇女低于同年龄组的男性；给予高胆固醇高脂肪膳食会引起人和实验动物（如兔、鹌鹑、大鼠等）血浆甘油三酯和胆固醇含量明显升高；饥饿和糖尿病患者，由于储存脂肪的大量动员，血脂也会显著升高。长时间血浆胆固醇和甘油三酯含量的增高又与动脉粥样硬化的发生密切相关。因此，血脂含量是临床常用的生化检测项目。

二、血浆脂蛋白

脂类不溶于水，无论外源性还是内源性脂类都必须与蛋白质结合成溶解度大的脂蛋白复合体，通过血液转运。脂蛋白颗粒近乎球状，表面部分是极性分子，如磷脂和蛋白质等的亲水基团，核心部分由疏水的甘油三酯及胆固醇酯组成，如图6-11所示。

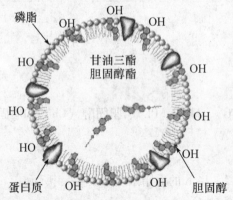

图6-11 脂蛋白的组成

（一）血浆脂蛋白的分离

血浆脂蛋白的分离常用电泳法和超速离心法。

> **重点提示**
>
> 1. 电泳分离法
>
> 各类脂蛋白颗粒大小不同，生理条件下表面电荷多少亦不同，因此在电场下电泳迁移率（泳动速度）就不同。按泳动速度的快慢，可将血浆脂蛋白分为 α-脂蛋白、前 β-脂蛋白、β-脂蛋白和乳糜微粒（CM），如图 6-12 所示。

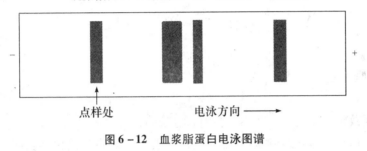

乳糜微粒　β-脂蛋白　前β-脂蛋白　α-脂蛋白

点样处　　　电泳方向 ——▶

图 6-12　血浆脂蛋白电泳图谱

α-脂蛋白泳动速度最快，相当于血浆蛋白电泳时 α_1-球蛋白的位置，β-脂蛋白相当于血浆 β-球蛋白的位置，前 β-脂蛋白位于 β-脂蛋白和 α-脂蛋白之间，相当于血浆 α_2-球蛋白的电泳位置，乳糜微粒停留在原点，正常人空腹血浆中检不出乳糜微粒，仅在进食后出现。

> **重点提示**
>
> 2. 超速离心法
>
> 由于各种脂蛋白所含脂类及蛋白质的数量不同，因而密度也各不相同。若脂蛋白组成中脂类含量高，蛋白质含量少，则密度低；反之，密度就高。
>
> 密度分类法一般也将血浆脂蛋白分为四类：乳糜微粒、极低密度脂蛋白（Very Low Density Lipoprotein，VLDL）、低密度脂蛋白（Low Density Lipoprotein，LDL）和高密度脂蛋白（High Density Lipoprotein，HDL）。

（二）血浆脂蛋白的化学组成

> **重点提示**
>
> 1. 血浆脂蛋白
>
> 血浆脂蛋白主要由蛋白质、甘油三酯、磷脂、胆固醇及其酯组成，但含量和组成比

例却相差很远。CM 含甘油三酯最多，达脂蛋白颗粒的 85% ~95%，主要来源是消化道消化吸收的外源性甘油三酯，蛋白质仅占 1% 左右。其密度最小，颗粒最大。VLDL 含甘油三酯亦多，达脂蛋白的 50% ~70%，主要为肝脏合成的内源性甘油三酯；LDL 含 38% ~50% 的胆固醇及胆固醇酯，是一类运送胆固醇的脂蛋白颗粒；HDL 中蛋白质含量最多，占 55%。密度最大，颗粒最小。磷脂占其组成的 25%，胆固醇占 20%，甘油三酯含量很少，仅占 5%。

2. 载脂蛋白

血浆脂蛋白中的蛋白质部分称为载脂蛋白（Apolipoprotein，Apo），迄今已发现有 18 种之多，主要包括 ApoA、ApoB、ApoC、ApoD、ApoE 和 Apo（a）。

三、血浆脂蛋白的代谢

（一）乳糜微粒

乳糜微粒（CM）是运输外源性甘油三酯的主要形式。脂肪消化吸收时，小肠黏膜细胞再合成的甘油三酯，连同合成和吸收的磷脂及胆固醇，再加上载脂蛋白，在肠黏膜细胞中组装成新生 CM。CM 颗粒较大，高脂肪餐后，血中 CM 含量升高，血浆成混浊状态，称为脂血。由于 CM 代谢迅速，在血浆中的半衰期仅 5 ~15 min，餐后 5 ~6 h 已不能检测出 CM，血浆又复清亮，此称为血浆脂肪廓清。

（二）极低密度脂蛋白

极低密度脂蛋白（VLDL）由肝细胞合成，组成中 50% ~70% 为甘油三酯，因此它是从肝脏转运内源性甘油三酯到脂肪组织等肝外组织的主要脂蛋白。VLDL 的半衰期不到 1 h。

（三）低密度脂蛋白

低密度脂蛋白（LDL）由 VLDL 在血浆中分解产生。胆固醇占其总量的 50%，其中 2/3 左右为胆固醇酯，它是转运肝脏合成的内源性胆固醇的主要形式。LDL 与肝及动脉壁细胞、成纤维细胞等全身各组织细胞膜上的 LDL 受体结合，结合后进入细胞内，并在溶酶体内被水解，释放出游离胆固醇而被利用，如参与细胞膜的组成，合成类固醇激素等。过多的游离胆固醇亦可在脂酰 CoA 胆固醇酰基转移酶（Acyl-CoA Cholesterol Acyl Transferase，ACAT）作用下，与脂酰 CoA 结合成胆固醇酯储存。LDL 的半衰期为 2 ~3 天。

（四）高密度脂蛋白

肝脏和小肠均可分泌高密度脂蛋白（HDL），进入血循环后，血浆中卵磷脂胆固醇酰基转移酶（Lecithin-cholesterol Acetyl-transferase，LCAT），催化 HDL 中卵磷脂第 2 位的脂酰基转移至胆固醇第 3 位的羟基上，生成溶血卵磷脂和胆固醇酯。疏水的胆固醇酯进入 HDL 的核心，使其体积逐渐增大，转变为球状成熟 HDL。成熟 HDL 主要被肝细胞摄取，其中的胆固醇用以合成胆汁酸或通过胆汁直接排出体外。HDL 在血浆中的半衰期为 3 ~5 天。

难点提示

大量统计资料表明，HDL 能将肝外组织、其他血浆脂蛋白颗粒，以及动脉壁中的胆固醇逆向转运到肝脏代谢或排出体外，阻止了游离胆固醇在动脉壁等组织的沉积，因而有对抗动脉粥样硬化形成的作用。血浆 HDL 水平高的人，如育龄期的妇女，动脉硬化的发病率显著低于同龄男性；凡使血浆 HDL 水平降低的各种因素，如超重、吸烟、糖尿病等，都是动脉粥样硬化的危险因素。运动是增加血浆 HDL 含量的有效措施，应予提倡。

四、高脂血症

空腹血脂浓度持续高于正常称为高脂血症。临床上的高脂血症主要是指血浆胆固醇或甘油三酯的含量单独或者是同时超过正常上限的异常状态。正常人的上限标准因地区、种族、膳食、年龄、职业以及测定方法等的不同而有差异。一般成人以空腹 12 ~ 14 h 后，血浆甘油三酯超过 2.26 mmol/L（200 mg/dL），胆固醇超过 6.47 mmol/L（250 mg/dL），儿童胆固醇超过 4.14 mmol/L（160 mg/dL）作为高脂血症的诊断标准。血脂在血浆中均以脂蛋白的形式存在和运输，因此高脂血症实质上是某种形式的高脂蛋白血症，如表 6 - 5 所示。

表 6 - 5 高脂蛋白血症的类型

分型	增高脂蛋白种类					血脂变化	
	CM	VLDL	IDL	LDL	HDL	甘油三酯	胆固醇
I	↑					↑↑↑	↑
II_a				↑			↑↑
II_b		↑		↑		↑↑	↑↑
III			↑			↑↑	↑↑
IV		↑				↑↑↑	
V	↑	↑				↑↑↑	↑

根据世界卫生组织 1971 年的分类方法，高脂蛋白血症分为五型，以后又将 II 型分为 II_a 和 II_b 型。我国的高脂蛋白血症病人主要为 II 型（约占 40%）和 IV 型（占高脂蛋白血症的 50% 以上）。

提 示

高脂蛋白血症从病因上分为原发性和继发性两大类。继发性高脂蛋白血症由某些已知疾病引起，如糖尿病、肾病综合征、甲状腺功能减退等。原发性高脂蛋白血症病因多不明确，现已证实，部分伴有遗传性缺陷和家族史。而肥胖、不良的饮食和生活习惯、激素以及神经的调节失常也是诱发高脂蛋白血症的重要因素。

（一）动脉粥样硬化

动脉粥样硬化（Atherosclerosis，AS）主要是血浆胆固醇含量过多，沉积于大、中动脉内膜上，形成粥样斑块，导致管腔狭窄甚至阻塞，从而影响了受累器官的血液供应。动脉内皮细胞损伤，脂质浸润，平滑肌细胞增殖和泡沫细胞形成 AS 的主要特征性病理改变。冠状动脉的上述病变会引起心肌缺血，甚至心肌梗死，称为冠状动脉硬化性心脏病，简称冠心病。同位素示踪实验证明，粥样斑块中的胆固醇来自血浆 LDL。LDL 是导致 AS 的主要脂蛋白颗粒。VLDL 是 LDL 的前体，因此，血浆 LDL 及 VLDL 增高的高脂蛋白血症患者，冠心病的患病率显著增加。

> **难点提示**
>
> HDL 的水平与冠心病发病率呈显著负相关。这是因为 HDL 能将外周细胞中过多的胆固醇转变为胆固醇酯，并将其转运到肝脏氧化成胆汁酸或者直接排出体外。细胞培养的实验还证明，HDL 能够与 LDL 争夺血管壁平滑肌细胞膜上的受体，具有抑制细胞摄取和蓄积 LDL 的作用。血浆 HDL 能够防止胆固醇在动脉壁中的沉积，因此是预防冠心病的保护因素。

（二）脂肪肝

正常肝脏所含脂类占肝脏质量的 4% ~7%，其中半数为甘油三酯。脂肪肝患者肝中脂类达肝脏质量的 10% 以上，且主要为甘油三酯，类脂的含量甚至低于正常水平。

肝脏是合成甘油三酯最活跃的场所，肝脏合成的甘油三酯主要依赖 VLDL 运往心肌、骨骼肌、脂肪组织等肝外组织氧化或储存。肝中甘油三酯合成过多，或者 VLDL 合成障碍是造成脂肪肝的两个直接原因。

1. 肝脏甘油三酯合成过多

人体如果脂肪或糖的摄入量过多，以及脂肪动员增强。高脂膳食时，进入肝内的脂肪和饱和脂肪酸增多；糖尿病病人脂肪动员增加，大量游离脂肪酸被肝脏摄取，成为合成甘油三酯的原料；糖代谢产生的乙酰 CoA、3-磷酸甘油、$NADPH + H^+$ 和 ATP 是合成脂肪的主要物质。

2. 极低密度脂蛋白的合成障碍

极低密度脂蛋白（VLDL）是内源性甘油三酯的运载工具。其组成中除 50% ~70% 为甘油三酯外，磷脂占 15% 左右。这部分磷脂与载脂蛋白构成脂蛋白颗粒的极性外壳，对甘油三酯的运输起着重要作用。

> **难点提示**
>
> 磷脂的摄入不足以及其合成障碍（后者主要因胆碱、必需脂肪酸或甲硫氨酸供应不足引起）都会导致肝中 VLDL 的合成与甘油三酯的合成速度不相适应，而发生脂肪肝。卵磷脂、胆碱、甲硫氨酸、甲基转移所需要的维生素 B_{12} 以及胞苷三磷酸都能够促

进肝脏中磷脂的合成，故具有抗脂肪肝的作用。此外，酗酒也可引起脂肪肝。乙醇不但直接造成肝损害，而且90%以上的乙醇在肝内被氧化，乙醇脱氢使 NADH/NAD⁺ 值升高，从而抑制了脂肪酸的氧化，增加了肝内脂肪的合成。慢性脂肪肝可引起肝纤维性变化并可发展为肝硬化，使肝脏功能进一步受到损害。

（三）肥胖

肥胖是指脂肪组织中有过多脂肪蓄积的状态。目前国际上用体重（质量）指数（Body Mass Index，BMI）作为肥胖度的衡量标准。

$$BMI = \frac{体重（kg）}{身高^2（m^2）}$$

成年人的肥胖，脂肪细胞体积增大但数目一般不增多；生长发育期儿童发生的肥胖，脂肪细胞体积增大，数目也增多，而且婴幼儿时期喂养过饱还会引起食欲中枢功能失调，成年后出现贪食的习惯。据统计，80%的肥胖儿童，如不采取适当措施，将会发展为成人肥胖。因此，积极提倡科学喂养、更新观念、防止儿童肥胖，是肥胖症预防和治疗的重要环节。引起肥胖的原因很多，除遗传因素和内分泌失调引起的肥胖外，常见的原因为热量摄入过多，体力活动过少，致使过多的糖、脂肪酸和甘油、氨基酸等转变为甘油三酯储存于脂肪组织中。这类原因引起的肥胖常称作单纯性肥胖，即患者不伴有明显的神经及内分泌的功能失常，主要出现以肥胖为主的各种临床表现，如怕热、多汗、疲乏、心悸、呼吸困难、嗜睡、腹胀等。肥胖症患者常伴有高血糖、高血脂、高血压和高胰岛素血症。肥胖者对胰岛素有抗性，血浆胰岛素含量虽高，但糖耐量却比正常人低。基于以上改变，肥胖症患者糖尿病、高血压、冠心病和脑血管病，以及胆囊炎、胆石症和痛风等的发病率显著高于正常人。

提示

肥胖症的防治主要在于饮食控制。科学的减肥食谱应根据每个人的活动情况，计算出每天应摄入的总热量。在食物组成上减少脂肪和简单糖的比例，但需要摄入足够的蛋白质以维持氮总平衡，并给予维生素含量丰富的蔬菜、水果、豆类等。B族维生素，尤其是维生素 B₁、维生素 B₂、泛酸等对促进体内糖、脂肪和氨基酸的氧化分解起着重要作用；水和无机盐是维持机体正常生理活动所必需的营养物质，都应充分供应。一般认为，每摄入 100 kcal（1 cal = 4.186 J）热量，至少应包括 5 g 糖，即糖应不低于供能总量的 20%，否则会发生酮症酸中毒。除节制饮食外，适当增加体育活动，尤其是慢跑等持续时间较长的有氧运动，能够促进体内储存脂肪的动员和利用，是防止肥胖症的另一基本措施。

本章小结

脂类是脂肪和类脂的统称，也是一类不易溶于水而易溶于有机溶剂的化合物。脂肪是机体理想的能源物质，不仅储存量多，氧化供能也多于糖和蛋白质。类脂不仅是机体的重要结构成分，也参与机体的代谢调节，具有广泛的生物学功能。脂类的消化和吸收主要在小肠上段。除了从胰腺分泌的各种消化酶外，还有肝脏分泌的胆汁酸盐的乳化作用是脂类消化吸收的重要环节。

脂肪动员生成的甘油经活化、脱氢、转变为磷酸二羟丙酮后，循糖代谢途径进一步代谢。

脂肪酸的分解代谢在肝脏、心脏和骨骼肌等器官最活跃。脂肪酸在肝脏分解的中间产物是乙酰 CoA，一方面可以进入三羧酸循环彻底氧化为 CO_2 和 H_2O，同时释放出能量为机体利用。另一方面在肝脏合成乙酰乙酸、β-羟丁酸和丙酮，三者统称为酮体，HMG-CoA 合酶就是合成酮体的限速酶，酮体生成以后再通过血液循环在肝外组织氧化利用。肝脏只能生成酮体，却不能利用酮体。脂肪酸的合成主要是在肝脏、乳腺和脂肪组织等的胞液和微粒体中进行的，脂肪酸的合成原料为乙酰 CoA 和 NADPH。还需要 ATP 供能。合成脂肪酸的限速酶为乙酰 CoA 羧化酶。有些不饱和脂肪酸体内需要但自身不能合成只能从食物中摄取的称为必需脂肪酸。如亚油酸、亚麻酸和花生四烯酸。

甘油三酯的合成主要在脂肪组织和肝脏。甘油磷脂在机体各组织细胞内质网中合成，以肝脏、肾脏和小肠等最为活跃。胆固醇既可以从食物中摄取，还可以自身合成。肝脏是合成胆固醇的主要器官。胆固醇的合成需要乙酰 CoA 提供碳源，NADPH 提供还原氢，还消耗 ATP。胆固醇合成过程非常复杂，其中 HMG-CoA 还原酶是合成胆固醇的限速酶。

胆固醇在体内可以转变为胆汁酸、类固醇激素、维生素 D_3 及酯化为胆固醇酯。

脂类不溶于水，以脂蛋白形式运输。按电泳法和超速离心法可将血浆脂蛋白分为四类：CM 形成于小肠黏膜上皮细胞，功能是转运从食物中消化吸收的甘油三酯。极低密度脂蛋白（VLDL 或前 β-脂蛋白）形成于肝脏，功能是输出肝脏合成的甘油三酯和胆固醇。低密度脂蛋白（LDL 或 β-脂蛋白）是在血浆中由 VLDL 转化而来，功能是向肝外组织转运胆固醇。高密度脂蛋白（HDL 或 α-脂蛋白）主要形成于肝脏，少量形成于小肠，功能是从肝外组织向肝内转运胆固醇，所以具有对抗动脉粥样硬化形成的作用。

本章重点名词解释

1. 血脂
2. 脂肪动员
3. 脂肪酸 β-氧化
4. 酮体
5. 激素敏感性脂肪酶

6. β-氧化

7. 必需脂肪酸

8. 血浆脂蛋白

思考与练习

一、选择题

1. 血浆脂蛋白中密度最高的是（　　）。

    A. α-脂蛋白   B. β-脂蛋白

    C. 前β-脂蛋白   D. CM

2. 正常血浆脂蛋白按密度低→高顺序的排列为（　　）。

    A. CM→VLDL→IDL→LDL   B. CM→VLDL→LDL→HDL

    C. VLDL→CM→LDL→HDL   D. VLDL→LDL→IDL→HDL

3. 合成脑磷脂和卵磷脂的共同原料是（　　）。

    A. 3-磷酸甘油醛   B. 脂肪酸和丙酮酸

    C. 丝氨酸   D. 甲硫氨酸

4. 抑制脂肪动员的激素是（　　）。

    A. 胰岛素   B. 胰高血糖素

    C. 甲状腺素   D. 肾上腺素

5. 合成胆固醇和合成酮体的共同点是（　　）。

    A. 乙酰 CoA 为基本原料

    B. 中间产物除乙酰 CoA 和 HMG-CoA 外，还有甲羟戊酸

    C. 需 HMG-CoA 羧化酶

    D. 需 HMG-CoA 还原酶

6. 激素敏感性脂肪酶是指（　　）。

    A. 组织脂肪酶   B. 脂蛋白脂肪酶

    C. 胰脂酶   D. 脂肪细胞中的甘油三酯脂肪酶

7. 血浆胆固醇主要存在于（　　）。

    A. CM   B. 前β-脂蛋白

    C. LDL   D. γ-脂蛋白

8. 关于载脂蛋白（Apo）的功能，下列叙述不正确的是（　　）。

    A. 与脂类结合，在血浆中转运脂类

    B. ApoAI 能激活 LCAT

    C. ApoB 能识别细胞膜上的 LDL 受体

    D. ApoCI 能激活脂蛋白脂肪酶

9. 电泳法分离血浆脂蛋白时，从正极向负极的排列顺序是（　　）。

    A. CM→VLDL→LDL→HDL

    B. VLDL→LDL→HDL→CM

    C. LDL→HD→IDL→CM

    D. HDL→LDL→VLDL→CM

10. LDL（　　）。

    A. 在血浆中由 β-脂蛋白转变而来

    B. 是在肝脏中合成的

    C. 胆固醇含量最多

    D. 将胆固醇由肝外转运到肝内

11. 血浆脂蛋白中含胆固醇最多的是（　　）。

    A. α-脂蛋白

    B. β-脂蛋白

    C. 前 β-脂蛋白

    D. 乳糜颗粒

12. 临床常见高脂血症多见于含量增高的脂蛋白是（　　）。

    A. CM

    B. VLDL

    C. IDL

    D. LDL

13. 脂肪酸 β-氧化不需要（　　）。

    A. NAD^+

    B. CoA-SH

    C. FAD

    D. $NADPH + H^+$

14. 生物膜中含量最多的脂类是（　　）。

    A. 甘油三酯

    B. 磷脂

    C. 胆固醇

    D. 糖脂

15. 脂酰 CoA 发生 β-氧化的反应顺序是（　　）。

    A. 脱氢、加水、硫解、再脱氢

    B. 硫解、再脱氢、脱氢、加水

    C. 脱氢、加水、再脱氢、硫解

    D. 脱氢、硫解、加水、再脱氢

16. 脂肪酸彻底氧化的产物是（　　）。

    A. 水和二氧化碳

    B. ATP、水和二氧化碳

    C. 乙酰 CoA

    D. 乙酰 CoA、$FADH_2$、NADH

17. 饥饿状态时，酮体生成增多，对（　　）最为重要。

    A. 肝

    B. 肺

    C. 脑

    D. 肾

18. 合成胆固醇的关键酶是（　　）。

    A. HMG-CoA 裂合酶

    B. HMG-CoA 还原酶

    C. HMG-CoA 合酶

    D. 甲羟戊酸激酶

19. 脂肪酸 β-氧化中第一次脱氢的受氢体是（　　）。

    A. NAD^+

    B. $NADP^+$

    C. FAD

    D. FMN

20. 脂酰 CoA 进入线粒体需要的载体是（　　）。

    A. 柠檬酸

    B. 肉碱

    C. HSCoA

    D. 载脂蛋白

21. 脂肪酸的氧化是（　　　）。
    A. β-氧化
    B. α-氧化
    C. ε-氧化
    D. δ-氧化

22. 脂肪酸的合成原料有（　　　）。
    A. 胆固醇
    B. 氨基酸
    C. 葡萄糖
    D. 需要中间物丙二酰辅酶 A

23. 胆汁酸的主要作用是使脂肪（　　　）。
    A. 沉淀
    B. 溶解
    C. 乳化
    D. 合成

24. 脂肪大量动员时，血浆中运输脂肪酸的是（　　　）。
    A. CM
    B. HDL
    C. LDL
    D. 清蛋白

25. 不能利用酮体的是（　　　）。
    A. 肝
    B. 心
    C. 脑
    D. 肾

26. 形成脂肪肝的原因之一是缺乏（　　　）。
    A. 胆固醇
    B. 磷脂
    C. 葡萄糖
    D. 脂肪酸

27. 可转化成胆汁酸的是（　　　）。
    A. 葡萄糖
    B. 氨基酸
    C. 胆固醇
    D. 核酸

28. 长期饥饿时尿液中会出现（　　　）。
    A. 丙酮酸
    B. 胆红素
    C. 酮体
    D. 脂肪

29. 转运外源性甘油三酯的是（　　　）。
    A. CM
    B. VLDL
    C. LDL
    D. HDL

30. 向肝脏转运胆固醇的是（　　　）。
    A. CM
    B. VLDL
    C. LDL
    D. HDL

二、简答题

1. 脂类有哪些生理功能？

2. 简述酮体代谢及其生理意义。

3. 简述形成脂肪肝的两个直接原因。

4. 为什么胆碱可用于防治脂肪肝？

5. 胆固醇能转化成哪些物质？

蛋白质的分解代谢

 学习目标

掌握：

1. 蛋白质的营养价值
2. 氨基酸的一般代谢
3. 尿素的合成

熟悉：

1. 蛋白质的腐败作用
2. 个别氨基酸代谢

了解：

1. 蛋白质的主要生理功用
2. 蛋白质的消化、吸收

本章知识导图

蛋白质的分解代谢
- 蛋白质的生理功能
  - 蛋白质的营养作用
  - 蛋白质的生理需要量
  - 蛋白质的营养价值
- 蛋白质的消化、吸收与腐败作用
  - 蛋白质的消化
  - 氨基酸的吸收
  - 蛋白质的腐败作用
- 氨基酸的一般代谢
  - 体内氨基酸的代谢概况
  - 氨基酸的脱氨基作用
  - α-酮酸的代谢
  - 氨的代谢
  - 氨基酸的脱羧基作用
- 个别氨基酸的特殊代谢
  - 一碳单位代谢
  - 含硫氨基酸代谢
  - 芳香族氨基酸代谢

第一节　蛋白质的生理功能

体内蛋白质水解的产物是氨基酸，食物蛋白质只有消化成氨基酸后才能被机体吸收利用，故氨基酸的代谢反映着蛋白质代谢的状况，本章中心内容是氨基酸的分解代谢及其转变。

蛋白质的生理功用：从最简单的生物到人类，都以蛋白质为重要的组成物质。

1. 参与构成机体各种组织细胞的成分

人体内蛋白质含量约占人体干重的45%。

2. 维持组织细胞的生长、更新和修补

膳食中必须提供足够质和量的蛋白质，才能满足组织细胞生长、更新和修补增殖的需要。

3. 参与多种重要的生理功能

体内蛋白质具有多种特殊功能，如酶、激素、抗体和某些调节蛋白等。肌肉的收缩、物质的运输、血液的凝固等也均由蛋白质来实现。此外，氨基酸代谢过程中还可以产生胺类、神经递质、嘌呤和嘧啶等含氮化合物。

4. 氧化供能

每克蛋白质在体内氧化分解能产生 17.9 kJ 的能量。

一、蛋白质的营养作用

人体的生长发育，组织蛋白的更新、修复等，均需由食物蛋白质不断供给原料。

> **提　示**
>
> 若食物蛋白质长期缺乏，则可导致机体多种代谢与生理功能失常。例如：成人体重下降、儿童生长停滞、患者伤口难愈合；血液中血红蛋白含量减少，会出现贫血；若血液清蛋白含量减少，则出现水肿；γ-球蛋白减少，抗病能力降低，易感染。此外，还会伴有各种代谢和生理功能低下的症状等。蛋白质如此重要，但体内没有它的储存库，因此蛋白质摄入不足会出现蛋白质缺乏症，而食入过多又会加重肝肾负担，那么正常人需要多少蛋白质呢？

氮平衡试验：这是用化学方法测定食物与排泄物中的含氮量，二者加以比较，借以了解体内蛋白质代谢状况的一种指标。食物含氮量反映其中蛋白质含量；粪便含氮量反映肠道未吸收的蛋白质含量；尿中含氮量反映体内蛋白质的分解量。因此，分析蛋白质的摄入量和排出量可以反映出机体蛋白质的合成和分解状况。氮平衡有三种类型：

1. 氮的总平衡

摄入氮＝排出氮，见于正常成人，说明体内蛋白质的合成与分解处于平衡状态。

2. 氮的正平衡

摄入氮＞排出氮，见于成长发育期、疾病康复期、孕妇、乳母等，说明体内蛋白质的合成量大于分解量。

3. 氮的负平衡

摄入氮＜排出氮，见于长时间饥饿者、营养不良及消耗性疾病、大量失血和大面积烧伤患者，说明体内蛋白质的合成量少于分解量。

二、蛋白质的生理需要量

提 示

根据氮平衡试验测得，正常成人维持氮的总平衡每日需要蛋白质35～45 g，由于蛋白质营养价值相差悬殊，为确保氮的总平衡，因此我国营养学会推荐量为每日摄入量45 g/60 kg。常用食物中蛋白质含量如表7－1所示。

表7－1　常用食物中蛋白质含量

食物名称	蛋白质含量	食物名称	蛋白质含量	食物名称	蛋白质含量	食物名称	蛋白质含量
大豆	39.2%	鲤鱼	18.1%	玉米	8.6%	大白菜	1.1%
花生	25.8%	鸡蛋	13.4%	稻米	8.5%	橘子	0.9%
牛肉	15.8%～21.7%	小麦	12.4%	牛奶	3.3%	黄瓜	0.8%
鸡肉	21.5%	面粉	11.0%	菠菜	1.8%	白萝卜	0.65%
羊肉	14.3%～18.7%	小米	9.7%	油菜	1.4%	苹果	0.2%
猪肉	13.3%～18.5%	高粱	9.5%	红薯	1.3%		

动物性蛋白质对人体的发育或成长均极为重要。按生物生长发育的规律，越是早期，对蛋白质的质量要求越高。胎儿靠母体血液中的蛋白质营养大脑，脑的发育速度最快，胎儿期是脑细胞发育分裂的最佳时期。出生后在哺乳期靠乳汁的蛋白质及其他营养物质，以保证婴儿的脑细胞充分分裂。研究发现，智力发育不全的婴儿主要是蛋白质摄入不足，应提倡妇女在妊娠期和哺乳期多摄取高质量的蛋白质。

植物性蛋白质属黄豆（大豆）含量最高。古今中外的医学书籍中将黄豆列为能使人类长寿的首要食品。在豆类制品中最好的是豆腐，它能宽中益气、和脾胃、消胀满，下大肠浊气。大豆中所含的铁、钙、磷和维生素之多，是谷物类食物无法比拟的。豆浆不但营养丰富，而且不含胆固醇，其中的皂角苷具有减肥作用，它既可抑制脂肪的合成，又能促进其分解，还有活血作用，使微血管及末梢循环得以改善，所含的维生素 E 具有清除过氧化脂质的作用。

三、蛋白质的营养价值

（一）必需氨基酸

重点提示

有些氨基酸体内不能合成、必须由食物供给的称为营养必需氨基酸，包括缬氨酸、亮氨酸、异亮氨酸、苏氨酸、赖氨酸、甲硫氨酸、苯丙氨酸和色氨酸。

食物蛋白质的营养价值的高低与所含的必需氨基酸种类、含量和比例密切相关。

若食物中缺乏某些氨基酸，即使摄入了足量的其他氨基酸，仍将造成氮的负平衡，缺乏其中任何一种必需氨基酸，都会引起氮负平衡。有些氨基酸不必从食物中摄取，体内可以自行合成的这类氨基酸称为非必需氨基酸。组氨酸和精氨酸虽然在体内能够合成，但合成量不多，若长期缺乏或供应不足，也能造成氮的负平衡。因此，有人也将这两种氨基酸归为营养必需氨基酸。另外，酪氨酸和半胱氨酸虽然体内能够合成，但分别需要苯丙氨酸和甲硫氨酸转化生成。如果食物中添加酪氨酸和半胱氨酸这两种氨基酸，可以减少苯丙氨酸和甲硫氨酸的需要量，故将酪氨酸和半胱氨酸称为半必需氨基酸。由此可见，食物蛋白质中必需氨基酸的种类和含量可直接关系到体内氮的平衡状况，如表7-2所示。

表7-2　成人、儿童和婴儿必需氨基酸的需要量 [mg/（kg·d），以体重计]

类别	异亮氨酸	苯丙氨酸	色氨酸	苏氨酸	亮氨酸	甲硫氨酸	赖氨酸	缬氨酸
成人	10	14	35	7	14	13	12	10
儿童	30	27	4	35	45	27	60	33
婴儿	70	125	17	87	161	58	103	93

（二）蛋白质的营养价值

提示

食物蛋白质的营养价值高低，取决于这些必需氨基酸的种类、含量及比例是否与生物体组织蛋白质的组成相近。越接近人体的需要，其营养价值就越高，反之营养价值就越低。由于动物性蛋白质所含必需氨基酸的种类和比例与人体需要相近，故动物蛋白比植物蛋白的营养价值高。

（三）食物蛋白质的互补作用

植物性蛋白质所含必需氨基酸的种类、数量和比例与人体蛋白质相差甚远，所以营养价值低。

重点提示

将几种营养价值偏低的蛋白质混合食用，使其中必需氨基酸成分互补，可以提高营养价值的作用，称为食物蛋白质的互补作用，如表7-3所示。

表7-3　几种食物蛋白的生理价值及互补作用

食物		玉米	小米	大豆	小麦	小米	大豆	牛肉
生理价值	单独食用	60	57	64	67	57	64	76
	混合食用		73			89		

提　示

例如，豆类蛋白质含赖氨酸较多而色氨酸较少，谷类蛋白质含赖氨酸较少而色氨酸较多，两者混合食用即可提高营养价值。

食物蛋白质在体内的利用率称为蛋白质的生物学价值（Biological Value；BV），或称生理价值。

$$蛋白质的生理价值 = 氮储留量/氮吸收量 \times 100$$

第二节　蛋白质的消化、吸收与腐败作用

食物蛋白质的消化从胃开始，主要在小肠内进行。由胃、胰腺及小肠分泌的各种蛋白酶和肽酶的水解，最终将食物蛋白质水解为氨基酸才能被吸收和利用。

一、蛋白质的消化

蛋白酶按照对肽链作用部位不同，分为内切酶和外切酶。内切酶是从肽链内部水解肽键的酶，包括胃蛋白酶、胰蛋白酶、糜蛋白酶及弹性蛋白酶。外切酶是从肽链的两端逐个水解肽键的酶，包括羧基肽酶和氨基肽酶。还有小肠黏膜分泌的二肽酶。这些酶对水解肽键都有一定的特异性，如图7-1所示。

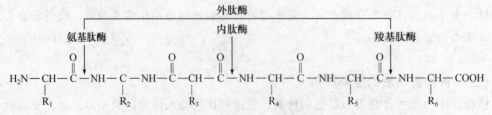

图7-1　蛋白酶的作用特点

（一）胃中的消化

胃内消化蛋白质的酶是胃蛋白酶，它是由胃黏膜主细胞合成并分泌的胃蛋白酶原经胃酸激活而生成的。胃蛋白酶的最适 pH 为 1.5～2.5，对蛋白质肽键作用的特异性不高，主要水解芳香族氨基酸、甲硫氨酸或亮氨酸等残基组成的肽键。

（二）小肠中的消化

食物在胃中停留时间较短，因此，蛋白质在胃中的消化很不完全。进入小肠后由胰腺及肠黏膜分泌的多种蛋白酶及肽酶的共同作用，进一步水解成为氨基酸，如图 7-2 所示。

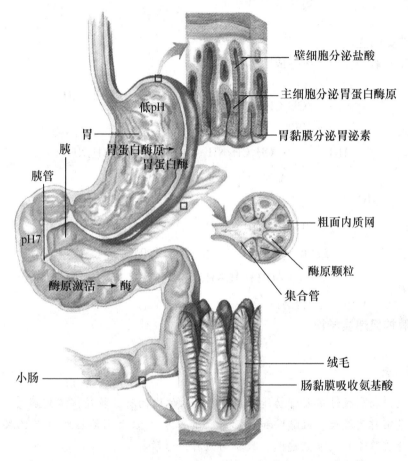

图 7-2 消化道内的蛋白水解酶

综上所述，食物蛋白质在各种蛋白酶的共同作用下，大部分水解为氨基酸。

二、氨基酸的吸收

氨基酸被吸收后，通过血液循环输送到各组织细胞内进行代谢。氨基酸吸收的部位是小肠，吸收机制与葡萄糖类似，具体尚未完全明了。

三、蛋白质的腐败作用

重点提示

蛋白质的腐败作用是指肠道未被消化的蛋白质和未被吸收的氨基酸，在肠道细菌作用下进行的分解过程，产生一系列对人体有害的物质，如胺类、酚类、吲哚、甲基吲哚、硫化氢、氨和甲烷等，称为腐败作用。

（一）胺类的生成

有些氨基酸脱羧反应后可生成胺类物质。

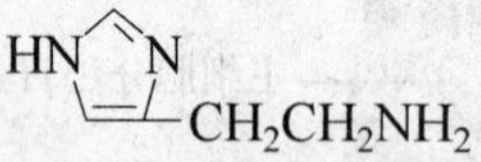

组胺

$H_2NCH_2CH_2CH_2CH_2CH_2NH_2$

尸胺

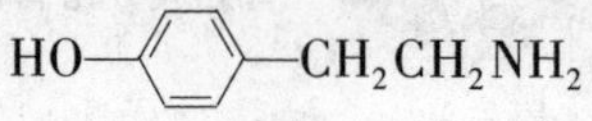

酪胺

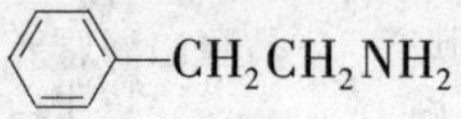

苯乙胺

儿茶酚胺：

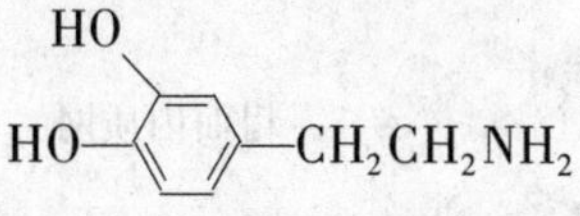

多巴胺

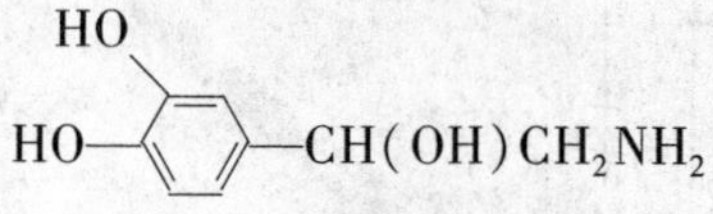

去甲肾上腺素

假神经递质：

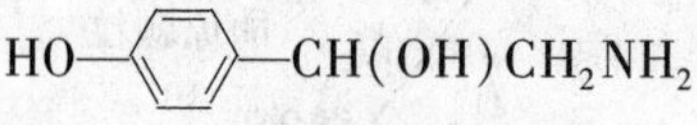

羟酪胺

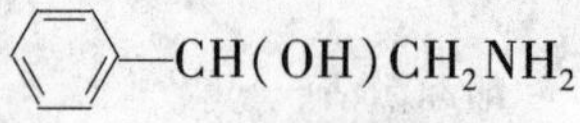

苯乙醇胺

（二）假神经递质学说

提　示

若腐败产物生成过多或肝功能低下，则进入体内的有毒物质得不到解毒，其中以胺类和氨的危害作用最大。羟酪胺和苯乙醇胺其结构类似于儿茶酚胺（多巴胺、去甲肾上腺素、肾上腺素）类神经递质，故称为假神经递质。

难点提示

长期便秘，肠道腐败产物吸收较多，对人体不利。肠梗阻患者由于肠道不通畅，造成肠内容物在肠道内长时间滞留，腐败产物增多，大量有害物质吸收入血，若同时伴有肝功能低下，解毒不全，则会出现头昏、头痛，甚至血压波动等中毒症状，临床上称为肝性脑昏迷。由于假神经递质不能传递兴奋，反而竞争性抑制儿茶酚胺传递兴奋，导致

难点提示

大脑功能发生障碍，发生深度抑制引起昏迷，临床上称为肝性脑昏迷，简称肝昏迷，这就是肝昏迷的假神经递质学说。

第三节 氨基酸的一般代谢

食物蛋白质经消化吸收产生的氨基酸与体内组织蛋白质降解生成的氨基酸，以及体内合成的非必需氨基酸混为一体，不分彼此，共同组成体内氨基酸代谢库。

一、体内氨基酸的代谢概况

氨基酸代谢库是指分布于全身氨基酸的总和。

体内氨基酸的来源和去路通常形成动态平衡，以适应生理需要，如图 7－3 所示。

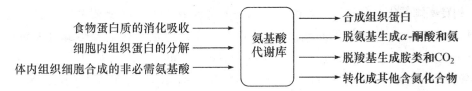

图 7－3 体内氨基酸的来源和去路

氨基酸在体内代谢相当活跃，有三个来源和四条去路。

（一）氨基酸的三个来源

（1）食物蛋白质的消化吸收。

（2）细胞内组织蛋白的分解。

（3）体内组织细胞合成的非必需氨基酸。

（二）氨基酸的四条去路

（1）参与合成组织蛋白。

（2）脱氨基作用产生氨和 α-酮酸。

（3）脱羧基作用产生 CO_2 和胺类物质。

（4）转化为重要的含氮化合物，如嘌呤碱、嘧啶碱、肾上腺素、甲状腺素，以及多肽激素等。

二、氨基酸的脱氨基作用

氨基酸分解代谢的最主要方式是通过脱氨基作用产生氨和 α-酮酸。脱氨基的方式主要有以下四种：转氨基作用、氧化脱氨基作用、联合脱氨基作用及其他脱氨基作用。

（一）转氨基作用

> **重点提示**
>
> 在转氨酶的催化下 α-氨基酸和 α-酮酸进行氨基和酮基的相互交换，使原来的 α-氨基酸转变成相应的 α-酮酸，而原来的 α-酮酸转变成相应的 α-氨基酸的过程称为转氨基作用。

$$
\begin{array}{c}
\text{COOH} \qquad \text{COOH} \\
| \qquad\qquad | \\
\text{H}_2\text{N}-\text{C}-\text{H} \;+\; \text{O}=\text{C} \xrightleftharpoons[\text{氨基转移酶}]{} \text{H}_2\text{N}-\text{C}-\text{H} \;+\; \text{O}=\text{C} \\
| \qquad\qquad | \qquad\qquad\qquad\qquad | \qquad\qquad | \\
\text{R}_1 \qquad\qquad \text{R}_2 \qquad\qquad\qquad\qquad \text{R}_2 \qquad\qquad \text{R}_1
\end{array}
$$

氨基酸1　　　α-酮酸2　　　　　　　　氨基酸2　　　α-酮酸1

上述反应是可逆的。转氨基作用既是氨基酸的分解代谢的方式之一，也是体内合成非必需氨基酸的重要途径。体内存在多种转氨酶。不同氨基酸与 α-酮酸之间的转氨基作用只能由专一的转氨酶催化。在各种转氨酶中，以谷氨酸与 α-酮酸的转氨酶最为重要。例如，谷丙转氨酶（Glutamic-pyruvic Transaminase，GPT），又称丙氨酸氨基转移酶（Alanine Amiotransferase，ALT）。谷草转氨酶（Glutamic-oxaloacetic Transaminase，GOT）又称天冬氨酸氨基转移酶（Aspartate Aminotransferase，AST），如表7-4所示。它们催化的反应是

$$
\begin{array}{c}
\text{COOH} \qquad\quad \text{COOH} \\
| \qquad\qquad\quad | \\
\text{H}_2\text{N}-\text{C}-\text{H} \;+\; \text{O}=\text{C} \xrightleftharpoons[\text{丙氨酸氨基转移酶}]{} \text{H}_2\text{N}-\text{C}-\text{H} \;+\; \text{O}=\text{C} \\
| \qquad\qquad\quad | \qquad\qquad\qquad\qquad\quad | \qquad\qquad | \\
\text{CH}_3 \qquad\qquad \text{CH}_2 \qquad\qquad\qquad\qquad \text{CH}_2 \qquad\quad \text{CH}_3 \\
\qquad\qquad\qquad | \qquad\qquad\qquad\qquad\qquad | \\
\qquad\qquad\qquad \text{CH}_2 \qquad\qquad\qquad\qquad\qquad \text{CH}_2 \\
\qquad\qquad\qquad | \qquad\qquad\qquad\qquad\qquad | \\
\qquad\qquad\qquad \text{COOH} \qquad\qquad\qquad\qquad \text{COOH}
\end{array}
$$

丙氨酸　　　　α-酮戊二酸　　　　　　　谷氨酸　　　　丙酮酸

表7-4　正常成人各组织及血清中 AST 和 ALT 活性（单位/g 湿组织）

指标	心脏	肝脏	骨骼肌	肾脏	胰脏	脾脏	肺	血清
AST	156 000	142 000	99 000	91 000	28 000	14 000	10 000	20
ALT	7 100	44 000	4 800	19 000	2 000	1 200	700	16

> **重点提示**
>
> 丙氨酸氨基转移酶和天冬氨酸氨基转移酶在体内广泛存在，但不同组织中活性相差甚远，以肝脏和心肌组织中活性最高，血清中活性很低。疾病造成细胞破损或细胞膜通透性增加，均能使转氨酶大量释放入血液，导致血清中转氨酶活性显著上升。例如，急

性肝炎患者血清 ALT 活性显著增加，心肌梗死患者血清中 AST 活性显著上升。临床上可以此作为疾病诊断和预后的指标之一。

提 示

催化氨基转移反应的转氨酶需要维生素 B_6 的活性形式——磷酸吡哆醛和磷酸吡哆胺作为辅助因子，起氨基传递体作用。

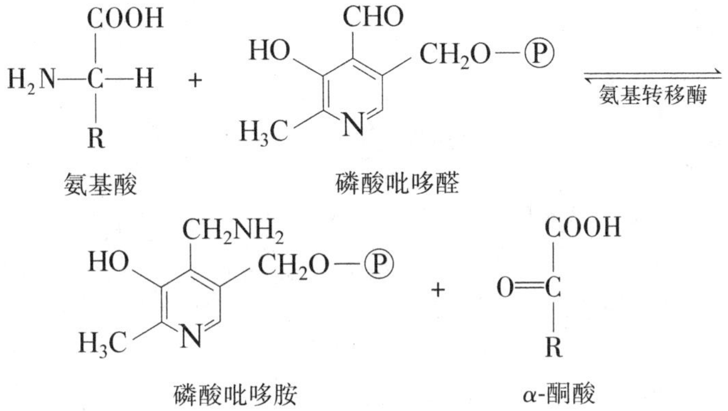

氨基酸 + 磷酸吡哆醛 $\rightleftharpoons$ （氨基转移酶）

磷酸吡哆胺 + α-酮酸

（二）氧化脱氨基作用

氨基酸先经脱氢生成不稳定的亚氨基酸，进而水解生成氨和 α-酮酸，称为氧化脱氨基作用。

氨基酸 $\xrightarrow[\text{酶}]{-2H}$ 亚氨基酸 $\xrightarrow{H_2O}$ α-酮酸 + 氨

催化氧化脱氨基的酶有 L-谷氨酸脱氢酶和氨基酸氧化酶，其中 L-谷氨酸脱氢酶在体内普遍存在，而且活性很高，特异性强，只能催化 L-谷氨酸氧化脱氨基，其反应如下：

谷氨酸 $+ NAD(P)^+ + H_2O \underset{\text{L-谷氨酸脱氢酶}}{\rightleftharpoons}$ α-酮戊二酸 $+ NAD(P)H + H^+ + NH_3$

此反应是可逆反应。由于 NH_3、$NADH + H^+$ 及 α-酮戊二酸在体内能很快消除或被利用，故反应趋向于谷氨酸分解。$NADH + H^+$ 的生成与 ATP 的含量有密切关系。若 ATP 的含量高，可抑制谷氨酸脱氢酶的活性，使此反应过程降低。而 ADP 可以激活谷氨酸脱氢酶的活性，使反应速率加快。

（三）联合脱氨基作用

重点提示

将转氨基作用与谷氨酸氧化脱氨基作用联合进行称为联合脱氨基作用。它是体内各种氨基酸脱氨基作用的主要途径，如图 7-4 所示。

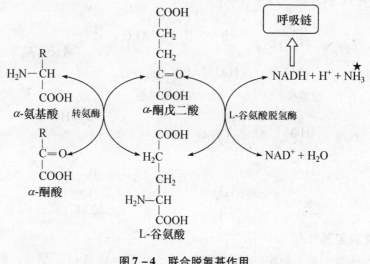

图 7-4 联合脱氨基作用

上述联合脱氨基作用主要在肝、肾组织中进行。而在肌肉组织中谷氨酸脱氢酶的活性很弱，难以进行以上方式的脱氨基反应。但可以进行另外一种脱氨基反应，即通过嘌呤核苷酸循环脱去氨基。在此过程中，氨基酸经连续转氨基作用，将氨基转移给草酰乙酸生成天冬氨酸。然后由天冬氨酸与次黄嘌呤核苷酸（Ionsine Monophosphate，IMP）缩合生成腺苷酸代琥珀酸，后者经裂解酶催化释放出延胡索酸并生成腺嘌呤核苷酸（AMP），AMP 在腺苷酸脱氨酶催化下水解脱氨，又回到 IMP，最终完成氨基酸的脱氨基作用。反应过程如图 7-5 所示。

图 7-5 嘌呤核苷酸循环

（四）其他脱氨基作用

例如：丝氨酸可以通过脱水脱去氨基，生成丙酮酸；天冬氨酸可以进行裂解脱氨基，生成延胡索酸；半胱氨酸可以进行脱硫化氢脱氨基，生成丙酮酸。

三、α-酮酸的代谢

氨基酸脱氨基后生成的 α-酮酸在不同条件下可继续代谢，有 3 条途径：

（一）合成非必需氨基酸

α-酮酸通过联合脱氨基作用的逆反应，生成非必需氨基酸。此途径合成的非必需氨基酸的 α-酮酸主要来自糖代谢。此代谢的意义是可以把体内非蛋白氮转化成蛋白氮。临床上常给尿毒症患者调配富含必需氨基酸的低蛋白饮食，使机体利用非蛋白氮合成非必需氨基酸，既能满足体内蛋白质合成需要，又能降低血液非蛋白氮的水平。

（二）转变为糖和脂肪

有的 α-酮酸可以通过糖异生途径转变为糖，相应的氨基酸称为生糖氨基酸。有的 α-酮酸只能转变为酮体和脂肪，相应的氨基酸称为生酮氨基酸。既能生成糖又能生成酮体的氨基酸称为生糖兼生酮氨基酸，如表 7-5 所示。

表 7-5 生糖和生酮氨基酸的种类

分类	氨基酸
生糖氨基酸	半胱氨酸、丙氨酸、甘氨酸、谷氨酸、谷氨酰胺、甲硫氨酸、精氨酸、脯氨酸、丝氨酸、天冬氨酸、天冬酰胺、缬氨酸、组氨酸
生糖兼生酮氨基酸	苯丙氨酸、酪氨酸、色氨酸、苏氨酸、异亮氨酸
生酮氨基酸	赖氨酸、亮氨酸

目前已经阐明，氨基酸在体内可以通过分解代谢生成丙酮酸、草酰乙酸、乙酰 CoA 等物质，所以能生成糖或酮体，如图 7-6 所示。

（三）氧化供能

α-酮酸在线粒体内经三羧酸循环与呼吸链的偶联作用彻底氧化生成 CO_2 和 H_2O，并释放能量以供生理活动需要。

四、氨的代谢

氨对人体是一种有毒物质。动物试验证明：给家兔注射氯化铵，使血氨含量达到 5 mg/dL 时，家兔即死亡。正常人体内血氨含量不超过 0.1 mg/dL，这是因为血氨有来源和去路，并且二者保持动态平衡，如图 7-7 所示。

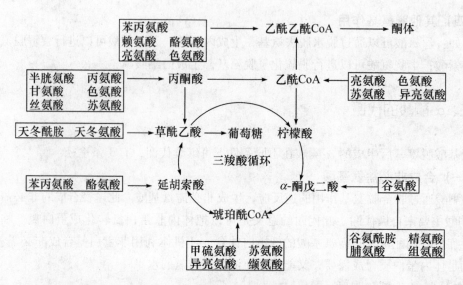

图 7 - 6 糖、脂肪、氨基酸的相互转变

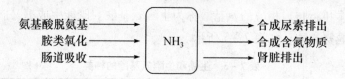

图 7 - 7 氨的来源和去路

（一）氨的来源与去路

1. 氨的来源

（1）氨基酸脱氨基产生的氨。

（2）胺类物质氧化产生的氨。

（3）肠道内未被吸收的蛋白质、氨基酸腐败作用和尿素分解产生的氨。

2. 氨的去路

（1）在肝脏合成尿素，经肾排出体外；尿素是蛋白质在人体内分解代谢的终产物，也是体内解氨毒并排泄的主要形式。

（2）合成非必需氨基酸和嘌呤、嘧啶碱等其他含氮物。

（3）部分由谷氨酰胺运输到肾，水解产生 NH_3，以 NH_4^+ 形式排出体外。

（二）氨的转运

组织代谢产生的氨有两种运输形式：

1. 谷氨酰胺的运输作用

在谷氨酰胺合成酶催化下，使谷氨酸与氨结合生成谷氨酰胺，此反应需消耗 ATP，如图 7 - 8 所示。

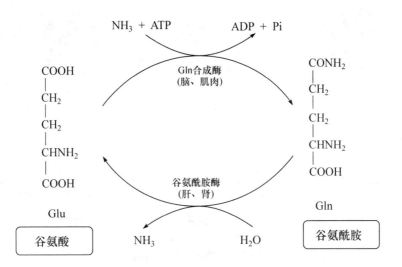

图7-8　谷氨酰胺的运氨作用

难点提示

　　在脑组织中谷氨酰胺的生成是非常重要的解毒功能。其生理意义在于防止氨对中枢神经的毒性，维持低血氨浓度。

　　脑和肌肉等组织内谷氨酰胺生成后可以通过血液循环运输到肝脏或肾脏。在肝脏谷氨酰胺酶催化下水解成谷氨酸和氨。氨可以合成尿素再通过肾脏排出体外。在肾脏的氨与 H^+ 结合生成 NH_4^+，随尿排出。由于氨的排出与 H^+ 的浓度有关，所以血液的酸碱度决定氨的排泄量。

2. 丙氨酸—葡萄糖循环

　　在肌肉组织中，氨基酸的氨基可转移给丙酮酸生成丙氨酸。丙氨酸经血到肝脏，脱氨基重新生成丙酮酸。丙酮酸经过糖异生合成葡萄糖。葡萄糖经血到组织，经糖酵解分解成丙酮酸。丙酮酸继续参与氨基转运，构成丙氨酸—葡萄糖循环，如图7-9所示。其生理意义为一方面维持低血氨浓度；另一方面使肝脏为肌肉活动提供能量。

（三）尿素的生成

提　示

　　尿素是蛋白质在人体内分解代谢的终产物，也是体内解氨毒并排泄的主要形式。

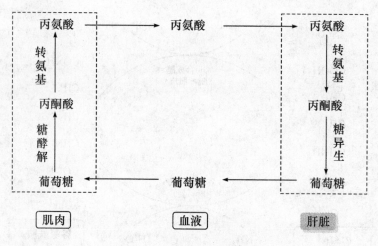

图 7 - 9　丙氨酸—葡萄糖循环

1. 尿素合成的器官

> **重点提示**
>
> 　　肝脏是合成尿素的唯一器官。在动物实验中发现，切除犬的肝脏，血液和尿中的尿素含量明显下降，如果给予氨基酸，则出现血中氨基酸和氨均升高，而尿素含量仍很低，最后动物死于氨中毒。若切除犬的肾脏而保留肝脏，则血中尿素明显升高。此外，在临床上急性肝坏死患者血及尿中几乎无尿素。进一步研究表明肝脏是合成尿素的唯一器官。

2. 尿素的合成过程

尿素的合成过程可分为 4 个步骤：

（1）氨甲酰磷酸的合成。首先在肝脏细胞线粒体中，由氨甲酰磷酸合成酶 I 催化，将氨和 CO_2 及 2 分子 ATP 缩合成为氨甲酰磷酸。在此反应中需要有 Mg^{2+}、N-乙酰谷氨酸参与，是一步不可逆反应。

$$CO_2 + H_2O + NH_3 + 2ATP \xrightarrow{\text{氨甲酰磷酸合成酶 I}} H_2N-\overset{\overset{\displaystyle O}{\|}}{C}-O \sim \textcircled{P} + 2ADP + Pi$$

氨甲酰磷酸

（2）瓜氨酸的合成。由鸟氨酸氨甲酰基转移酶催化，把氨甲酰磷酸分子中的氨甲酰基转移到鸟氨酸的氨基上缩合生成瓜氨酸。

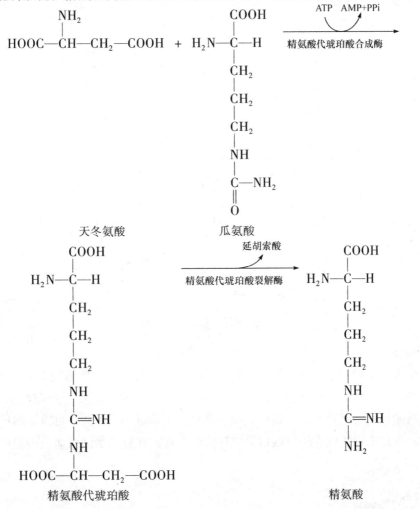

（3）精氨酸的合成。瓜氨酸在线粒体中合成后，由膜载体转移到胞质。在胞质中经精氨酸代琥珀酸合成酶催化，与天冬氨酸进行缩合生成精氨酸代琥珀酸。此反应消耗 1 分子 ATP，提供 2 个高能磷酸键。精氨酸代琥珀酸再由裂解酶催化，裂解成为精氨酸和延胡索酸。

（4）尿素的生成。精氨酸在精氨酸酶的催化下，水解生成尿素和鸟氨酸。鸟氨酸通过线粒体内膜上的载体转运重返线粒体，参与下一次循环。

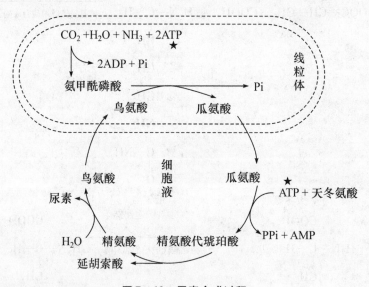

精氨酸   鸟氨酸   尿素

以上为尿素合成的全过程，鸟氨酸在此循环过程中起到转递体的作用，故称为鸟氨酸循环或尿素循环，如图 7-10 所示。

图 7-10 尿素合成过程

3. 尿素生成的生理意义

尿素生成的生理意义是解除氨毒。鸟氨酸循环每进行一次，要消耗 1 分子 CO_2、2 分子 NH_3 和 3 分子 ATP（4 个高能磷酸键），最终生成 1 分子尿素，故尿素合成也是一个耗能的过程。鸟氨酸循环的中间物浓度，如鸟氨酸、瓜氨酸和精氨酸的消耗，可以影响尿素的合成速度，因此，临床上常用输入精氨酸以促进尿素的合成，其目的是降低血液中氨的含量。

> **重点提示**
>
> 　　肝脏功能严重受损时，将影响尿素的合成，可致血氨增高，称为高血氨症。大量的氨进入脑组织，会与脑细胞中的 α-酮戊二酸结合生成谷氨酸，并进一步生成谷氨酰胺。结果消耗了大量的 α-酮戊二酸，使三羧酸循环速度降低，影响 ATP 的生成，使脑组织供能不足。此外，谷氨酸是神经递质。能量和神经递质严重缺乏时将影响脑功能甚至昏迷，临床称为氨中毒或肝昏迷。

五、氨基酸的脱羧基作用

　　氨基酸的脱羧基作用是氨基酸分解代谢的另一种方式。部分氨基酸经脱羧基作用生成相应的胺类。催化这些反应的酶是氨基酸脱羧酶，辅酶是磷酸吡哆醛。氨基酸脱羧基后生成的胺类物质虽然含量不高，但都具有重要的生理功能。

（一）γ-氨基丁酸

　　γ-氨基丁酸（γ-Aminobutyric Acid，GABA）是由谷氨酸脱羧基产生的。催化此反应的酶是谷氨酸脱羧酶，在脑组织中活性很高，产生的 γ-氨基丁酸最多。

> **提　示**
>
> 　　GABA 是一种重要的中枢神经系统抑制性神经递质。若生成不足，易导致中枢神经系统的过度兴奋。

$$\underset{\text{谷氨酸}}{\overset{\displaystyle \overset{\text{COOH}}{|}}{H_2N-CH-CH_2-CH_2-COOH}} \xrightarrow{\text{谷氨酸脱羧酶}} \underset{\gamma\text{-氨基丁酸}}{H_2N-CH_2-CH_2-CH_2-COOH} + CO_2$$

（二）组胺

　　组胺是由组氨酸脱羧基产生的。组胺主要分布在消化道、乳腺、肺、皮肤和呼吸道等组织的肥大细胞内。

> **提　示**
>
> 　　组胺是一种很强的血管舒张剂，能够增加毛细血管通透性，引起血压下降，甚至休克。

（三）5-羟色胺

　　5-羟色胺（5-Hydroxytryptamine，5-HT）是由色氨酸经羟化和脱羧基作用生成的。5-HT 在体内分布很广泛，在神经系统、胃肠道、血小板和乳腺等组织中均能生成。

> **提 示**
>
> 　　5-HT 在脑组织细胞中可作为抑制性神经递质，与调节睡眠、体温和镇痛等有关。在松果体内，5-HT 可经乙酰化、甲基化等反应转变为褪黑素，参与体内神经内分泌及免疫调节功能。在外周，5-HT 是一种强烈的血管收缩剂。

第四节　个别氨基酸的特殊代谢

　　个别氨基酸的特殊代谢产物对机体具有重要的生理功用。这里主要介绍一碳单位代谢、含硫氨基酸的代谢、芳香族氨基酸的代谢。

一、一碳单位代谢

> **重点提示**
>
> 　　某些氨基酸在分解代谢过程中，可以生成含有一个碳原子的基团，称为一碳单位。凡是属于这种含一个碳原子的基团转移和代谢的过程，统称为一碳单位代谢，其中包括甲基移换，但是不包括 CO_2 的代谢。

　　1. 一碳单位的来源

一碳单位主要来源于丝氨酸、甘氨酸、组氨酸、色氨酸和甲硫氨酸的代谢等。

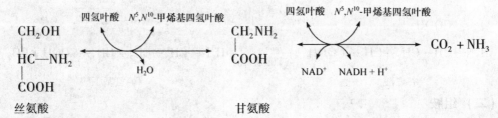

　　2. 一碳单位的种类

体内重要的一碳单位有：甲基（—CH_3）、甲烯基（—CH_2—）、甲炔基（—CH=）、甲酰基（—CHO）及亚氨甲基（—CH=NH）等，如图 7 – 11 所示。

　　3. 一碳单位的载体

一碳单位生成后不能游离存在，常以四氢叶酸（FH_4）为载体而转运，因此四氢叶酸是一碳单位代谢的辅酶。四氢叶酸由叶酸经两步还原而来。

一碳单位通常结合在 FH_4 分子的 N^5、N^{10} 位上，如 N^5-甲基四氢叶酸（N^5-CH_3—FH_4）、N^5,N^{10}-甲烯基四氢叶酸（N^5, N^{10}-CH_2—FH_4）。

　　4. 一碳单位的互变

四氢叶酸在不同的酶催化下，结合不同来源的一碳单位，形成几种不同形式的结构，它们

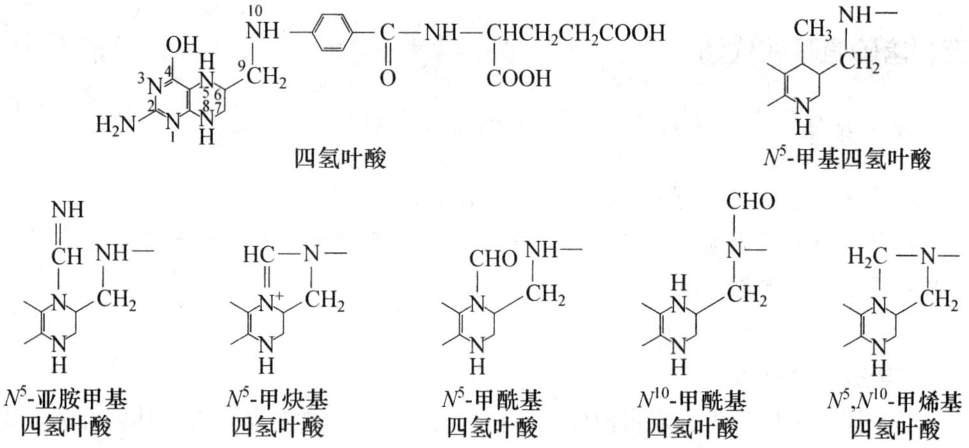

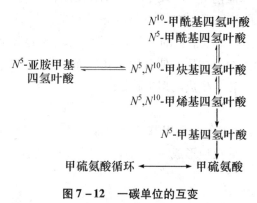

图 7－11 一碳单位的种类和载体

可以在酶的催化下相互转变，但生成 N^5-甲基四氢叶酸的反应是不可逆的，如图 7－12 所示。

```
                    N¹⁰-甲酰基四氢叶酸
                    N⁵-甲酰基四氢叶酸
                         ⇅
N⁵-亚胺甲基  ⇌  N⁵,N¹⁰-甲炔基四氢叶酸
四氢叶酸                   ⇅
                    N⁵,N¹⁰-甲烯基四氢叶酸
                         ↓
                    N⁵-甲基四氢叶酸
                         ↓
   甲硫氨酸循环 ←——————→ 甲硫氨酸
```

图 7－12 一碳单位的互变

5. 一碳单位的生理功能

（1）作为合成嘌呤及嘧啶的原料。N^{10}-CHO—FH_4 提供了嘌呤环合成时的 C-2、C-8，N^5,N^{10}-CH_2—FH_4 提供脱氧胸腺嘧啶核苷酸（Deoxythymidine Monophosphate，dTMP）合成时的甲基。

（2）体内很多具有重要的生理功能的化合物，合成过程也需要甲基化，可由 S-腺苷甲硫氨酸提供甲基。

┌─ **重点提示** ─────────────────────────────────

一碳单位将氨基酸与核酸代谢密切联系起来，所以，一碳单位代谢与细胞的增殖、组织生长和机体发育等功能有关。一碳单位代谢的障碍可造成某些病理情况，如发生巨幼红细胞贫血等。胆胺生成胆碱就是由 3 分子 S-腺苷甲硫氨酸提供的甲基。S-腺苷甲硫氨酸还参与肌酸、肾上腺素等合成。胆碱合成减少，会造成肝内磷脂合成减少，于是肝内脂质不能正常外运，久而久之便形成脂肪肝。

───

二、含硫氨基酸代谢

> **重点提示**
>
> 甲硫氨酸、半胱氨酸和胱氨酸是含硫氨基酸。在体内这三种氨基酸相互联系，甲硫氨酸可以转变为半胱氨酸，半胱氨酸能与胱氨酸相互转变，但后两者不能变为甲硫氨酸，甲硫氨酸是必需氨基酸。

（一）甲硫氨酸代谢

甲硫氨酸除了可以作为合成蛋白质的原料，还可提供活性甲基，参与体内许多重要甲基化合物的合成。

1. S-腺苷甲硫氨酸的生成

在甲硫氨酸腺苷转移酶催化下，甲硫氨酸与ATP反应，生成 S-腺苷甲硫氨酸（SAM）。

2. S-腺苷甲硫氨酸转甲基作用

S-腺苷甲硫氨酸的甲基是高度活化的，称为活性甲基。S-腺苷甲硫氨酸在甲基转移酶的作用下，可将甲基转移给另一个物质，使其甲基化，而活性甲硫氨酸即变为 S-腺苷同型半胱氨酸，后者进一步脱去腺苷，生成同型半胱氨酸。

3. 甲硫氨酸的再生

同型半胱氨酸在 N^5-甲基四氢叶酸甲基转移酶催化下，接受从 N^5-甲基四氢叶酸提供的甲基，重新生成甲硫氨酸，此反应形成一个循环，称为甲硫氨酸循环，如图 7-13 所示。

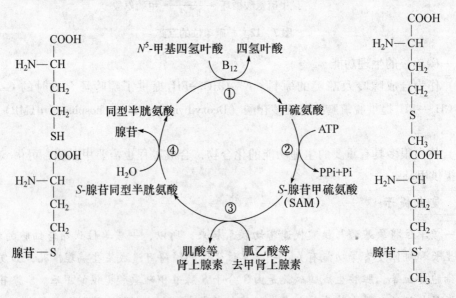

图 7-13　甲硫氨酸循环

> **提 示**
>
> 4. 甲硫氨酸循环的生理意义
>
> 通过甲硫氨酸循环可以提供活性甲基，用于合成许多重要的甲基化合物；N^5-甲基四氢叶酸通过甲硫氨酸循环转移出甲基，使四氢叶酸得到再生，参与其他一碳单位代谢。

> **难点提示**
>
> 已知维生素 B_{12} 是 N^5-甲基四氢叶酸甲基转移酶的辅酶。缺乏维生素 B_{12} 时，N^5-甲基四氢叶酸的甲基不能转移出去，必将影响甲硫氨酸的再生，又影响四氢叶酸的游离，进而影响一碳单位代谢，使核酸合成减少，细胞分裂速度下降。因此，维生素 B_{12} 不足也会出现类似于叶酸缺乏的症状——巨幼红细胞贫血症。另外，甲硫氨酸循环过程中产生的同型半胱氨酸可以与丝氨酸分子中的羟基脱水生成胱硫醚，后者经裂解在产生半胱氨酸和同型丝氨酸。同型丝氨酸再经转氨基生成 α-酮丁酸后，再转变成琥珀酰 CoA 进入糖代谢途径。同型半胱氨酸对血管内皮有损伤作用，可能是动脉粥样硬化发病的独立危险因子。

（二）半胱氨酸代谢

由于半胱氨酸分子中含有巯基（—SH），胱氨酸分子中含二硫键（—S—S—），二者可以互相转变。在酶分子中半胱氨酸的巯基是许多酶活性中心的必需基团，胱氨酸分子中含二硫键在维持蛋白质的空间结构具有非常重要的作用。半胱氨酸是体内硫酸根的重要来源。硫酸根可以由 H_2S 氧化产生。体内的硫酸根一部分以无机盐形式随尿排出，另一部分被 ATP 活化生成活性硫酸根，即 3'-磷酸腺苷-5'-磷酸硫酸（3'-Phospho-adenosine-5'-Phosphosulfate，PAPS）。PAPS 化学性质活泼，可使某些物质硫酸化，参与肝脏的生物转化作用，或参与糖胺聚糖（如肝素、硫酸软骨素等）的合成。

> **重点提示**
>
> 谷胱甘肽（GSH）是由谷氨酸、半胱氨酸和甘氨酸所组成的三肽。GSH 分子中的巯基具有还原性，是体内重要的还原剂，保护体内许多酶和蛋白质分子中的巯基免遭氧化而失活；GSH 的巯基还可与外源性的毒物结合，如药物或致癌剂等，进而阻断这些物质与体内生物大分子 DNA、RNA 或蛋白质结合，起到保护机体的作用。

三、芳香族氨基酸代谢

芳香族氨基酸包括苯丙氨酸、酪氨酸和色氨酸。这里只介绍苯丙氨酸、酪氨酸的代谢。

（一）苯丙氨酸代谢

正常情况下，苯丙氨酸经羟化作用生成酪氨酸。催化反应的酶是苯丙氨酸羟化酶，催化的反应是不可逆的，因而酪氨酸不能变成苯丙氨酸。

难点提示

当机体缺乏苯丙氨酸羟化酶时，苯丙氨酸不能羟化生成酪氨酸，只能通过转氨基反应生成苯丙酮酸。苯丙酮酸不能继续代谢，因而在血液中堆积，引起苯丙酮酸尿症。苯丙酮酸对中枢神经系统有毒性作用，会影响幼儿智力发育。

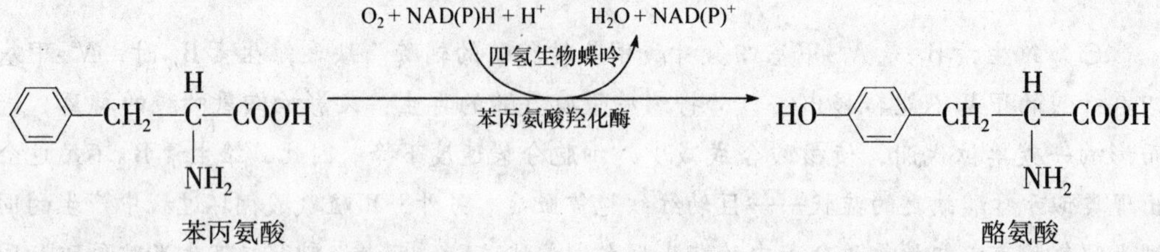

$$O_2 + NAD(P)H + H^+ \qquad H_2O + NAD(P)^+$$

四氢生物蝶呤

苯丙氨酸羟化酶

苯丙氨酸   酪氨酸

（二）酪氨酸代谢

酪氨酸在酪氨酸羟化酶作用下，羟化成3,4-二羟苯丙氨酸（多巴），多巴经多巴脱羧酶作用转变成多巴胺，多巴胺是脑组织中的一种神经递质。在肾上腺髓质中，多巴胺羟化后转变成去甲肾上腺素，后者经甲基转移酶作用生成肾上腺素。

重点提示

多巴胺、去甲肾上腺素和肾上腺素分子中均有邻苯二酚（儿茶酚）的结构，故统称为儿茶酚胺。它们都从酪氨酸转变而来。

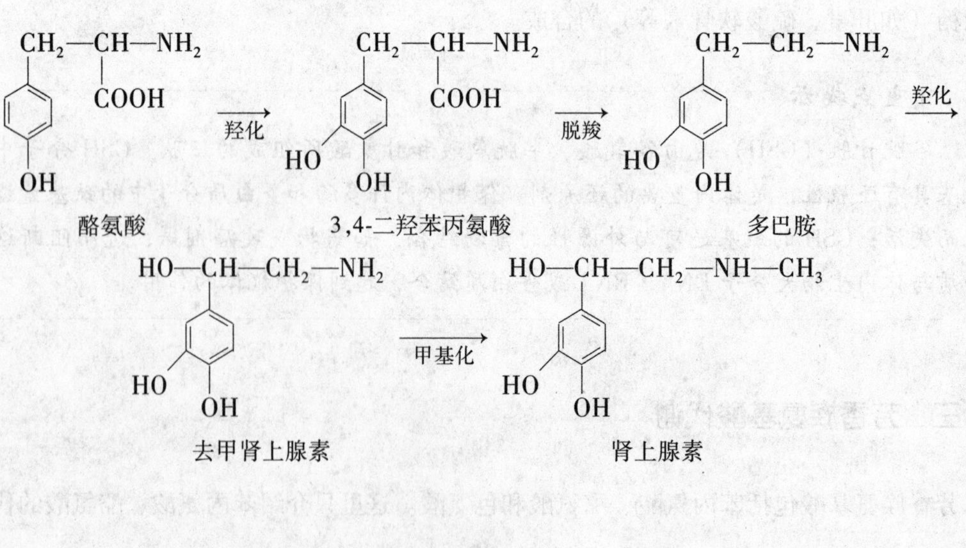

酪氨酸   羟化   3,4-二羟苯丙氨酸   脱羧   多巴胺   羟化

去甲肾上腺素   甲基化   肾上腺素

> **提 示**
>
> 在黑色素细胞中，酪氨酸经酪氨酸酶作用生成多巴，再经一系列反应转变成黑色素。
>
> 酪氨酸酶缺乏导致黑色素合成障碍，使皮肤、毛发呈白色，称为白化病。患者对阳光敏感，易患皮肤癌。
>
> 此外，酪氨酸可碘化生成三碘甲腺原氨酸（T_3）和甲状腺素（T_4），对代谢起着重要的调节作用。有些地区因饮食中缺碘，影响甲状腺素合成，可引起地方性甲状腺肿，故常在食盐中掺入碘化钾预防此病。
>
> 酪氨酸还可经脱羧作用生成酪胺，酪胺能使毛细血管收缩，有升高血压的作用。

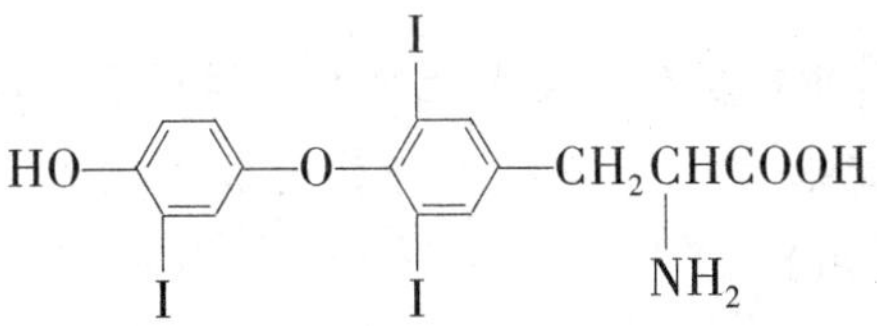

$$HO-\!\!\!\bigcirc\!\!\!-O-\!\!\!\bigcirc\!\!\!-CH_2CHCOOH$$
$$(I)\quad(I)\quad(I)\quad NH_2$$

三碘甲腺原氨酸 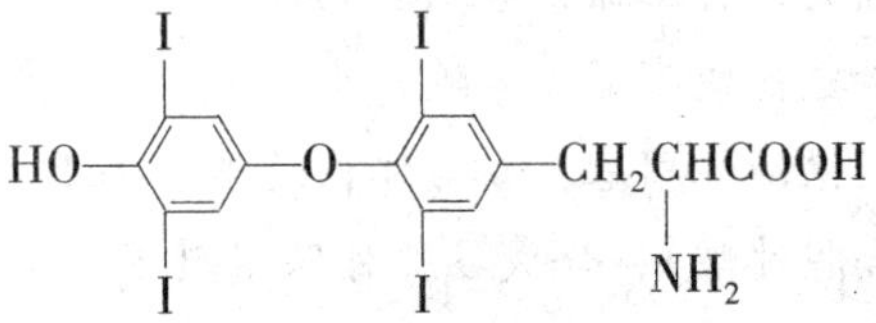　　　　　　　　　甲状腺素

以上可知，酪氨酸代谢途径较多，可以生成多种活性物质，同时也有多种先天代谢缺陷与酪氨酸代谢有关，如图 7-14 所示。

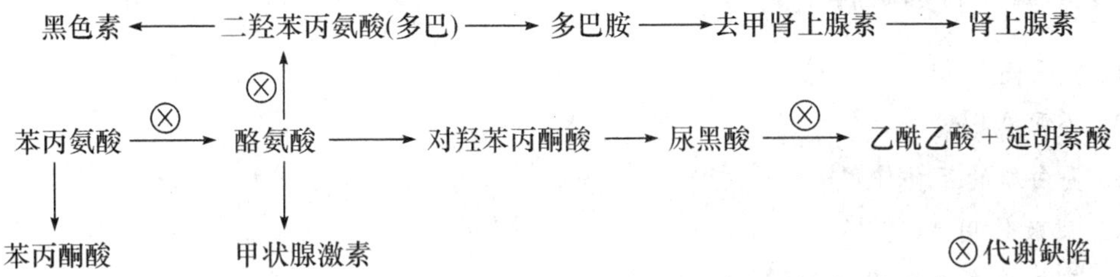

黑色素 ◄——— 二羟苯丙氨酸(多巴) ———► 多巴胺 ———► 去甲肾上腺素 ———► 肾上腺素

苯丙氨酸 —⊗—► 酪氨酸 ——— 对羟苯丙酮酸 ———► 尿黑酸 —⊗—► 乙酰乙酸 + 延胡索酸

苯丙酮酸　　　　甲状腺激素　　　　　　　　　　　　　　⊗ 代谢缺陷

图 7-14　苯丙氨酸及酪氨酸部分代谢途径

本章小结

体内氨基酸主要来自食物蛋白质的消化吸收。各种蛋白质因含氨基酸种类和数量不同，其营养价值也不相同。有些体内不能合成而必须由食物供给的氨基酸，称为必需氨基酸。食物蛋白质的消化主要在小肠内进行，由各种蛋白水解酶的协同作用完成。蛋白质的水解产物是氨基酸可被吸收入血液循环。未被消化的蛋白质和未被吸收的氨基酸在大肠下段可被肠道细菌作用产生腐败产物。多数腐败产物对人体有害，需进入肝脏转化为无毒物质排出体外。

氨基酸代谢库是由外源性和内源性氨基酸共同构成的。氨基酸在体内的一般代谢途径有脱氨基作用和脱羧基作用。很多氨基酸经过脱氨基作用生成 α-酮酸和氨。体内最主要的脱氨方式是联合脱氨基作用，由于这个反应是可逆的过程，因此也是体内合成非必需氨基酸的重要途径。

氨基酸代谢产生的 α-酮酸可彻底氧化供能，或异生成糖、脂、非必需氨基酸等。

氨基酸分解代谢产生的氨是有毒物质。它可以通过合成谷氨酰胺或转变为丙氨酸的吸收运输到肝脏、肾脏。氨在肝脏通过鸟氨酸循环合成尿素排出体外。少量在肾脏以铵盐形式随尿排出。

氨基酸经脱羧基作用产生的胺类化合物在体内也有重要生理功能。如来自谷氨酸的 γ-氨基丁酸（抑制性神经递质）、来自组氨酸的组胺（扩张血管、降低血压等）、来自色氨酸的 5-羟色胺（抑制中枢神经、收缩外周血管）等。

个别氨基酸的特殊代谢产物对机体也具有重要作用：

一碳单位是含有一个碳原子的基团，如—CH_3、—CH_2—等，主要来自丝氨酸、甘氨酸、组氨酸、色氨酸和甲硫氨酸。一碳单位不能游离存在，主要由四氢叶酸携带转运，用于合成嘌呤、嘧啶、肾上腺素等重要物质。

含硫氨基酸有甲硫氨酸、半胱氨酸和胱氨酸。甲硫氨酸的主要生理功能是通过甲硫氨酸循环，提供活性甲基，参与体内许多甲基化合物的合成。半胱氨酸可转变成牛磺酸（用于合成结合胆汁酸），合成谷胱甘肽（具有抗氧化作用）。

苯丙氨酸经羟化作用生成酪氨酸。酪氨酸进一步代谢可生成甲状腺素（加碘）、儿茶酚胺类（关键酶是酪氨酸羟化酶）及黑色素（关键酶是酪氨酸酶）等。

本章重点名词解释

1. 氮平衡
2. 必需氨基酸
3. 蛋白质的互补作用
4. 腐败作用
5. 联合脱氨基作用
6. 一碳单位
7. 儿茶酚胺

思考与练习

一、选择题

1. 氮正平衡常见于（　　　）。

    A. 长时间饥饿　　　　　　　　　　B. 大量失血

    C. 大面积烧伤　　　　　　　　　　D. 孕妇

2. （　　　）是必需氨基酸。

    A. 半胱氨酸　　　　　　　　　　　B. 色氨酸

    C．酪氨酸   D．鸟氨酸

3. 能直接进行氧化脱氨基作用的氨基酸是（　　　）。

    A．丙氨酸   B．谷氨酸

    C．丝氨酸   D．天冬氨酸

4. 高血氨症导致脑功能障碍的生化机制是氨增高会（　　　）。

    A．大量消耗脑中 α-酮戊二酸   B．升高脑中 pH

    C．升高脑中尿素浓度   D．抑制脑中酶活性

5. 能提供一碳单位的是（　　　）。

    A．苯丙氨酸   B．谷氨酸

    C．酪氨酸   D．丝氨酸

6. 人体内氨的主要代谢去路是（　　　）。

    A．合成非必需氨基酸   B．合成谷氨酰胺

    C．合成嘧啶碱   D．合成尿素

7. 氨中毒的根本原因是（　　　）。

    A．氨基酸分解代谢增强   B．肠道吸收氨过多

    C．肝损伤不能合成尿素   D．合成谷氨酰胺减少

8. 氨基酸最主要的脱氨基方式是（　　　）。

    A．还原脱氨基反应   B．联合脱氨基作用

    C．氧化脱氨基作用   D．直接脱氨基

9. 白化病患者先天性缺乏（　　　）。

    A．苯丙氨酸羟化酶   B．对羟苯丙氨酸氧化酶

    C．酪氨酸酶   D．酪氨酸转氨酶

10. 转氨酶的辅酶组分中含有（　　　）。

    A．泛酸   B．吡哆醛（吡哆胺）

    C．尼克酸   D．核黄素

11. AST 活性最高的组织是（　　　）。

    A．心肌   B．脑

    C．骨骼肌   D．肝

12. 可经脱氨基作用直接生成 α-酮戊二酸的氨基酸是（　　　）。

    A．谷氨酸   B．丝氨酸

    C．天冬氨酸   D．乳糜微粒

13. 下列物质是生酮氨基酸的有（　　　）。

    A．酪氨酸   B．苯丙氨酸

    C．异亮氨酸   D．赖氨酸

14. ALT 活性最高的组织是（　　　）。

    A．脑   B．骨骼肌

C. 肝　　　　　　　　　　　　　　D. 心肌

15. 体内氨的主要运输形式是（　　　）。
    A. 尿素　　　　　　　　　　　B. NH_4Cl
    C. 苯丙氨酸　　　　　　　　　D. 谷氨酰胺

16. 体内转运一碳单位的载体是（　　　）。
    A. 四氢叶酸　　　　　　　　　B. 维生素 B_2
    C. 硫胺素　　　　　　　　　　D. 二氢叶酸

17. 能降低血压的胺类物质是（　　　）。
    A. 组胺　　　　　　　　　　　B. 精胺
    C. 腐胺　　　　　　　　　　　D. 精脒

18. 下列不是一碳单位的有（　　　）。
    A. —CH$_3$　　　　　　　　　B. CO_2
    C. —CH$_2$—　　　　　　　　D. —CH=

19. 鸟氨酸循环中，合成尿素要消耗多少分子氨（　　　）。
    A. 1　　　　　　　　　　　　B. 2
    C. 3　　　　　　　　　　　　D. 4

20. 还原性谷胱甘肽（GSH）的功能是（　　　）。
    A. 保护红细胞膜蛋白及酶的巯基不被氧化
    B. 保护 NADPH、H^+ 不被氧化
    C. 参与能量代谢
    D. 参与 CO_2 的运输

21. 能转变成酪氨酸的是（　　　）。
    A. 丙氨酸　　　　　　　　　　B. 丝氨酸
    C. 苏氨酸　　　　　　　　　　D. 苯丙氨酸

22. 下列物质属于生糖兼生酮氨基酸的是（　　　）。
    A. 亮氨酸、异亮氨酸　　　　　B. 苯丙氨酸、色氨酸
    C. 亮氨酸、酪氨酸　　　　　　D. 酪氨酸、赖氨酸

23. 直接参与鸟氨酸循环的氨基酸有（　　　）。
    A. 鸟氨酸、赖氨酸　　　　　　B. 天冬氨酸、精氨酸
    C. 谷氨酸、鸟氨酸　　　　　　D. 精氨酸、N-乙酰谷氨酸

24. 关于转氨酶的叙述错误的是（　　　）。
    A. 体内转氨酶的种类很多
    B. 其辅酶是磷酸吡哆醛
    C. 体内重要的转氨酶是 ALT、AST
    D. 组织细胞中转氨酶的活性很低，血清中的活性很强

25. 尿素合成的主要器官是（　　　）。

A. 脑　　　　　　　　　　　B. 肝

C. 肾　　　　　　　　　　　D. 肠

26. 酪氨酸酶缺乏可导致（　　　）。

A. 白化病　　　　　　　　　B. 巨幼红细胞贫血

C. 苯丙酮酸尿症　　　　　　D. 尿黑酸尿症

27. 蛋白质互补作用的实质是（　　　）。

A. 提高蛋白质总量　　　　　B. 蛋白质中必需氨基酸的相互补充

C. 蛋白质中辅助因子的相互补充　　D. 蛋白质在体内供应能量增多

28. 鸟氨酸循环的细胞定位是（　　　）。

A. 内质网和细胞液　　　　　B. 微粒体和线粒体

C. 细胞液和微粒体　　　　　D. 线粒体和细胞液

29. 血氨升高的主要原因是（　　　）。

A. 蛋白质摄入过多　　　　　B. 肝功能障碍

C. 脑功能障碍　　　　　　　D. 肾功能障碍

30. 生成儿茶酚胺的是（　　　）。

A. 丙氨酸　　　　　　　　　B. 谷氨酸

C. 酪氨酸　　　　　　　　　D. 色氨酸

二、简答题

1. 如何判断蛋白质的营养价值？
2. 简述肝昏迷的假神经递质学说。
3. 简述鸟氨酸循环的全过程及生理意义。

第八章

CHAPTER

核苷酸代谢

🔍 学习目标

掌握:

1. 核苷酸的从头合成原料、基本途径

2. 脱氧核苷酸的生成

熟悉:

1. 核苷酸的抗代谢物

2. 尿酸的生成

了解:

核苷酸的补救合成

♟ 本章知识导图

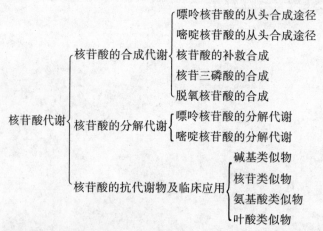

核苷酸代谢
- 核苷酸的合成代谢
  - 嘌呤核苷酸的从头合成途径
  - 嘧啶核苷酸的从头合成途径
  - 核苷酸的补救合成
  - 核苷三磷酸的合成
  - 脱氧核苷酸的合成
- 核苷酸的分解代谢
  - 嘌呤核苷酸的分解代谢
  - 嘧啶核苷酸的分解代谢
- 核苷酸的抗代谢物及临床应用
  - 碱基类似物
  - 核苷类似物
  - 氨基酸类似物
  - 叶酸类似物

　　体内的核苷酸可以来自食物核酸，但主要由机体细胞自身合成。食物中的核酸是以核蛋白形式存在的，核蛋白在胃中受胃酸的作用，分解成核酸和蛋白质。核酸的消化和吸收主要在小肠中进行，如图 8-1 所示，其消化过程是由胰腺分泌的多种水解酶催化完成的。

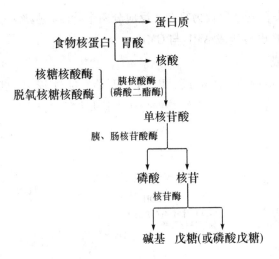

图 8 - 1　核酸的消化

第一节　核苷酸的合成代谢

> **重点提示**
>
> 　　核苷酸在体内有两条合成途径：一条是从头合成途径，即机体利用磷酸核糖、氨基酸、一碳单位与 CO_2 经连续酶促反应合成核苷酸；另一条是直接利用体内的碱基，经简单反应合成核苷酸，称补救合成途径。肝组织以从头合成途径为主，脑、骨髓则仅依靠补救合成。

一、嘌呤核苷酸的从头合成途径

> **提示**
>
> 　　嘌呤核苷酸的从头合成过程有两个主要特点：
>
> 　　（1）嘌呤碱基的 9 个成环原子分别来自谷氨酰胺、天冬氨酸、甘氨酸、一碳单位和 CO_2，如图 8 - 2 所示。
>
> 　　（2）以磷酸核糖焦磷酸（Phosphoribosylpyrophosphate，PRPP）为基础，将以上各原料（谷氨酰胺、天冬氨酸、甘氨酸、一碳单位和 CO_2）在一系列酶促反应下逐步结合，连续反应合成。

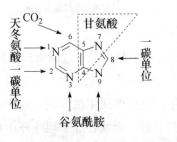

图 8 - 2　嘌呤碱基成环的原子来源

嘌呤核苷酸的从头合成过程较为复杂，反应分两个阶段在胞液中进行：首先合成次黄嘌呤核苷酸（IMP），IMP再转变成AMP与GMP。

（一）IMP的生成

从5-磷酸核糖（Ribose-5-phosphate，R-5-P）开始，经过12步反应生成IMP，如图8-3所示。在此过程中，碱基的成环在磷酸核糖分子上逐步缩合成IMP。

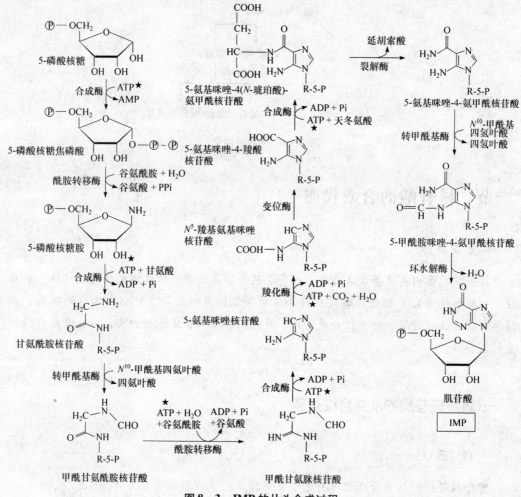

图8-3 IMP的从头合成过程

5-磷酸核糖经过磷酸核糖焦磷酸合成酶活化生成5-磷酸核糖焦磷酸，由谷氨酰胺提供酰胺基形成5-磷酸核糖胺，然后5-磷酸核糖胺与甘氨酸缩合并接受N^{10}-甲酰基四氢叶酸提供的甲酰基转变成甲酰甘氨酰胺核苷酸，再次接受谷氨酰胺的酰胺氮并脱水环化形成5-氨基咪唑核苷酸，至此合成了嘌呤环中的咪唑部分。5-氨基咪唑核苷酸被CO_2羧化后与天冬氨酸缩合，然后进一步由N^{10}-甲酰基四氢叶酸提供甲酰基生成5-甲酰胺咪唑-4-氨甲酰核苷酸，再脱水环化生成第一个阶段产物IMP。

（二）AMP 和 GMP 的生成

重点提示

IMP 是嘌呤核苷酸合成的重要中间产物，是 AMP 和 GMP 的前体。

提 示

IMP 由天冬氨酸提供氨基取代 IMP 上的酮基后进一步转变成 AMP；如果 IMP 氧化成黄嘌呤核苷酸（Xanthosine Monophosphate，XMP，简称黄苷酸），再由谷氨酰胺提供氨基，使嘌呤环 C-2 氨基化，则生成 GMP，如图 8-4 所示。

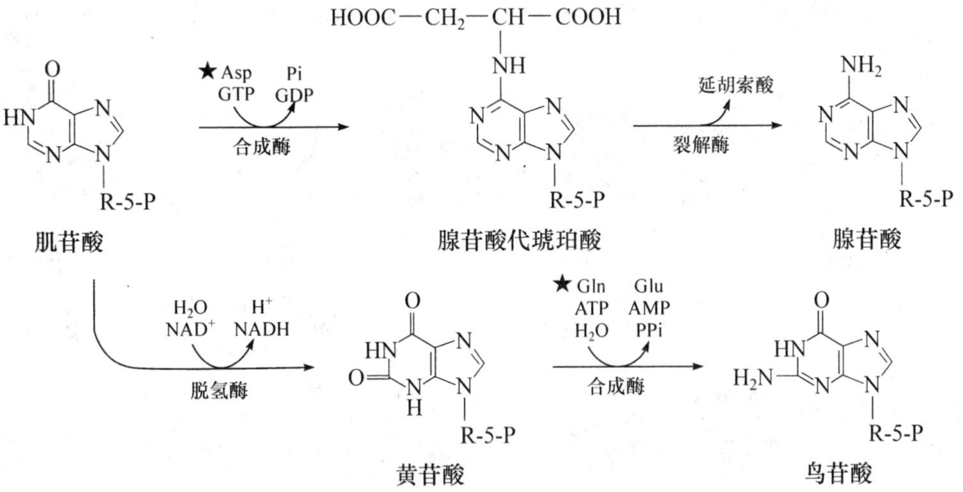

图 8-4 AMP 和 GMP 的合成

总之，嘌呤核苷酸是在磷酸核糖分子上逐步合成的。IMP 的合成需 6 个 ATP、7 个高能磷酸键，AMP 的合成又需 1 个 GTP，GMP 的合成又需 1 个 ATP。

二、嘧啶核苷酸的从头合成途径

重点提示

同位素示踪实验证明，嘧啶环的成环原料来自谷氨酰胺、天冬氨酸与 CO_2，如图 8-5 所示。

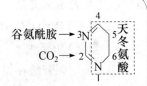

图 8-5 嘧啶环的原子来源

嘧啶核苷酸的合成过程也可分为两个阶段：① UMP 的合成；② CTP 和 dTMP 的合成。

（一）UMP 的合成

提 示

与嘌呤核苷酸的从头合成途径不同，嘧啶核苷酸的合成是先合成嘧啶环，即在胞液中利用谷氨酰胺为氮源，在氨甲酰磷酸合成酶Ⅱ的催化下先合成氨甲酰磷酸，后者经多步反应生成乳清酸，然后与磷酸核糖焦磷酸缩合脱羧生成 UMP，如图 8-6 所示。

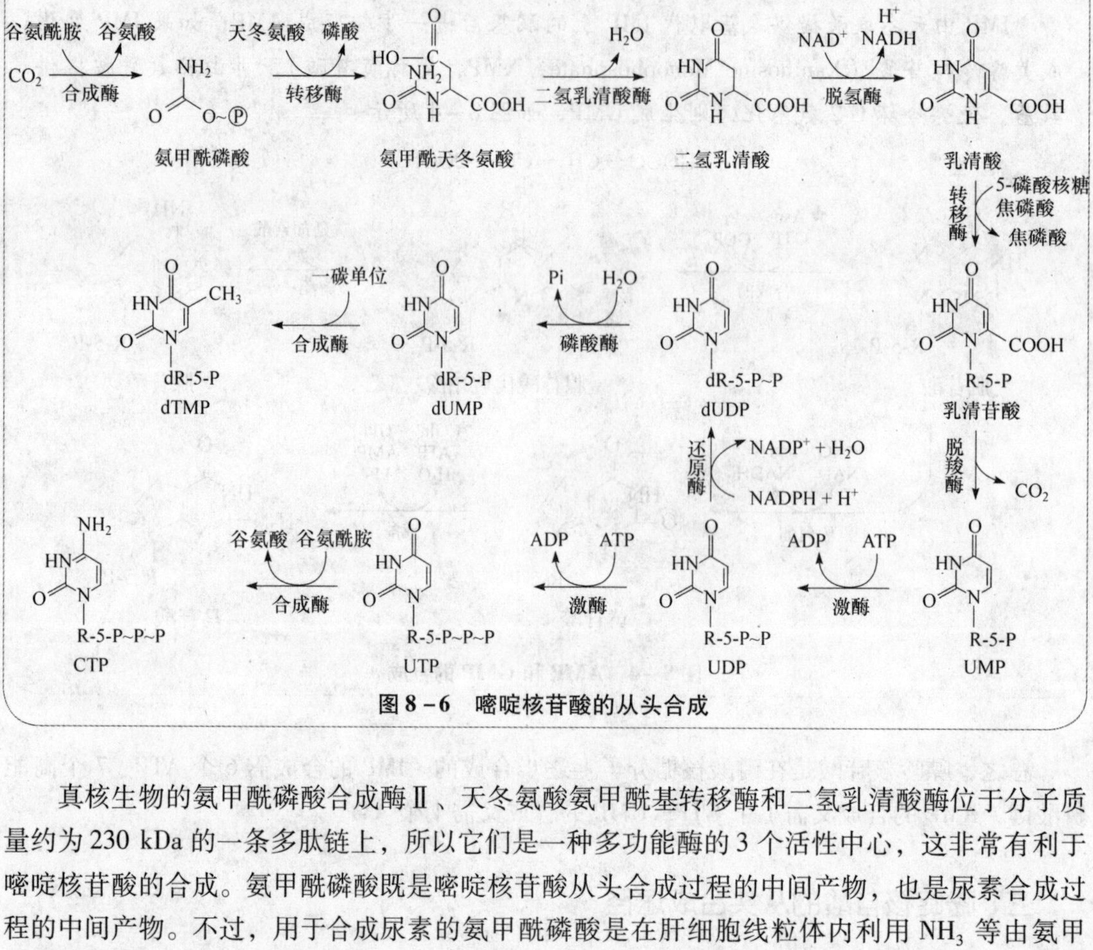

图 8-6　嘧啶核苷酸的从头合成

真核生物的氨甲酰磷酸合成酶Ⅱ、天冬氨酸氨甲酰基转移酶和二氢乳清酸酶位于分子质量约为 230 kDa 的一条多肽链上，所以它们是一种多功能酶的 3 个活性中心，这非常有利于嘧啶核苷酸的合成。氨甲酰磷酸既是嘧啶核苷酸从头合成过程的中间产物，也是尿素合成过程的中间产物。不过，用于合成尿素的氨甲酰磷酸是在肝细胞线粒体内利用 NH_3 等由氨甲酰磷酸合成酶Ⅰ催化合成的；而用于合成嘧啶的氨甲酰磷酸则是在细胞液中利用谷氨酰胺由氨甲酰磷酸合成酶Ⅱ催化合成的，而且氨甲酰磷酸合成酶Ⅱ受 UMP 反馈抑制。

（二）CTP 和 dTMP 的合成

1. 胞苷酸的合成

CTP 是用尿苷酸在核苷三磷酸水平上反应生成的，在 CTP 合成酶的作用下，由谷氨酰胺提供氨基，可使 UTP 转化成 CTP。

$$UTP + Gln + ATP + H_2O \longrightarrow CTP + Glu + ADP + Pi$$

2. 胸苷酸的合成

胸苷酸是在脱氧核苷一磷酸水平上从尿苷酸转化的。dUMP 在 TMP 合成酶的作用下经甲基化即可生成 dTMP，N^5,N^{10}-甲烯基四氢叶酸作为甲基的供体。

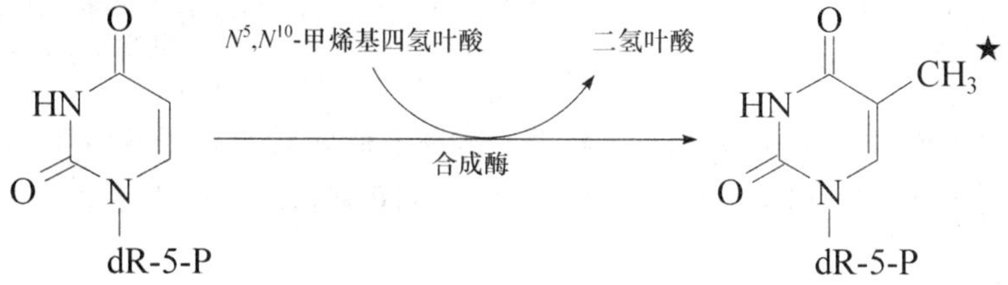

三、核苷酸的补救合成

提　示

体内有些组织直接利用现成的碱基补救合成核苷酸，该过程比从头合成简单得多。

补救合成反应如下：

$$腺嘌呤 + 磷酸核糖焦磷酸 \xrightarrow{腺嘌呤磷酸核糖转移酶} 腺苷酸 + 焦磷酸$$

$$鸟嘌呤 + 磷酸核糖焦磷酸 \xrightarrow{次黄嘌呤/鸟嘌呤磷酸核糖转移酶} 鸟苷酸 + 焦磷酸$$

$$次黄嘌呤 + 磷酸核糖焦磷酸 \xrightarrow{次黄嘌呤/鸟嘌呤磷酸核糖转移酶} 次黄嘌呤核苷酸 + 焦磷酸$$

$$嘧啶 + 磷酸核糖焦磷酸 \xrightarrow{嘧啶磷酸核糖转移酶} 嘧啶核苷酸 + 焦磷酸$$

嘧啶核苷还可由嘧啶核苷激酶催化生成相应的嘧啶核苷酸。

$$嘧啶核苷 + ATP \xrightarrow{嘧啶核苷激酶} 嘧啶核苷酸 + ADP$$

难点提示

脑、骨髓等组织由于缺乏从头合成嘌呤核苷酸的酶系，它们只能进行补救合成；而对于这些组织来说，可以通过肝脏来提供嘌呤碱以节约合成代谢所需的能量与氨基酸原料等。

脱氧胸苷可通过胸苷激酶催化生成 dTMP。胸苷激酶在正常肝中活性很低，在恶性肿瘤中明显升高，并与恶化程度相关。

四、核苷三磷酸的合成

> **重点提示**
>
> 核苷三磷酸是 RNA 的合成原料。核苷一磷酸在激酶的作用下从 ATP 获得高能磷酸基团，转变成相应的核苷二磷酸、核苷三磷酸。ATP 则通过底物水平磷酸化或氧化磷酸化反应产生。
>
> NMP $\xrightarrow[\text{激酶}]{\text{ATP} \quad \text{ADP}}$ NDP $\xrightarrow[\text{激酶}]{\text{ATP} \quad \text{ADP}}$ NTP   AMP $\xrightarrow[\text{激酶}]{\text{ATP} \quad \text{ADP}}$ ADP $\xrightarrow[\text{或氧化磷酸化}]{\text{底物水平磷酸化}}$ ATP

五、脱氧核苷酸的合成

> **重点提示**
>
> 脱氧核苷酸是核苷酸的还原产物，还原在核苷二磷酸水平进行。

核糖核苷酸还原酶为一种变构酶。某一种 NDP 转化成 dNDP 时，受到不同的核苷三磷酸的变构激活与变构抑制，以保持 DNA 所需的 4 种脱氧核苷酸的适当比例。

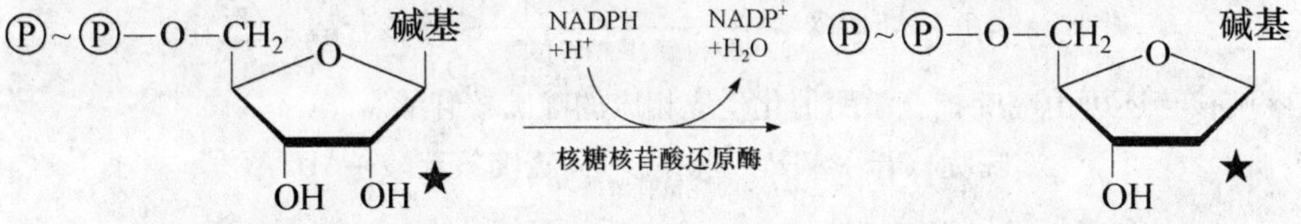

> **重点提示**
>
> 脱氧核苷三磷酸是 DNA 的合成原料。dNDP 经过激酶的作用再磷酸化成脱氧核苷三磷酸（dNTP），用于合成 DNA。
>
> $$dNDP + ATP \xrightarrow{\text{激酶}} dNTP + ADP$$

核苷酸的合成与转化关系如图 8-7 所示。

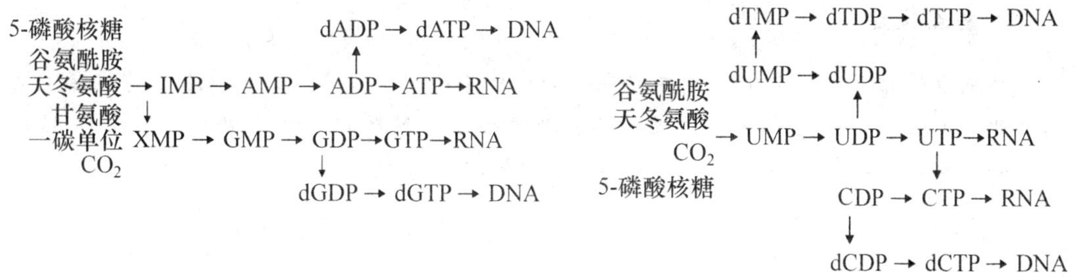

5-磷酸核糖
谷氨酰胺
天冬氨酸 → IMP → AMP → ADP→ATP→RNA
甘氨酸
一碳单位 XMP → GMP → GDP→GTP→RNA
CO_2

dADP → dATP → DNA

dGDP → dGTP → DNA

dTMP → dTDP → dTTP → DNA
dUMP → dUDP

谷氨酰胺
天冬氨酸 → UMP → UDP → UTP→RNA
CO_2
5-磷酸核糖
CDP → CTP → RNA
dCDP → dCTP → DNA

图 8 - 7　核苷酸的合成与转化关系

第二节　核苷酸的分解代谢

核苷酸的分解代谢类似于消化道中核苷酸的消化过程。细胞中的核苷酸在核苷酸酶的催化下水解成核苷。核苷由核苷磷酸化酶催化磷酸解生成碱基和磷酸核糖，碱基可以进一步代谢。

一、嘌呤核苷酸的分解代谢

在人体内，嘌呤碱基代谢生成尿酸（Uric Acid，UA），如图 8 -8 所示。

（1）AMP 分解生成次黄嘌呤，次黄嘌呤由黄嘌呤氧化酶催化氧化生成黄嘌呤。

（2）GMP 分解生成鸟嘌呤，鸟嘌呤脱氨基生成黄嘌呤。

（3）黄嘌呤由黄嘌呤氧化酶催化氧化生成尿酸，随尿排出体外。

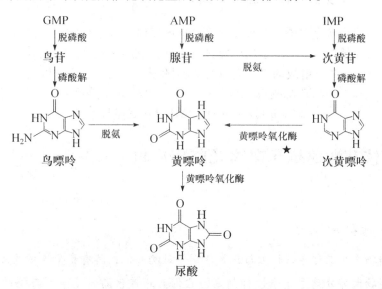

图 8 - 8　嘌呤核苷酸的分解代谢

> **重点提示**
>
> 体内嘌呤核苷酸的分解代谢主要在肝与小肠中进行，黄嘌呤氧化酶在这些脏器中活性较强。AMP 生成次黄嘌呤，次黄嘌呤在黄嘌呤氧化酶作用下生成黄嘌呤；GMP 转变成鸟嘌呤后进一步生成黄嘌呤，黄嘌呤在黄嘌呤氧化酶的作用下最终生成尿酸。

> **难点提示**
>
> 正常人血浆中尿酸含量为 $0.12 \sim 0.36$ mmol/L。当核酸大量摄入和大量分解（如白血病、恶性肿瘤等），或排泄障碍（如肾脏疾病），血中尿酸含量过高（超过 0.48 mmol/L）时，尿酸盐晶体即可沉积于关节、软骨组织而导致痛风症。例如，沉积于肾脏则可导致肾结石。临床上常用与次黄嘌呤结构相似的别嘌呤醇竞争性抑制黄嘌呤氧化酶，从而使尿酸合成减少。

痛风患者应注意改善饮食结构，对于嘌呤含量较多的肉类、海鲜类、动物内脏等尽量少吃，进食过多会加重病情。

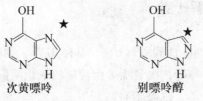

次黄嘌呤　　　　　　　别嘌呤醇

二、嘧啶核苷酸的分解代谢

嘧啶核苷酸经降解除去磷酸及核糖，产生的嘧啶碱再进一步分解。胞嘧啶脱氨转变成尿嘧啶后，还原开环最终生成 NH_3、CO_2 及 β-丙氨酸，胸腺嘧啶则降解成 β-氨基异丁酸、NH_3 和 CO_2。由嘧啶核苷酸分解成的 β-氨基酸可直接随尿排出或进一步分解。

$$胞嘧啶/尿嘧啶 \longrightarrow CO_2 + NH_3 + \beta\text{-丙氨酸}$$
$$胸腺嘧啶 \longrightarrow CO_2 + NH_3 + \beta\text{-氨基异丁酸}$$

第三节　核苷酸的抗代谢物及临床应用

> **重点提示**
>
> 抗代谢物是指在化学结构上与正常代谢物结构相似，具有竞争性拮抗正常代谢的物质。抗代谢物大部分属于竞争性抑制剂，它们与正常代谢物竞争，与酶的活性中心结合，使酶失去活性而导致正常代谢不能进行，从而阻断核酸和蛋白质的生物合成。

还有一些抗代谢物可作为假底物，整合到病原体生物大分子中，破坏其功能而影响病原体的生长与繁殖，如图 8-9 所示。

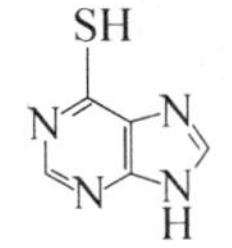

6-巯基嘌呤 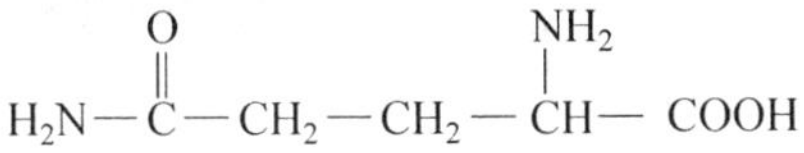   谷氨酰胺 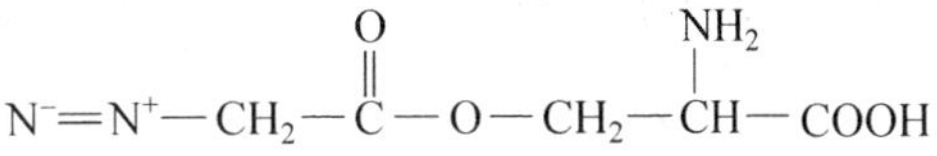   氮杂丝氨酸(重氮乙酰丝氨酸)

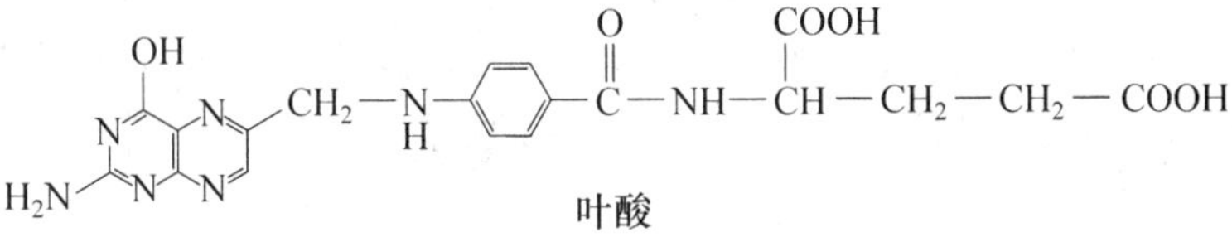

叶酸

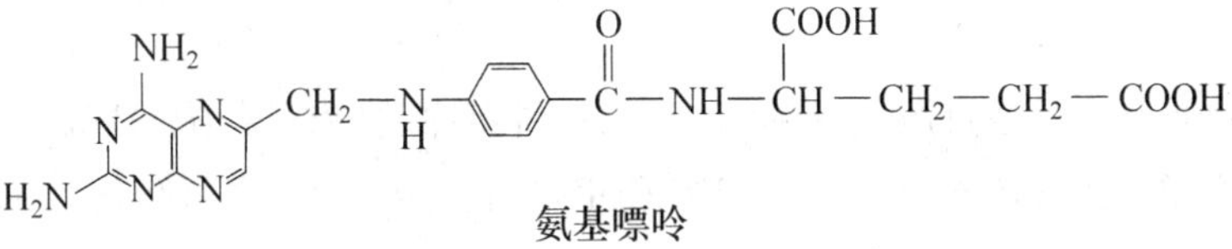

氨基嘌呤

图 8-9 核苷酸抗代谢物

一、碱基类似物

碱基类似物包括嘌呤碱基类似物和嘧啶碱基类似物。

（一）嘌呤碱基类似物

> **难点提示**
>
> 嘌呤碱基类似物有 6-巯基嘌呤（6-mercaptopurine，6-MP）、6-硫代鸟嘌呤（6-thio-guanine，6-TG）、8-氮杂鸟嘌呤（8-azaguanine，8-AG）等，其中以 6-MP 在临床上应用较多，用于治疗急性白血病和绒毛膜上皮癌等。

6-MP 的结构与次黄嘌呤相似，其分子中由巯基取代了次黄嘌呤的羟基。6-MP 的作用机制之一在于经磷酸核糖化后在体内生成 6-巯基嘌呤核苷酸，通过抑制 IMP 转变为 AMP 及 GMP，使 AMP 及 GMP 的生成受阻。6-MP 还能直接通过竞争性抑制影响次黄嘌呤—鸟嘌呤磷酸核糖转移酶，阻止嘌呤核苷酸的补救合成途径。

（二）嘧啶碱基类似物

> **难点提示**
>
> 　　嘧啶碱基类似物主要有 5-氟尿嘧啶（5-fluorouracil, 5-FU），在临床上用于治疗直肠癌、结肠癌、胃癌等。

　　5-FU 本身并无活性，在体内转变成 5-氟尿嘧啶衍生物脱氧核糖氟尿嘧啶核苷一磷酸（FdUMP）及氟尿嘧啶核苷三磷酸（FUTP）后，阻断 dTMP 的合成，从而影响 DNA 的生物合成，或以假底物形式参入 RNA 分子中影响 RNA 的功能。

二、核苷类似物

　　这类核苷酸类似物是通过改变戊糖结构而抑制核苷酸合成过程中的酶促反应。例如，阿糖胞苷能抑制核苷二磷酸还原酶，从而抑制 CDP 还原成 dCDP，也可转化为胞苷三磷酸后影响 DNA 聚合酶活性，以抑制肿瘤细胞 DNA 的生物合成。

三、氨基酸类似物

　　氨基酸类似物有氮杂丝氨酸及 6-重氮-5-氧正亮氨酸等。它们的化学结构与谷氨酰胺类似，在嘌呤核苷酸合成中抑制谷氨酰胺参与的酶促反应，从而抑制嘌呤核苷酸的合成。

四、叶酸类似物

　　氨基蝶呤及氨甲蝶呤都是叶酸类似物，能竞争性地抑制二氢叶酸还原酶，抑制四氢叶酸的生成，从而在嘌呤核苷酸合成中使嘌呤环中 C-8 与 C-2 的一碳单位运输受阻，在嘧啶核苷酸合成中 dUMP 合成 dTMP 的过程亦受阻。氨甲蝶呤在临床上用于白血病等癌瘤的治疗。

本章小结

　　体内核苷酸有两条合成途径：从头合成途径和补救合成途径。

　　从头合成途径主要在肝脏、小肠和胸腺中进行。合成原料有 PRPP、谷氨酰胺、天冬氨酸、二氧化碳、一碳单位等。

　　补救合成途径主要在脑细胞、骨髓、淋巴细胞和红细胞中进行。利用碱基或核苷通过简单反应合成核苷酸。

　　嘌呤碱基分解的终产物是尿酸。尿酸在体内积累会导致痛风或肾结石。临床治疗痛风使用的别嘌呤醇可抑制黄嘌呤氧化酶的活性，减少尿酸的生成。

嘧啶碱基在人体内分解的最终产物是 NH_3、CO_2 和 β-氨基酸。

嘌呤核苷酸类似物是 6-MP，嘧啶核苷酸类似物是 5-FU，叶酸核苷酸类似物是氨甲蝶呤和氨基蝶呤，氨基酸核苷酸类似物是氮杂丝氨酸等。它们通过竞争性抑制或以假乱真等方式干扰或阻断核苷酸的合成，进而抑制核酸、蛋白质合成和细胞增殖，因此常被用作抗肿瘤药物。

本章重点名词解释

1. 从头合成
2. 补救合成
3. 抗代谢物

思考与练习

一、选择题

1. 嘌呤核苷酸从头合成途径先合成（　　）。
   A. IMP
   B. AMP
   C. GMP
   D. UMP

2. 合成核苷酸所需的 5-磷酸核糖来自（　　）。
   A. 补救途径
   B. 糖酵解途径
   C. 从头合成途径
   D. 磷酸戊糖途径

3. 在人体内，嘌呤核苷酸的分解代谢终产物是（　　）。
   A. 氨
   B. 尿素
   C. 尿酸
   D. β-丙氨酸

4. 催化生成尿酸的酶是（　　）。
   A. 核苷酸酶
   B. 尿酸氧化酶
   C. 腺苷脱氨酶
   D. 黄嘌呤氧化酶

5. 嘌呤环中的氮原子来自（　　）。
   A. 丙氨酸
   B. 乙酰天冬氨酸
   C. 谷氨酰胺
   D. 谷氨酸

6. 5-氟尿嘧啶（5-FU）治疗肿瘤的原理是（　　）。
   A. 本身直接杀伤作用
   B. 抑制胞嘧啶合成
   C. 抑制尿嘧啶合成
   D. 抑制胸苷酸合成

7. 进行嘌呤核苷酸从头合成的主要器官是（　　　）。

    A. 肝脏　　　　　　　　　　　　　B. 脑

    C. 肾脏　　　　　　　　　　　　　D. 小肠

8. 只能进行核苷酸补救合成的是（　　　　）。

    A. 肝脏　　　　　　　　　　　　　B. 脑

    C. 肾脏　　　　　　　　　　　　　D. 小肠

9. 别嘌呤醇可抑制（　　）。

    A. 核苷酸酶　　　　　　　　　　　B. 黄嘌呤氧化酶

    C. 鸟氨酸酶　　　　　　　　　　　D. 尿酸氧化酶

10. 嘧啶核苷酸从头合成途径先合成（　　）。

    A. IMP　　　　　　　　　　　　　B. AMP

    C. GMP　　　　　　　　　　　　　D. UMP

11. 痛风患者血液中会显著增加的是（　　）。

    A. 肌酸　　　　　　　　　　　　　B. 尿酸

    C. 尿素　　　　　　　　　　　　　D. 肌酐

12. 嘌呤环中 C_4 和 C_5 来源于（　　）。

    A. 丙氨酸　　　　　　　　　　　　B. 天冬氨酸

    C. 甘氨酸　　　　　　　　　　　　D. 谷氨酸

二、简答题

1. 临床常使用的抗代谢物有哪些？

2. 简述 6-MP、5-FU 药物作用的生物化学机制。

DNA 的生物合成

学习目标

掌握：

1. 遗传信息传递的中心法则及其补充
2. DNA 复制的方式——半保留复制
3. 复制的原料、模板，参与复制的酶类和因子

熟悉：

1. DNA 复制的基本过程
2. 反转录的概念及生物学意义

了解

DNA 的损伤与修复的概念

本章知识导图

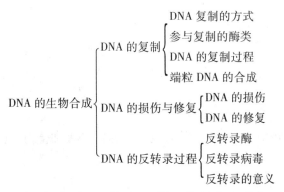

不同的生物有不同的遗传特征。尽管奥地利生物学家孟德尔（Mendel）和美国生物学家摩尔根（Morgan）发现了遗传规律，但那时并不知道控制遗传性状的物质是什么。直到 1944 年，美国的艾弗里（O. T. Avery）才通过实验证实，DNA 是控制遗传性状的物质。

第一节　DNA 的复制

重点提示

DNA 是生物遗传的物质基础。基因是遗传物质的功能单位，是编码一定功能产物（蛋白质和 RNA）的 DNA 序列（或片段）。一个细胞或病毒所含的一套遗传物质称为基因组。1953 年美国科学家沃森（J. D. Watson）教授和英国科学家克里克（F. C. Crick）教授提出了中心法则，即 DNA 储存的遗传信息可以通过复制传递给子代 DNA，通过转录传递给 RNA，RNA 再通过翻译将遗传密码转变为蛋白质的氨基酸序列。

因此，遗传信息的流向是 DNA→RNA→蛋白质。中心法则阐明了大多数生物遗传信息储存和表达的规律。

提示

1970 年，美国科学家杜尔贝科·特明（Temin）和美国科学家巴尔的摩因（Baltimore）分别从致癌 RNA 病毒中发现反转录酶，而且发现 RNA 病毒的 RNA 可以作为模板指导 DNA 合成，即其遗传信息的传递方向和上述 RNA 转录合成过程相反，称为反转录。

此后，又发现某些病毒的 RNA 可以复制，这样就使中心法则得到了补充，如图 9－1 所示。

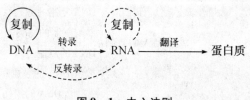

图9－1　中心法则

本章介绍中心法则中关于 DNA 生物合成的内容，RNA 和蛋白质的生物合成将在后续章节介绍。

提示

生物体内 DNA 的合成主要有复制和反转录两种方式。复制是以亲代 DNA 为模板合成子代 DNA 的过程。因此，DNA 的复制实际上是基因组的复制。

一、DNA 复制的方式

（一）半保留复制

重点提示

　　DNA 复制时，亲代 DNA 双链解开，两股链分别作为模板，按照碱基互补配对原则指导合成新的互补链，最终形成与亲代 DNA 完全相同的两个子代 DNA 分子，每个子代 DNA 分子都含有一股亲代 DNA 链和一股新生 DNA 链，这种复制方式称为半保留复制。

　　半保留复制的意义是 DNA 中储存的遗传信息能准确传递给子代。由于 DNA 分子中两股链有碱基互补关系，所以一股链可以确定其对应链的碱基序列。按半保留复制的方式，子代保留了亲代 DNA 的全部信息，体现了遗传的保守性，是物种稳定的分子基础。

（二）从复制起点双向复制

　　DNA 的解链和复制是从具有特定序列的位点开始的，该位点称为复制起点。原核生物 DNA 只有 1 个复制起点。真核生物的 DNA 有多个复制起点。DNA 复制时，在复制起点先解开双链，然后边解链边复制，所以在解链点形成分叉结构，这种结构称为复制叉，如图 9 - 2 所示。

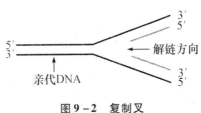

图 9 - 2　复制叉

　　复制叉有几种形成方式：① 从线状 DNA 两端开始相向解链，形成两个复制叉，如图 9 - 3（a）所示。② 从 1 个复制起点开始单向解链，形成 1 个复制叉，如图 9 - 3（b）所示。③ 从 1 个复制起点开始双向解链，形成两个复制叉，如图 9 - 3（c）所示，这种方式称为双向复制，绝大多数生物的 DNA 复制都是双向的，如大肠埃希菌。真核生物 DNA 有多个复制起点进行双向解链。

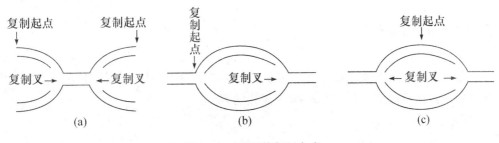

图 9 - 3　DNA 的复制方式

（三）半不连续复制

重点提示

DNA 的两股链是反向互补的，而 DNA 新生链的合成是单向的，只能以 $5' \rightarrow 3'$ 方向合成。因此，在同一个复制叉的两股新生链中，有一股新生链的合成方向与模板的解链方向相同，解链与合成可以同时进行，合成是连续的，这股新生链称为前导链；另一股新生链的合成方向与模板的解链方向相反，只能先解开一段模板，再合成一段新生链，合成是不连续的，这股新生链称为后随链。后随链的合成比前导链的合成要迟一些。1968 年，日本科学家冈崎（Okazaki）发现分段合成的后随链片段称为冈崎片段，如图 9-4 所示。

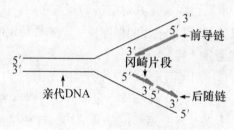

图 9-4　半不连续复制

在 DNA 双向复制过程中，一股新生链在复制起点两侧的合成连续性是不同的，如果在复制起点一侧是作为前导链连续合成的，则在另一侧是作为后随链不连续合成的。因此，整个 DNA 分子的复制是全不连续的，如图 9-5 所示。

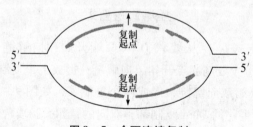

图 9-5　全不连续复制

二、参与复制的酶类

DNA 复制是一个非常复杂的过程，需要多种酶和蛋白质参与，包括 DNA 聚合酶、解旋酶、解链酶、拓扑异构酶、引物酶和 DNA 连接酶等。

（一）DNA 聚合酶

重点提示

DNA 聚合酶Ⅰ是一种多功能酶，有 3 种催化活性：5′→3′聚合酶活性、3′→5′外切酶活性和 5′→3′外切酶活性。不过并不是所有的 DNA 聚合酶都有这 3 种活性。大肠埃希菌有 3 种 DNA 聚合酶即 DNA 聚合酶Ⅰ、DNA 聚合酶Ⅱ和 DNA 聚合酶Ⅲ，已经得到阐明，其主要性质和功能如表 9 - 1 所示。

表 9 - 1　大肠埃希菌 DNA 聚合酶

DNA 聚合酶	Ⅰ	Ⅱ	Ⅲ
5′→3′聚合酶活性	+	+	+
3′→5′外切酶活性	+	+	+
5′→3′外切酶活性	+	-	-
5′→3′聚合速度/（nt/s）	16 ~ 20	40	250 ~ 1 000
亚基数	1	≥7	≥10
功能	去除引物，填补空隙，修复 DNA	修复 DNA	复制合成 DNA

注：nt 是单链核酸长度单位，1nt = 1 核苷酸。

1. 5′→3′聚合酶活性与聚合反应

DNA 聚合酶的作用是催化 dNTP 按 5′→3′方向合成 DNA，反应只消耗 dNTP，但还有两种成分必不可少，如图 9 - 6 所示。一是模板。DNA 聚合酶催化的反应是 DNA 复制，即合成单链 DNA 的互补链，所以必须为其提供单链 DNA，这就是模板。二是引物。DNA 聚合酶不能催化两个 dNTP 形成 3′,5′-磷酸二酯键，只能催化 dNTP 与互补结合在模板上的一段核酸的 3′-羟基形成 3′,5′-磷酸二酯键。这段与模板互补结合的核酸就是引物。引物可以是 DNA，也可以是 RNA。在大肠埃希菌细胞内引导 DNA 复制的引物都是 RNA。

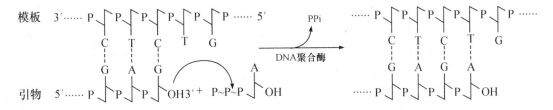

图 9 - 6　DNA 聚合酶的聚合作用

2. 3′→5′外切酶活性与校对功能

DNA 聚合酶的 3′→5′外切酶活性能切除 DNA 的 3′端未与模板形成正确配对的核苷酸，但不会切除正确配对的核苷酸，如图 9 - 7 所示。因此，在 DNA 合成过程中，一旦连接了错配的核苷酸，就会中止聚合反应，错配的核苷酸便落入 3′→5′外切酶活性中心，并被切除，然后聚合反应继续进行，这就是 DNA 聚合酶的校对功能。

3. 5′→3′外切酶活性与切口平移

只有 DNA 聚合酶Ⅰ有 5′→3′外切酶活性，并且只作用于双链 DNA。因此，只要双链 DNA 分子上存在切口，双链 DNA 一股上的 3′,5′-磷酸二酯键被水解，形成切口，如图 9 - 8 所示。DNA 聚合酶Ⅰ就可以在切口位置催化两个反应：一个是水解反应，从 5′端切除核苷酸；被水解的可以是 DNA，也可以是 RNA；另一个是聚合反应，从 3′端延伸合成 DNA。反应过程就像是切口在移动，所以称为切口平移，如图 9 - 9 所示。DNA 聚合酶Ⅱ和 DNA 聚合酶Ⅲ均没有 5′→3′外切酶活性。

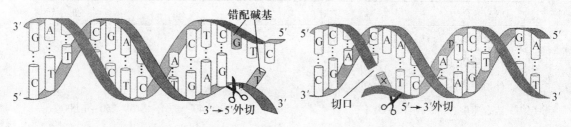

图 9 - 7　DNA 聚合酶的 3′→5′外切酶活性　　图 9 - 8　DNA 聚合酶的 5′→3′外切酶活性

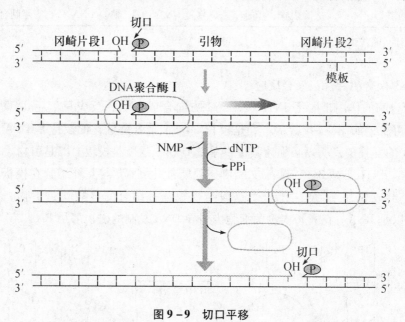

图 9 - 9　切口平移

切口平移有两个意义：一是在 DNA 复制过程中，切除后随链冈崎片段 5′端的 RNA 引物，以 DNA 填补，如图 9 - 9 所示；二是在 DNA 修复过程中发挥作用。

真核生物的 DNA 聚合酶有聚合酶 α、聚合酶 β、聚合酶 γ、聚合酶 δ、聚合酶 ε 等，与大肠埃希菌 DNA 聚合酶功能基本相同，其中聚合酶 α、聚合酶 δ 是复制染色体 DNA 的主要酶，聚合酶 β、聚合酶 ε 参与染色体 DNA 的损伤修复，聚合酶 γ 复制线粒体 DNA。

（二）解链、解旋酶类

> **提　示**
>
> DNA 具有超螺旋、双螺旋等结构，在复制时，亲代 DNA 双链必须松解螺旋，解开双链，暴露碱基，才能作为模板，按碱基互补配对原则合成子代 DNA。参与亲代 DNA 双链解链并将其维持在解链状态的酶和蛋白质主要有解旋酶、拓扑异构酶和单链 DNA 结合蛋白。

1. 解旋酶

解旋酶的作用是利用 ATP 提供能量解开 DNA 双链。每解开一个碱基对消耗两分子 ATP。目前在大肠埃希菌中发现了至少四种解旋酶，分别是解旋酶 DnaB、解旋酶 rep、解旋酶Ⅱ和解旋酶Ⅲ。其中参与 DNA 复制的主要是解旋酶 DnaB。

2. 拓扑异构酶

在 DNA 复制过程中，复制叉前方的亲代 DNA 会打结或缠绕，即形成正超螺旋结构，需要拓扑异构酶（简称拓扑酶）进行松解，如图 9 - 10 所示。

图 9 - 10　复制叉前 DNA 双链打结或缠绕示意图

大肠埃希菌拓扑酶有Ⅰ型和Ⅱ型两类：Ⅰ型拓扑酶能切断 DNA 双链的一股，松解其超螺旋结构，然后把切口封闭，使 DNA 变成松弛状态，此过程不消耗 ATP。Ⅰ型拓扑酶主要参与 RNA 的转录合成。Ⅱ型拓扑酶能在 DNA 的某一部位将两股链同时切断，在消除超螺旋或引入负超螺旋之后再连接起来，其中引入负超螺旋的过程要由 ATP 供给能量。Ⅱ型拓扑酶参与 DNA 的复制合成。

3. 单链 DNA 结合蛋白

大肠埃希菌的 DNA 解链后，单链 DNA 结合蛋白（Single Stranded Bindingprotein，SSB）即将两股模板包裹，稳定解开的单链 DNA，阻抑其重新形成双链，并可抗核酸酶的降解。

（三）引物和引物酶

提 示

DNA 复制需要 RNA 引物，RNA 引物由引物酶催化合成。大肠埃希菌的引物酶是 DnaG。其本质是一种 RNA 聚合酶，但不同于催化转录的 RNA 聚合酶，它能在复制起始位点合成与模板互补的短片段 RNA，作为 DNA 聚合酶的引物。合成方向是 $5' \rightarrow 3'$。

（四）DNA 连接酶

环状 DNA 或冈崎片段合成之后都会留下切口，需要一种酶来催化切口处的 $3'$-羟基与 $5'$-磷酸基连接形成磷酸二酯键，这种酶就是 DNA 连接酶。DNA 连接酶不能连接游离的单链 DNA，只能连接双链 DNA 上的切口。连接反应消耗高能化合物。

提 示

DNA 连接酶不但在 DNA 复制过程中起连接切口的作用，而且还参与 DNA 重组、DNA 修复，也是基因工程中不可缺少的工具酶之一。

三、DNA 的复制过程

在 DNA 复制过程中，由一个复制起点启动复制的 DNA 序列称为一个复制子。原核生物 DNA 只有一个复制起点，复制时形成单复制子结构；真核生物 DNA 有多个复制起点，复制时形成多复制子结构。本书主要介绍大肠埃希菌 DNA 的复制过程。

DNA 的复制过程是连续的，为叙述方便将其分为起始、延长和终止三个阶段，如图 9 - 11 所示。

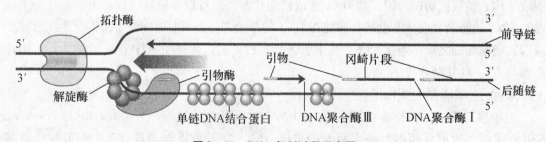

图 9 - 11　DNA 复制过程示意图

（一）复制起始

提 示

在复制的起始阶段，亲代 DNA 解链、解旋，形成复制叉。

大肠埃希菌的复制起点 oriC 含三段串连重复排列的 13 bp 序列和四段反向重复排列的 9 bp 序列，全长 245 bp，如图 9 – 12 所示。其中 13 bp 序列富含 A-T，是起始解链区。

图 9 – 12　大肠埃希菌的复制起点 oriC

复制起始时，DnaA 蛋白与 ATP 形成复合物，大约 20 个 DnaA·ATP 复合物结合于 9 bp 重复序列上，由 DNA 缠绕形成复合物；类组蛋白与 DNA 结合，使 13 bp 重复序列解链，成为开放复合物；解旋酶在 DnaC 蛋白的协助下与开放区域结合，由 ATP 提供能量，沿 DNA 链 5′→3′方向移动，进一步解链，形成复制叉结构，如图 9 – 13 所示。

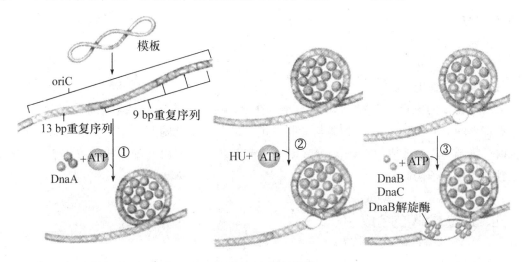

图 9 – 13　复制起始

随着解链的进行，SSB 与单链 DNA 模板结合，Ⅱ型拓扑酶则负责消除解链过程中形成的超螺旋结构。

（二）复制延长

提 示

DNA 复制的延长阶段包括前导链和后随链的合成。合成这两股链的基本反应都由 DNA 聚合酶Ⅲ催化，但两股链的合成过程有显著区别。

1. 前导链的合成

在启动复制之后，前导链的合成通常是一个连续过程，先由引物酶在复制起点处合成一段 RNA 引物，长度为 10 ~ 12 nt，然后 DNA 聚合酶Ⅲ用 dNTP 在引物的 3′端合成前导链，前导链的合成与复制叉的推进保持同步。

2. 后随链的合成

难点提示

后随链的合成是分段进行的，当亲代 DNA 解开一定长度之后，先由引物酶和解旋酶构成的引发体合成 RNA 引物，然后由 DNA 聚合酶Ⅲ在引物上催化合成冈崎片段。当冈崎片段的合成遇到前方冈崎片段的引物时，DNA 聚合酶Ⅰ替换 DNA 聚合酶Ⅲ，通过切口平移切除 RNA 引物，合成 DNA 填补缺口。最后，由 DNA 连接酶催化封闭 DNA 切口，形成完整的后随链。

（三）复制终止

大肠埃希菌的染色体 DNA 是环状分子，在复制起始位点 oriC 的对侧有复制终止区域，其中有特异的 DNA 序列，是多种参与复制终止的蛋白质结合的部位。当两个复制叉到达该部位时，复制终止并形成两个环状 DNA 套在一起的环连体，由Ⅱ型拓扑酶将其解离，形成两个独立的环状子代 DNA。

四、端粒 DNA 的合成

真核生物的染色体 DNA 为线状结构，在复制完成后两个 5′端的引物被切除，留下的空缺无法由 DNA 聚合酶催化填补。真核生物 DNA 将面临随着 DNA 复制次数的增加而逐渐缩短的问题，如图 9-14 所示。实际上，真核生物染色体的末端存在由 DNA 形成的紧密、膨大的特殊结构，称为端粒。其具有特殊的碱基序列和特殊的合成机制，是由端粒酶催化进行的，理论上不会造成染色体 DNA 的缩短。端粒为短串联重复序列，其 5′端端粒的重复单位是 C_xA_y，3′端端粒的重复单位是 T_yG_x，（x、y 的数目为 1 ~ 4 个）。例如，四膜虫 3′端端粒的重复单位是 TTGGGG。

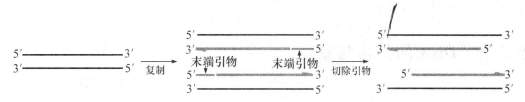

图 9 - 14 线状 DNA 复制后末端留下空缺

1978 年，布莱克本（Blackburn）教授的实验室在四膜虫中发现了一种能防止端粒缩短的酶，称为端粒酶，该酶由蛋白质和 RNA 组成，实质上是一种以自身 RNA 为模板的反转录酶，具有 DNA 聚合酶活性，能以自身 RNA 为模板，以爬行模式在染色体 DNA 末端添加端粒重复序列 TTGGGG，如图 9 - 15 所示。

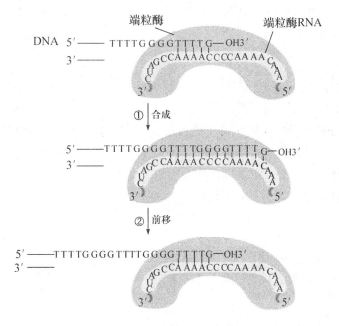

图 9 - 15 端粒 DNA 合成

首先，端粒酶结合于端粒的 3′端，以端粒酶 RNA 为模板，催化合成端粒的一个重复单位；然后，端粒酶推进一个重复单位，再重复合成、推进，重复次数可以达到数十次甚至上百次。达到一定长度的端粒 DNA 之后，如图 9 - 15 所示，端粒酶脱离，端粒 3′端回折，避免 DNA 复制造成的染色体缩短，防止遗传信息丢失。哺乳动物端粒 DNA 的重复序列为 TTAGGG，其端粒酶的 RNA 则有 CCCUAA 序列，两者是反向互补的。

由于正常体细胞存在一种端粒酶抑制机制使端粒酶活性一般较低，体细胞的端粒长度大大短于生殖细胞和胚胎细胞，并且随着细胞分裂次数的增加而逐渐缩短，当端粒缩短到危及染色体 DNA 的基因序列时，就会启动细胞凋亡程序，引发体细胞凋亡。生殖细胞的端粒酶活性较高，保证了物种繁衍时遗传信息的高度稳定性。

第二节　DNA 的损伤与修复

难点提示

　　DNA 聚合酶具有校对功能，可以保证 DNA 复制的准确性，对遗传信息在细胞分裂过程中的准确传递至关重要。不过，DNA 复制的保真性并不是万无一失的，虽然极少出错，但还是会发生的。另外，即使在非复制期间，DNA 也会由各种因素造成损伤，使其正常序列或结构发生异常，甚至导致突变。突变可能导致表型的改变，引起疾病甚至导致死亡。在进化过程中生物体已经建立了修复系统，可以修复 DNA 损伤，以保证生命的延续和遗传的稳定性。

一、DNA 的损伤

　　DNA 复制的保真性使生物体保持了遗传信息的稳定性，但稳定是相对的，变异是绝对的。变异即基因突变，其化学本质是 DNA 损伤，即 DNA 的碱基序列发生了可以传递给子代细胞的变化，这种变化通常导致基因产物功能的改变或丧失。

（一）损伤的类型

提示

　　DNA 损伤包括错配、缺失、插入和重排。

　　1. 错配

　　错配是指 DNA 链上的一个碱基对被另一个碱基对置换。错配包括转换和颠换。转换是嘌呤碱基之间或嘧啶碱基之间的置换。颠换是嘌呤碱基与嘧啶碱基之间的置换。

　　2. 缺失和插入

　　缺失和插入是指 DNA 序列中发生一个核苷酸或一段核苷酸的缺失和插入。缺失和插入会导致移码突变，即突变位点下游的遗传密码全部发生改变。不过，缺失或插入 $3n$ 个碱基对不会引起移码突变，如图 9-16 所示。由错配和一个核苷酸的缺失或插入所导致的突变统称为点突变。

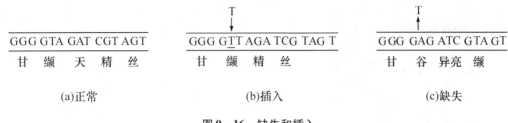

GGG GTA GAT CGT AGT	GGG G<u>T</u>T AGA TCG TAG T	GGG GAG ATC GTA GT
甘　缬　天　精　丝	甘　缬　精　丝	甘　谷　异亮　缬
(a)正常	(b)插入	(c)缺失

图 9-16　缺失和插入

3. 重排

重排是指基因组 DNA 发生较大片段的交换，但没有遗传物质的丢失和获得。重排可以发生在 DNA 分子内部，也可以发生在 DNA 分子之间，如图 9-17 所示。

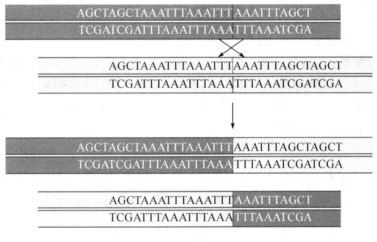

图 9-17　重排

4. 共价交联

正常状态下，DNA 分子上没有共价键相连的原子或基团间形成了共价键。例如，同一股 DNA 链上相邻的胸腺嘧啶发生了共价交联，会形成胸腺嘧啶二聚体。

（二）引起损伤的因素

1. 物理因素

例如，紫外线可以使 DNA 链上相邻胸腺嘧啶以共价结合生成嘧啶二聚体，影响 DNA 双螺旋结构，使复制和转录均受阻碍，如图 9-18 所示。

2. 化学因素

常见的化学因素有亚硝酸盐、烷化剂和芳香烃类等，许多诱变剂可以造成 DNA 损伤。

3. 生物因素

病毒（如反转录病毒、乙肝病毒）可以整合到宿主细胞染色体 DNA 上，改变基因结构，或者改变基因表达活性。

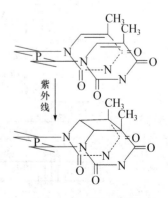

图 9-18　嘧啶二聚体

二、DNA 的修复

重点提示

细胞内存在一系列负责 DNA 修复的酶系统，可以修复 DNA 的损伤，使其恢复正常结构，目前已知有 5 种修复系统：错配修复、直接修复、切除修复、重组修复及 SOS 修复等。其中切除修复是发生在 DNA 复制过程，能准确修复。

1. 错配修复

错配修复是在 DNA 复制后，根据模板序列，对新生链上的错配碱基进行修复。

2. 直接修复

直接修复是指不切除损伤碱基或核苷酸，直接将损伤的碱基修复。光修复和烷基化碱基修复都属于直接修复。光修复是指由光裂合酶修复嘧啶二聚体。光裂合酶可被可见光激活，将嘧啶二聚体解聚。光裂合酶分布很广，从低等单细胞生物到鸟类都有，但哺乳动物没有。

3. 切除修复

提 示

切除修复是指将一股 DNA 的损伤片段切除，然后以其互补链为模板，合成 DNA 填补切除损伤 DNA 后留下的缺口，使 DNA 恢复正常结构。切除修复是细胞内最普遍的修复机制。

原核生物和真核生物都有两套切除修复系统：核苷酸切除修复系统和碱基切除修复系统，以核苷酸切除修复系统为主，如图 9 - 19 所示。两套系统修复时都包括两个步骤：首先由特异性核酸酶寻找损伤部位，切除损伤片段，然后由 DNA 聚合酶合成 DNA 填补缺口，DNA 连接酶连接。

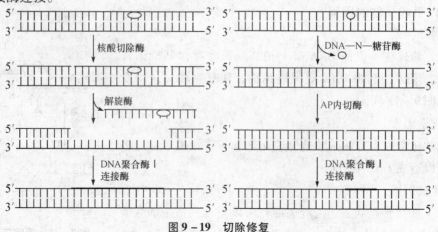

图 9 - 19　切除修复

4. 重组修复

DNA 复制时遇到尚未修复的 DNA 损伤时，可以先复制再修复。因为修复过程中有 DNA 重组，故称其为重组修复，如图 9 – 20 所示。

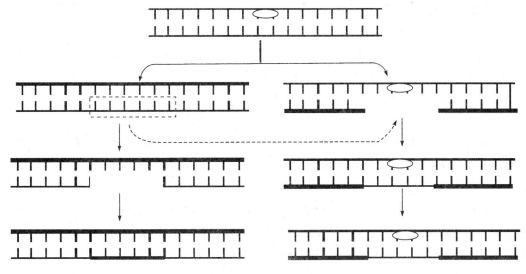

图 9 – 20 重组修复

5. SOS 修复

当 DNA 损伤多至难以继续进行正常复制时，细胞会诱发一系列复杂的反应，称为 SOS 应答，SOS 应答除了能诱导合成负责切除修复和重组修复的酶与蛋白质，提高这两种修复能力之外，还能诱导合成缺乏校对功能的 DNA 聚合酶进行修复，这种修复称为 SOS 修复。与切除修复和重组修复相比，负责 SOS 修复的 DNA 聚合酶对碱基的识别能力差，在损伤部位照样进行复制，从而避免死亡，但同时因保留较多的 DNA 损伤而造成突变积累。因此，不少诱发 SOS 修复的化学物质都是致癌物。SOS 修复系统的基因一般情况下都是沉默的，紧急情况下才被整体动员，属于应急修复系统。

第三节 DNA 的反转录过程

重点提示

反转录是以 RNA 为模板、以 dNTP 为原料、由反转录酶催化合成 DNA 的过程，该过程的遗传信息传递方向是从 RNA 到 DNA，与从 DNA 向 RNA 传递遗传信息的转录相反，所以称为反转录。

一、反转录酶

反转录酶是由反转录病毒 RNA 基因编码的一种多功能酶，具有 3 种催化活性。

1. 反转录

RNA 指导的 DNA 聚合酶活性，能以 RNA 为模板，以 5′→3′方向合成其单链互补 DNA（single-strand complementary DNA，sscDNA），形成 RNA-DNA 杂交体。这一反应需要引物提供 3′-羟基。反转录病毒的常见引物为其自带的 tRNA。

2. 水解

核糖核酸酶 H（Ribonuclease H，RNase H）的活性，能特异地水解 RNA-DNA 杂交体中的 RNA，获得游离的单链互补 DNA。

3. 复制

DNA 指导的 DNA 聚合酶活性，能催化复制单链互补 DNA，得到双链互补 DNA（double-strand complementary DNA，dscDNA）。单链互补 DNA 和双链互补 DNA 统称互补 DNA（complementary DNA，cDNA），如图 9-21 所示。

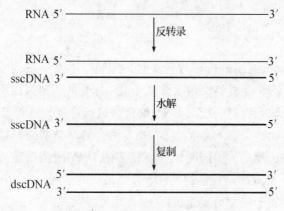

图 9-21　反转录酶催化合成 cDNA

> **重点提示**
>
> 　　反转录酶没有 3′→5′和 5′→3′外切酶活性，所以没有校对功能，在 DNA 合成过程中错配率相对较高。这可能是各种反转录病毒突变率高、不断形成新病毒株的原因。

二、反转录病毒

反转录酶是反转录病毒基因组的表达产物。反转录病毒的基因组是 RNA，可以通过反转录指导合成 DNA。反转录病毒属于致癌 RNA 病毒，反转录是所有致癌 RNA 病毒使细胞恶性转化的关键步骤。人类免疫缺陷病毒（Human Immunodeficiency Virus，HIV）就是反转录病毒，它是艾滋病（Acquired Immune Deficiency Syndrome，AIDS）的病原体。

三、反转录的意义

难点提示

反转录酶和反转录机制的阐明完善了中心法则，表明不仅 DNA 是遗传物质，RNA 也可以作为遗传物质承载遗传信息。另外，研究反转录病毒有助于阐明某些肿瘤的发生机制，探索肿瘤的防治策略。

本章小结

核酸是生物遗传的主要物质基础，主要是 DNA。在 DNA 分子的碱基排列顺序中蕴藏着生物遗传的信息。通过复制，将亲代 DNA 的遗传信息准确地传递到子代 DNA 分子中，子代 DNA 与亲代 DNA 分子的核苷酸顺序完全相同。

DNA 的复制方式是半保留复制，即每个子代 DNA 分子中的一条链来自亲代 DNA，而另一条链是新合成的。合成 DNA 的原料是四种脱氧核糖核苷酸（dNTP）。参与复制的酶类及因子有：DNA 聚合酶、引物酶、DNA 连接酶以及 DNA 拓扑异构酶、解链酶、DNA 结合蛋白等。由于 DNA 链的合成方向只能从 $5'→3'$ 进行，所以 DNA 复制时，其中一条链可以连续的（前导链）合成，而另一条链的合成是不连续的（后随链）。由此可见，DNA 的复制是半不连续复制。

DNA 的复制过程复杂，大致可分为以下三个阶段：①起始阶段。解旋、解链、合成引物。解旋由 DNA 拓扑异构酶催化，解链由解链酶催化，以暴露模板的碱基序列；RNA 引物的合成是引物酶及多种蛋白质参与，为 DNA 聚合做准备。②延长阶段，是引物引导下的 DNA 聚合过程。原核生物主要由 DNA 聚合酶Ⅲ催化，真核生物主要由 DNA 聚合酶 δ、DNA 聚合酶 α 催化，在引物 $3'$-OH 后合成 DNA 链（后随链则先合成冈崎片段）。③终止阶段。去除引物、填补空缺、连接冈崎片段。由 DNA 聚合酶Ⅰ的外切核酸酶活性切除引物。由此造成的片段空缺由 DNA 聚合酶Ⅰ的聚合酶活性催化，片段从 $3'→5'$ 方向延伸至相邻的 $5'$ 端为止，最后由连接酶催化，最终形成完整的大分子 DNA 链。

端粒的重复序列和端粒酶的作用对维护染色体 DNA 的稳定性起着重要作用。

许多理化因素可造成 DNA 损伤，生物体能通过多种方式使损伤的 DNA 得到修复。其中以切除修复为最重要，实际它是一系列酶促反应的过程。修复过程的障碍与肿瘤等疾病的发生有关。

221

除了 DNA 复制外，还可以 RNA 为模板合成 DNA。这个过程称为反转录，催化此反应的酶是反转录酶。癌基因在细胞癌变过程中起重要作用。

本章重点名词解释

1. 基因
2. 中心法则
3. 半保留复制
4. 冈崎片段
5. 反转录

思考与练习

一、选择题

1. DNA 的合成原料是（　　）。
   - A. ADP、GDP、CDP、TDP
   - B. AMP、GMP、CMP、TMP
   - C. dATP、dGTP、dCTP、dTTP
   - D. dADP、dGDP、dCDP、dTDP

2. 冈崎片段的合成是由于（　　）。
   - A. DNA 连接酶缺失
   - B. RNA 引物酶合成不足
   - C. DNA 拓扑异构酶的作用
   - D. 后随链合成方向与其模板的解链方向相反

3. DNA 半保留复制不需要（　　）。
   - A. 引物酶
   - B. 反转录酶
   - C. 拓扑异构酶
   - D. DNA 聚合酶

4. RNA 引物在 DNA 复制过程中作用是（　　）。
   - A. 激活引物酶
   - B. 提供起始模板
   - C. 激活 DNA 聚合酶
   - D. 提供复制所需的 $3'$-OH

5. 在下列酶中，催化合成冈崎片段的是（　　）。
   - A. 引物酶
   - B. 连接酶
   - C. DNA 聚合酶
   - D. RNA 聚合酶

6. 在下列酶中，以 RNA 为模板的是（　　）。
   - A. DNA 聚合酶
   - B. RNA 聚合酶
   - C. DNA 聚合酶和反转录酶
   - D. 反转录酶

7. DNA 复制时，不需要的酶是（　　）。
   - A. 限制性内切酶
   - B. DNA 连接酶
   - C. DNA 拓扑异构酶
   - D. 解旋酶

8. DNA 复制时，模板序列 $5'$-TAGA-$3'$，将合成的互补结构是（　　）。
   - A. $5'$-TCTA-$3'$
   - B. $5'$-ATCA -$3'$

C. 5′-UCUA -3′　　　　　　　　D. 5′-GCGA-3′

9. 合成 DNA 的原料是（　　　）。

　　A. dNMP　　　　　　　　　　B. dNTP

　　C. NTP　　　　　　　　　　　D. NMP

10. DNA 复制中的引物是（　　　）。

　　A. 以 DNA 为模板合成的 DNA 片段　B. 以 RNA 为模板合成的 DNA 片段

　　C. 以 DNA 为模板合成的 RNA 片段　D. 以 RNA 为模板合成的一小段肽链

11. DNA 复制时辨认复制起始点主要靠（　　　）。

　　A. DNA 聚合酶　　　　　　　B. DNA 拓扑异构酶

　　C. 解旋酶　　　　　　　　　　D. 引物酶

12. 冈崎片段是指（　　　）。

　　A. DNA 模板上的 DNA 片段　　B. 引物酶催化合成的 RNA 片段

　　C. 随从链上合成的 DNA 片段　　D. 前导链上合成的 DNA 片段

13. 细胞中进行 DNA 复制的部位是（　　　）。

　　A. 核蛋白体　　　　　　　　B. 细胞膜

　　C. 细胞核　　　　　　　　　　D. 微粒体

14. 与镰状细胞贫血其 β-链有关的突变是（　　　）。

　　A. 断裂　　　　　　　　　　　B. 插入

　　C. 点突变　　　　　　　　　　D. 交联

15. 符合复制特点的是（　　　）。

　　A. DNA→ RNA　　　　　　　B. RNA→ DNA

　　C. DNA→ DNA　　　　　　　D. RNA→ RNA

16. 符合反转录特点的是（　　　）。

　　A. DNA→ RNA　　　　　　　B. RNA→ DNA

　　C. DNA→ DNA　　　　　　　D. RNA→ RNA

17. 以 RNA 为模板的是（　　　）。

　　A. DNA 聚合酶　　　　　　　B. RNA 聚合酶

　　C. 反转录酶　　　　　　　　　D. 连接酶

二、简答题

1. 简述 DNA 复制的基本特征。

2. DNA 复制时，为什么只有前导链的合成是连续的？

3. 简述 DNA 损伤的类型及修复机制。

4. 简述反转录的生物学意义。

RNA 的生物合成

学习目标

掌握:

转录的原料、模板、酶及转录的基本过程

熟悉:

转录后 RNA 加工的方式

本章知识导图

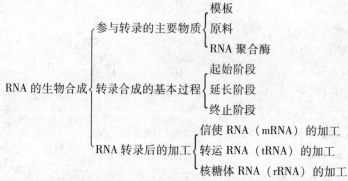

RNA 的生物合成过程有转录和自身复制两种方式。本章只介绍转录。

提　示

　　生物体以 DNA 为模板合成 RNA 的过程称为转录。转录合成的 RNA 是各种 RNA 的前体, 称为初级转录产物, 经过进一步加工成熟后才具有生物学功能, 其中如 tRNA 和 rRNA 等已经是相应基因表达的终产物, 而 mRNA 则是编码蛋白质的基因表达的中间产物, mRNA 翻译后才表达出其基因编码的终产物——蛋白质。

第一节 参与转录的主要物质

RNA 的转录合成过程需要 DNA 模板、NTP 底物、RNA 聚合酶和 Mg^{2+} 或 Mn^{2+}。

$$5'-(NMP)_n - OH3' + NTP \xrightarrow[\text{RNA 聚合酶}]{\text{DNA 模板链，} Mg^{2+}} 5' - (NMP)_{n+1} - OH3' + PPi$$

一、模板

转录以 DNA 为模板，但细胞内 DNA 的全长不是同时被转录，而是按不同的发育阶段、生存条件和生理需要，有选择地转录部分基因。

> **重点提示**
>
> 那些能转录生成 RNA 的 DNA 区段，称为结构基因。结构基因的 DNA 双股链中只有一股链可被转录，转录的这种方式称为不对称转录。能够转录出 RNA 的一股链称为模板链或负链。与模板链相对应的另一条链称为编码链或正链，编码链不被转录。

模板链并非总是在同一股链上。在一个双链 DNA 分子中有很多基因，每个基因的模板并不是全在同一股链上，对于某个基因是编码链的那股链，对于另一个基因可能是模板链。编码链和转录产物 RNA 均与模板链互补，因此编码链的碱基序列与 RNA 的碱基序列一致，只是 RNA 中以 U 取代了 DNA 中的 T。所以为了避免烦琐，能方便查对遗传密码，在书写 DNA 碱基序列时一般只写出编码链。

二、原料

转录所需要的原料为四种三磷酸核糖核苷：ATP、GTP、CTP、UTP（NTP）。

三、RNA 聚合酶

RNA 聚合酶是参与转录的关键物质，催化核苷酸通过 $3',5'$-磷酸二酯键相连合成 RNA，合成方向为 $5' \rightarrow 3'$。

难点提示

大肠埃希菌的 RNA 聚合酶是一个由 α、β、β′、ω 和 σ 因子 5 种亚基构成的六聚体（$\alpha_2\beta\beta'\omega\sigma$），分子质量为 480 kDa，其中 $\alpha_2\beta\beta'\omega$ 称为核心酶，核心酶单独不具有启动合成 RNA 的能力，而只能使已经开始合成的 RNA 链延长。σ 因子与核心酶结合构成全酶。活细胞需要以全酶形式启动转录，而转录延长阶段仅需要核心酶。全酶只与模板上特异序列的部位（启动子）结合，并选择正确的一股链转录。σ 因子能使核心酶与启动子亲和性增加而与其他序列的亲和性下降，协助核心酶识别、结合启动子并带动全酶解开 DNA 局部双链，促进转录的起始，故又称为起始因子。

α-亚基参与全酶的装配，识别并结合启动子。β-亚基参与转录全过程，催化形成磷酸二酯键。β′-亚基主要参与模板的结合。ω-亚基功能未知。

真核生物的 RNA 聚合酶有三种：RNA 聚合酶 I、RNA 聚合酶 II 和 RNA 聚合酶 III。它们分别识别并转录不同的基因，得到不同的转录产物，如表 10−1 所示。

表 10−1　真核生物的 RNA 聚合酶

RNA 聚合酶	缩写符号	定位	转录产物	对鹅膏蕈碱的敏感性
RNA 聚合酶 I	Pol I	核仁	28S、5.8S、18S rRNA 前体	极不敏感
RNA 聚合酶 II	Pol II	核质	mRNA、snRNA 前体	非常敏感
RNA 聚合酶 III	Pol III	核质	5S rRNA、tRNA 和 snRNA 前体	中等敏感

真核生物 RNA 聚合酶的组成和结构比原核生物 RNA 聚合酶复杂，但功能相同。

第二节　转录合成的基本过程

RNA 的转录合成过程可以人为地分为转录起始、延长和终止三个阶段。以下主要介绍原核生物转录过程。

一、起始阶段

提　示

转录起始阶段主要是 RNA 聚合酶识别启动子并与其结合。RNA 聚合酶随以全酶形式结合于 DNA 的转录起始部位，促使 DNA 双链局部解开，启动 RNA 合成。

1. 启动子

启动子是 RNA 聚合酶识别、结合并启动转录的一段 DNA 序列。

通常将开始转录的第一个核苷酸定为 +1，其 3′ 端方向为下游，核苷酸依次编为 +2，+3，…，5′ 端方向为上游，核苷酸依次编为 -1，-2，…。原核生物的启动子含有两个保守序列，如图 10-1 所示。一个共有序列为 TATAAT，称为 Pribnow 框，位于 -10 核苷酸处，又称为 -10 区，是 RNA 聚合酶牢固结合部位，另一个共有序列为 TTGACA，称为 Sextama 框，位于 -35 核苷酸处，又称为 -35 区，是 RNA 聚合酶识别并初始结合的部位。Pribnow 框富含 A-T 碱基对，容易解链，有利于转录的启动。

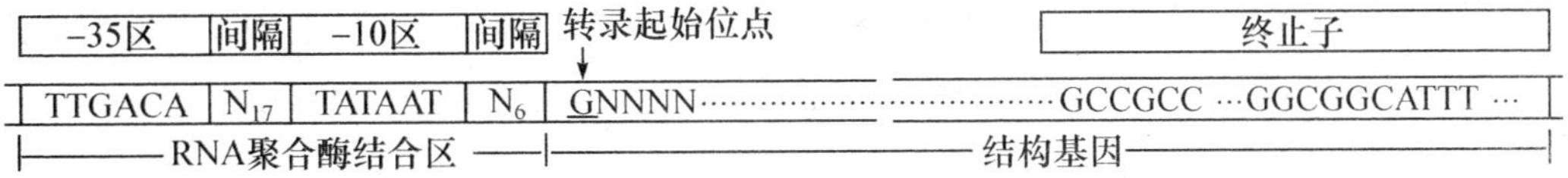

-35区	间隔	-10区	间隔	转录起始位点		终止子
TTGACA	N₁₇	TATAAT	N₆	GNNNN……	……GCCGCC …GGCGGCATTT …
	—— RNA聚合酶结合区 ——				—— 结构基因 ——	

图 10-1 原核生物启动子

启动子的序列与上述保守序列一致性越强，RNA 聚合酶与之结合启动转录的效率越高，则这样的启动子属于强启动子，相反则为弱启动子。另外，-35 区与 -10 区之间的间隔距离对转录启动效率的影响也很大，因为两个区位于双螺旋的同一侧，才便于 RNA 聚合酶与它们之间的相互作用。研究表明：两区相隔 17 nt 时启动效率最高。

2. 起始过程

转录起始过程如图 10-2 所示。

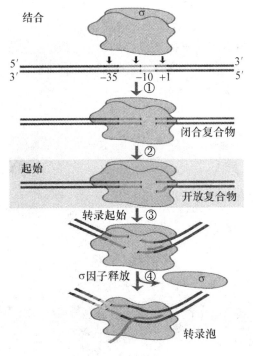

图 10-2 转录延长起始

（1）结合。RNA聚合酶的σ因子识别启动子，带动全酶与启动子−35区结合，形成闭合复合物。

（2）解链。RNA聚合酶向下游移动到达−10区，形成稳定的酶-DNA复合物。这里A-T含量较高，利于解链，RNA聚合酶在此处将DNA双链解开约17 bp（含有转录起始位点），形成开放复合物。

（3）合成。RNA聚合酶根据模板链指令获取第一、第二个NTP，并催化形成3′,5′-磷酸二酯键，启动合成。其中第一个核苷酸一定是GTP或ATP，尤以GTP为常见，GTP的5′-三磷酸结构一直保留至转录完成，在后加工时才被切除。

（4）释放。RNA聚合酶全酶催化合成8~9 nt的RNA片段后，σ因子释放，核心酶构象改变，与启动子的结合变得松弛，于是离开启动子沿着模板链向下游移动，转录进入延长阶段。

二、延长阶段

转录延长由核心酶催化。延长的每一步反应为

$$(NMP)_n + NTP \longrightarrow (NMP)_{n+1} + PPi$$

> **难点提示**
>
> 核心酶沿着模板链3′→5′方向移动，不断打开DNA双链，产生单链模板，在模板的指导下，按碱基配对原则，由核心酶催化RNA链以5′→3′方向延长。其中新合成的RNA与DNA模板链结合区的长度始终为8 bp，DNA双链打开的区域保持约17 bp，这一结构称为转录泡，如图10−3所示。转录泡在DNA模板上推进，前方的双链逐步解开，在RNA聚合酶后方已经转录完的DNA模板链与编码链重新结合，从而使新合成的RNA链从5′端开始逐步从模板上解离。

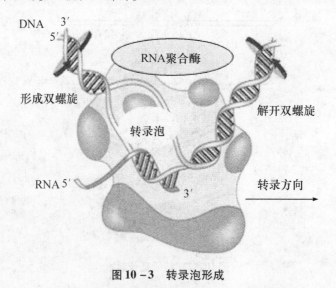

图10−3　转录泡形成

三、终止阶段

提　示

位于基因末端的一段 DNA 序列提供转录终止的信号，称为终止子。当 RNA 聚合酶核心酶转录到终止子时，RNA 释放，核心酶与模板链解离，脱落下来的核心酶又可以与 σ 因子重新结合成全酶，参与转录起始。

原核生物的终止子有两类：一类不需要 ρ 因子协助就能终止转录；另一种需要 ρ 因子协助才能终止转录。

1. 不依赖 ρ 因子的终止子

这类基因的终止子由 GC 丰富的反向重复序列及其下游的寡聚 T 构成。以它为模板转录出的 RNA 可形成 GC 丰富的茎环结构，其下游跟随一段连续的 U。茎环结构可使转录中的核心酶暂停，此时新生的 RNA 链仅以寡聚 U 与模板的寡聚 dA 结合，这种配对的结合力弱，使 RNA 链从模板上脱落。茎环结构还可改变 RNA 与核心酶的结合，使终止转录，如图 10 - 4 所示。

图 10 - 4　原核生物基因的终止子

2. 依赖 ρ 因子的终止子

这类基因的终止子的转录产物通常也有茎环结构，但其稳定性较差，下游没有连续的 U 序列，而有一个富含 CA 的 rut 元件（依赖 ρ 因子的终止子元件）。这种终止子需要 ρ 因子协助终止转录。ρ 因子是原核生物的一种转录终止因子，具有依赖 RNA 的 ATP 酶活性和依赖 ATP 的解旋酶活性，可以与转录中的 RNA 的终止子序列结合，使 RNA-DNA 杂交体解链，RNA 释放，终止转录。

第三节　RNA 转录后的加工

一、信使 RNA（mRNA）的加工

原核生物 mRNA 基因的初级转录产物为 mRNA，一般不用加工，可以直接翻译，并且往往是边转录边翻译；真核生物 mRNA 基因多为断裂基因，其编码序列是不连续的。

> **重点提示**
>
> 基因及其转录产物中的编码序列称为外显子；外显子之间的非编码序列称为内含子。外显子和内含子交替排列，均被转录。初级转录产物为 mRNA 前体，需经过加帽、加尾和剪接等加工之后才能成为成熟 mRNA。

图 10-5 所示为真核生物 mRNA 的帽子结构，图 10-6 所示为卵清蛋白基因转录及加工过程。

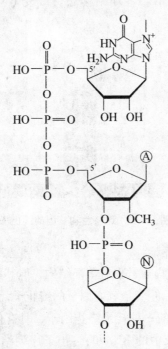

图 10-5　真核生物 mRNA 的帽子结构

1. 加帽

真核生物 mRNA 的 5′端帽子形成于转录的早期阶段，当时 RNA 仅合成了 20~30 nt。

2. 加尾

除了组蛋白 mRNA 之外，真核生物 mRNA3′端都有多聚 A［Poly（A）］序列，称为 Poly（A）

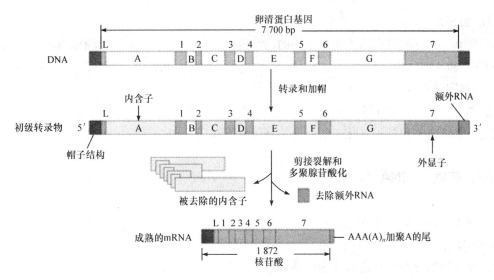

图 10 - 6　卵清蛋白基因转录及加工过程

尾，长度为 80 ~ 250 nt，而基因中无相应序列。Poly（A）尾是在转录终止时加上去的。

3. 剪接

通过加工除去内含子，连接外显子，得到成熟 mRNA 分子，这一过程称为剪接。

二、转运 RNA（tRNA）的加工

提示

原核生物与真核生物 tRNA 前体的后加工过程基本一致，经过剪切、添加 3′端 CCA 和修饰碱基等加工之后成为成熟 tRNA，如图 10 - 7 所示。

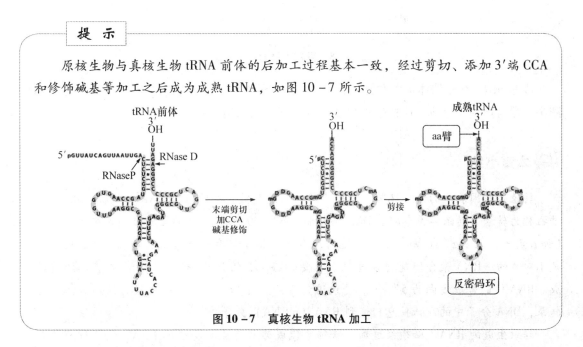

图 10 - 7　真核生物 tRNA 加工

1. 剪切

切除 tRNA 前体分子的 5′端前导序列和 3′端的尾随序列。

2. 加 3′端 CCA

有些 tRNA 的 3′端 CCA-OH 是添加的，反应由 tRNA 核苷酸转移酶催化，由 CTP 和 ATP 提供 CMP 和 AMP。

3. 修饰碱基

成熟 tRNA 分子含有稀有碱基，它们都是在 tRNA 前体水平上由常规碱基通过酶促修饰形成的，修饰方式包括甲基化、脱氨基、还原和变位等。

三、核糖体 RNA（rRNA）的加工

真核生物 rRNA 基因的转录单位由 18S、5.8S、28S rRNA 基因和内转录间隔区（Internal Transcribed Spacer，ITS）组成，在核仁内由 RNA 聚合酶 I 催化转录，获得 45S 的初级转录产物，经过甲基化与剪切之后成为成熟 rRNA，如图 10-8 所示。

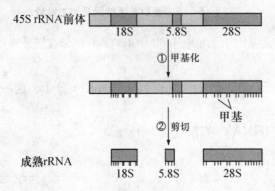

图 10-8　真核生物 rRNA 加工

成熟 rRNA 与核糖体蛋白在核仁装配成核糖体的 60S 大亚基和 40S 小亚基，转运到细胞液中，参与蛋白质合成。原核生物与真核生物 rRNA 前体的后加工过程基本一致。

📖 本章小结

转录是基因表达的首要环节，也是中心法则的关键。细胞中以 DNA 为模板合成 RNA 的过程称为转录。转录体系包括：DNA 为模板、NTP 为原料、RNA 聚合酶、某些蛋白质因子（如 ρ 因子）及 Mg^{2+} 或 Mn^{2+}。在细胞内，DNA 双链中只有一条链具有转录功能，因此转录是不对称的。RNA 聚合酶是转录过程中主要的酶，它催化核苷酸以 3′,5′-磷酸二酯键的形成。RNA 链的合成方向为 5′→3′。转录过程可分为起始、延长、终止及转录后加工。通过转录，DNA 分子中的遗传信息传递到 RNA（mRNA）分子中。

转录生成的 RNA，必须经过加工修饰才能成为具有生物功能的 RNA，这个过程称为转录后加工。转录后加工方式主要有：① mRNA 前体由外显子与内含子交替连接形成，经过加帽、加尾、剪接、编辑和修饰等加工后成为成熟 mRNA。② rRNA 前体由 18S、5.8S、28S

rRNA 基因及外转录区、内转录间隔区组成，经过修饰与剪切等加工成为成熟 rRNA。
③ tRNA前体经过剪切 5′和 3′端序列、添加 3′端 CCA、修饰碱基等加工后成为成熟 tRNA。

本章重点名词解释

1. 转录
2. 不对称转录
3. 启动子
4. 模板链

思考与练习

一、选择题

1. mRNA 中的遗传信息可来自（　　）。
   - A. RNA
   - B. DNA
   - C. RNA 和 DNA
   - D. 蛋白质

2. RNA 的合成原料之一是（　　）。
   - A. ATP
   - B. GDP
   - C. AMP
   - D. dATP

3. RNA 的合成方向是（　　）。
   - A. 3′→5′
   - B. 5′→ 3′
   - C. C → N
   - D. N → C

4. 真核生物大多数 mRNA 的 5′端有（　　）。
   - A. 帽子
   - B. Poly（A）
   - C. 胸腺嘧啶
   - D. 起始密码子

5. 关于 RNA 转录，不正确的叙述是（　　）。
   - A. 模板 DNA 两条链均有转录功能
   - B. 不需要引物
   - C. 是不对称转录
   - D. α，β-链识别转录起始点

6. 转录的终止涉及（　　）。
   - A. ρ 因子识别 DNA 上的终止信号
   - B. RNA 聚合酶识别 DNA 上的终止信号
   - C. 在 DNA 模板上终止部位有特殊碱基序列
   - D. ε 因子识别 DNA 的终止信号

7. RNA 合成的主要方式是（　　）。
   - A. 复制
   - B. 转录

　　C. 反转录

　　D. 翻译

8. 以 NTP 为底物的是（　　　　）。

　　A. DNA 聚合酶

　　B. RNA 聚合酶和 DNA 聚合酶

　　C. RNA 聚合酶

　　D. 反转录酶

9. 真核生物大多数有帽子结构的是（　　　　）。

　　A. mRNA

　　B. DNA

　　C. tRNA

　　D. rRNA

10. 比较 RNA 转录和复制，正确的是（　　　　）。

　　A. 原料都是 dNTP

　　B. 都在细胞内进行

　　C. 链的延长均从 5′方向到 3′方向

　　D. 合成产物均需剪接加工

11. 3′端有-CCA 结构的是（　　　　）。

　　A. mRNA

　　B. DNA

　　C. tRNA

　　D. rRNA

12. 合成 RNA 的原料是（　　　　）。

　　A. NTP

　　B. NMP

　　C. NDP

　　D. dNTP

二、简答题

1. 转录生成的 RNA 后加工过程有几种方式？

2. 简述启动子的结构特点及功能。

3. 简述真核生物 mRNA 转录后的加工方式。

第十一章 CHAPTER

蛋白质的生物合成

学习目标

掌握：

1. 蛋白质生物合成的概况和原料
2. 三类 RNA 在蛋白质合成中的作用
3. 遗传密码的概念及其特点

熟悉：

1. 蛋白质合成的基本过程
2. 氨基酸的活化与转运
3. 肽链的起始、延长及终止
4. 核糖体循环
5. 翻译后加工的方式

了解：

1. 分子病
2. 抗生素对蛋白质合成的影响

本章知识导图

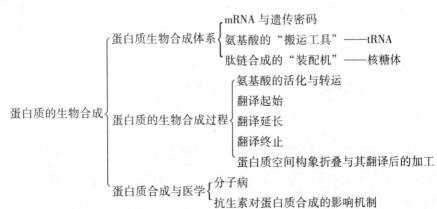

蛋白质的生物合成
- 蛋白质生物合成体系
  - mRNA 与遗传密码
  - 氨基酸的"搬运工具"——tRNA
  - 肽链合成的"装配机"——核糖体
- 蛋白质的生物合成过程
  - 氨基酸的活化与转运
  - 翻译起始
  - 翻译延长
  - 翻译终止
  - 蛋白质空间构象折叠与其翻译后的加工
- 蛋白质合成与医学
  - 分子病
  - 抗生素对蛋白质合成的影响机制

重点提示

蛋白质都是由一条或一条以上的多肽链组成的，每一条多肽链又是由许多氨基酸以肽键连接起来的线形分子。多肽链中的氨基酸序列是由相应的 mRNA 分子中的碱基序列决定的。蛋白质的生物合成过程就是核糖体协助 tRNA 从 mRNA 读取遗传信息、用氨基酸合成蛋白质的过程，是 mRNA 碱基序列决定蛋白质氨基酸序列的过程，或者说是把碱基语言翻译成氨基酸语言的过程。因此，蛋白质的生物合成过程又称为翻译。

第一节 蛋白质生物合成体系

蛋白质的生物合成过程除了消耗大量氨基酸和高能化合物 ATP、GTP 之外，还需要多种生物大分子的参与，包括 rRNA、mRNA、tRNA 和一组蛋白因子。

$$\text{氨基酸} \xrightarrow[\text{酶，蛋白因子，ATP，GTP}]{\text{mRNA，rRNA，tRNA}} \text{蛋白质}$$

一、mRNA 与遗传密码

重点提示

mRNA 携带着从 DNA 转录的遗传信息，其密码子序列直接编码蛋白质多肽链的氨基酸序列。

（一）mRNA 的结构
mRNA 的一级结构由编码区和非翻译区构成，如图 11-1 所示。

起始密码子   终止密码子

5′ m⁷GpppNNN… SD序列…NNN-AUG-NNN……NNN-UAA-NN……NNNN-AA……AAAA 3′
帽子(真核)   5′非翻译区   编码区   3′非翻译区   Poly(A)尾(真核)

图 11-1　mRNA 的一级结构

1. 5′非翻译区

5′非翻译区是从 mRNA 的 5′端到起始密码子之前的一段序列，在原核生物中含有核糖体结合位点，是核糖体识别、结合 mRNA，装配并启动翻译的一段序列。真核生物 mRNA 的 5′端还有帽子结构。

2. 编码区

编码区又称为开放阅读框（Open Reading Frame，ORF），是从起始密码子到终止密码子的一段序列，是 mRNA 的主要序列。

> **提　示**
>
> 　　原核生物 mRNA 的 5′非翻译区离起始密码子 8 ~ 13 nt 的部位有一段富含嘌呤的序列，长度为 4 ~ 9 nt，用发现者 Shine-Dalgarno 的名字命名为 SD 序列，是核糖体复合物装配位点，如图 11 – 1 所示。

3. 3′非翻译区

3′非翻译区是从 mRNA 的终止密码子之后到 3′端的一段序列，真核生物 mRNA 的 3′端还有 Poly（A）尾结构。

（二）密码子

不同氨基酸所含有的密码子数目不同，如表 11 – 1 所示。

表 11 – 1　遗传密码

第一碱基	第二碱基				第三碱基
	U	C	A	G	
U	UUU 苯丙（Phe）	UCU 丝（Ser）	UAU 酪（Tyr）	UGU 半胱（Cys）	U
	UUC 苯丙（Phe）	UCC 丝（Ser）	UAC 酪（Tyr）	UGC 半胱（Cys）	C
	UUA 亮（Leu）	UCA 丝（Ser）	UAA 终止密码	UGA 终止密码	A
	UUG 亮（Leu）	UCG 丝（Ser）	UAG 终止密码	UGG 色（Trp）	G
C	CUU 亮（Leu）	CCU 脯（Pro）	CAU 组（His）	CGU 精（Arg）	U
	CUC 亮（Leu）	CCC 脯（Pro）	CAC 组（His）	CGC 精（Arg）	C
	CUA 亮（Leu）	CCA 脯（Pro）	CAA 谷氨（Gln）	CGA 精（Arg）	A
	CUG 亮（Leu）	CCG 脯（Pro）	CAG 谷氨（Gln）	CGG 精（Arg）	G
A	AUU 异亮（ILe）	ACU 苏（Thr）	AAU 天胺（Asn）	AGU 丝（Ser）	U
	AUC 异亮（ILe）	ACC 苏（Thr）	AAC 天胺（Asn）	AGC 丝（Ser）	C
	AUA 异亮（ILe）	ACA 苏（Thr）	AAA 赖（Asn）	AGA 精（Arg）	A
	AUG 甲硫（Met）	ACG 苏（Thr）	AAG 赖（Asn）	AGG 精（Arg）	G
G	GUU 缬（Val）	GCU 丙（Ala）	GAU 天（Asp）	GGU 甘（Gly）	U
	GUC 缬（Val）	GCC 丙（Ala）	GAC 天（Asp）	GGC 甘（Gly）	C
	GUA 缬（Val）	GCA 丙（Ala）	GAA 谷（Asp）	GGA 甘（Gly）	A
	GUG 缬（Val）	GCG 丙（Ala）	GAG 谷（Asp）	GGG 甘（Gly）	G

难点提示

　　从 mRNA 编码区 5′端向 3′端按每 3 个相邻碱基一组（称为三联体），连续分组，每组碱基构成一个遗传密码，称为密码子或三联体密码。密码子有 64 个，其中 AUG 编码甲硫氨酸（在原核生物编码甲酰甲硫氨酸），而所有 mRNA 编码区的第一个密码子都是编码（甲酰）甲硫氨酸的，称为起始密码子。另外，mRNA 编码区 3′端的最后一个密码子 UAA、UAG 或 UGA 不编码任何氨基酸，是终止信号，称为终止密码子。

　　载脂蛋白 B-100 的一段 mRNA 及其编码的氨基酸序列如图 11 – 2所示。

Apo B-100 mRNA序列　5′-CAA CUG CAG ACA UAU AUG AUA CAA UUU GAU CAG UAU- 3′

Apo B-100 氨基酸序列　—Gln—Leu—Gln—Thr—Tyr—Met—IIe—Gln—Phe—Asp—Gln—Tyr—

图 11 – 2　mRNA 的密码子

重点提示

　　遗传密码有如下特点：通用性、方向性、连续性和简并性。

　　（1）通用性。大量研究证明，整个生物界从低等生物到高等生物基本上都使用同一套遗传密码，这说明生命有共同的起源。不过，个别遗传密码有变异，例如，在人线粒体 DNA 中，UGA 不是终止密码子，而是编码色氨酸。

　　（2）方向性。核糖体阅读 mRNA 编码区的方向是 5′→3′，所以，密码子都是从 5′→3′ 编码。

　　（3）连续性。在 mRNA 的编码区的密码子之间没有标点，即每个碱基都参与构成一个密码子；密码子之间没有重叠，即每个碱基只参与构成一个密码子。因此，如果发生插入或缺失突变，并且插入或缺失的不是 $3n$ 个碱基，突变点下游就会发生移码突变，导致蛋白质的氨基酸组成和序列改变。

　　（4）简并性。密码子共有 64 个，其中 61 个编码标准氨基酸。每一个密码子编码一种标准氨基酸，但标准氨基酸只有 20 种，所以一种氨基酸可以由几个密码子编码，由表 11-1 可见，只有甲硫氨酸和色氨酸有单一密码子，其他 18 种标准氨基酸有 2～6 个密码子。编码同一种氨基酸的不同密码子称为同义密码子。同义密码子具有简并性，即不同密码子可以编码同一种氨基酸，并且只编码一种氨基酸。绝大多数同义密码子的第一碱基、第二碱基相同，只是第三碱基不同，如编码苯丙氨酸的 UUU 和 UUC。

二、氨基酸的"搬运工具"——tRNA

提　示

在蛋白质合成过程中，mRNA 携带的遗传信息——密码子决定着蛋白质的氨基酸序列，但是密码子与氨基酸之间并不能相互识别，它们的对应关系是通过 tRNA 建立起来的。

（一）tRNA 是氨基酸的转运工具

每一种氨基酸都有自己的 tRNA，它转运氨基酸并将其连接到肽链 C 端。

（二）tRNA 是读码器

每一种 tRNA 都有一个反密码子，它可以通过碱基配对识别 mRNA 的密码子并与之结合，如图 11 - 3 所示。

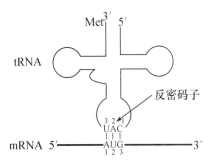

图 11 - 3　tRNA 读码

提　示

tRNA 的反密码子与 mRNA 的密码子是反向结合的，即反密码子的第一、第二、第三碱基分别与密码子的第三、第二、第一碱基结合，而且这种结合遵循碱基配对原则。其中反密码子第一碱基与密码子第三碱基的结合并不严格遵循碱基配对原则，这种现象称为摆动性，如表 11 - 2 所示。

表 11 - 2　摆动配对

反密码子第一碱基	A	C	G	U	I（次黄嘌呤）
密码子第三碱基	U	G	C、U	A、G	A、C、U

三、肽链合成的"装配机"——核糖体

重点提示

核糖体是由 rRNA 和蛋白质组成的核蛋白颗粒，由大、小两个亚基组成，如图 11-4 所示。

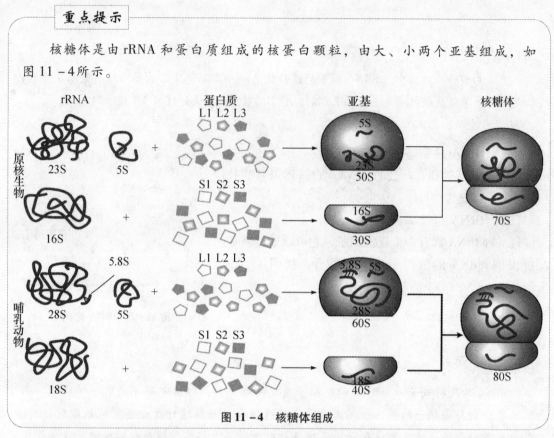

图 11-4 核糖体组成

原核生物核糖体小亚基 16S rRNA 的 3′端有一段富含嘧啶的序列，可以与 mRNA 的 SD 序列互补结合，决定翻译的起始，如图 11-5 所示。原核生物核糖体大亚基 23S rRNA 和真核生物核糖体大亚基 28S rRNA 都含有肽酰基转移酶活性中心，在蛋白质合成过程中催化肽键形成。

完整的核糖体上有 3 个位点：A 位点结合氨酰 tRNA，P 位点结合肽酰 tRNA，E 位点结合脱酰 tRNA，见图 11-6。

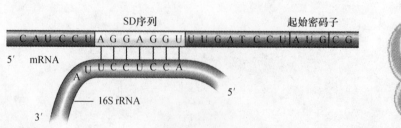

图 11-5 16S rRNA 与 SD 序列的结合

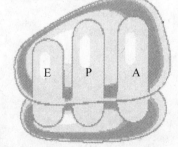

图 11-6 tRNA 的结合位点

原核生物只有一类核糖体，真核生物则有游离核糖体和粗面内质网核糖体等。游离核糖体主要合成细胞固有蛋白；粗面内质网核糖体主要合成一些膜蛋白和分泌蛋白，如清蛋白和胰岛素。

第二节　蛋白质的生物合成过程

> **难点提示**
>
> 原核生物与真核生物的蛋白质合成过程基本一致：读码从 mRNA 编码区 5′端的起始密码子开始，沿 5′→3′方向，到终止密码子结束；肽链的合成从 N 端开始，在 C 端延长，整个过程分为起始、延长和终止 3 个阶段；合成蛋白质的直接原料是氨酰 tRNA，氨基酸与 tRNA 的结合由氨酰 tRNA 合成酶催化。下面主要介绍原核生物的蛋白质合成过程。

一、氨基酸的活化与转运

tRNA 与氨基酸并不能相互识别，它们的正确结合是由氨酰 tRNA 合成酶来实现的。每一种氨基酸都只有一种氨酰 tRNA 合成酶，它催化一种特定氨基酸的 α-羧基与相应的 tRNA 3′-羟基反应生成氨酰 tRNA。氨酰 tRNA 合成酶对氨基酸的选择具有绝对特异性，从而保证 tRNA 转运正确的氨基酸。

$$\text{氨基酸} + \text{ATP} + \text{tRNA} \xrightarrow[\text{氨酰 tRNA 合成酶}]{\text{Mg}^{2+}} \text{氨酰 tRNA} + \text{AMP} + \text{PPi}$$

> **提示**
>
> 一种氨基酸与一种或几种 tRNA 在氨酰 tRNA 合成酶的作用下，通过高能酯键连接生成氨酰 tRNA 的过程即为氨基酸的活化。氨酰 tRNA 是蛋白质合成中氨基酸的活化形式。每活化一个氨基酸消耗两个高能磷酸键。

氨酰 tRNA 的书写方法是在 tRNA 前面用氨基酸符号表示所结合的氨基酸，在 tRNA 右上角用氨基酸符号表示 tRNA 转运的氨基酸，如携带了甘氨酸的 tRNA 写作 Gly-tRNA^{Gly}。不论是在原核生物还是在真核生物，转运甲硫氨酸的 tRNA 都有两种，分别参与蛋白质合成的起始和延长，如表 11-3 所示。其中原核生物的 tRNA^{fMet} 转运的是甲酰甲硫氨酸（formylmethionine，fMet），甲硫氨酸的甲酰化是在转甲酰酶的作用下由 N^{10}-甲酰四氢叶酸转移给甲硫氨酸的。

表 11-3　甲硫氨酸 tRNA

书写符号	tRNA^{fMet}	tRNA^{mMet}	tRNA^{iMet}/tRNA^{i}	tRNA^{Met}
功能	原核翻译起始	原核翻译延长	真核翻译起始	真核翻译延长

二、翻译起始

翻译的起始阶段是核糖体在起始因子的协助下与 mRNA、fMet-tRNA^{fMet} 装配成翻译起始复合物的过程。在复合物中，fMet-tRNA^{fMet} 的反密码子 CAU 与 mRNA 的起始密码子 AUG 正确配对。

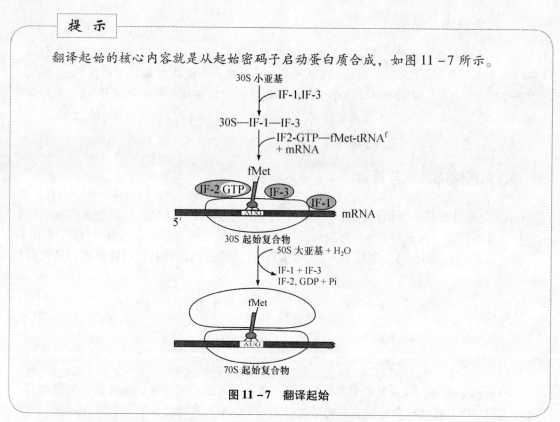

提 示

翻译起始的核心内容就是从起始密码子启动蛋白质合成，如图 11-7 所示。

图 11-7　翻译起始

（一）核糖体解离

核糖体复合物的装配是从游离的 30S 小亚基开始的。因此，70S 核糖体必须解离。核糖体解离需要起始因子参与，大肠杆菌有 3 种起始因子（IF）：IF-1、IF-2 和 IF-3。其中 IF-1 促进核糖体解离并加强 IF-2 和 IF-3 的功能，IF-2 协助 fMet-tRNA^{fMet} 与小亚基结合，IF-3 与小亚基结合，以阻止其与大亚基重新结合。

（二）30S 起始复合物形成

在起始因子 IF-1 和 IF-3 的协助下，30S 小亚基通过 16S rRNA 3′端富含嘧啶的序列识别 mRNA 5′非翻译区的 SD 序列，从而与 mRNA 正确结合，如图 11-5 所示。与此同时，IF-2 与 GTP 形成 IF-2·GTP，然后与 fMet-tRNA^{fMet} 结合并协助其与 mRNA-30S 小亚基 P 位结合，结合后 fMet-tRNA^{fMet} 的反密码子 CAU 与 mRNA 的起始密码子 AUG 正确配对。

（三）70S 起始复合物形成

30S 起始复合物与 50S 大亚基结合形成 70S 起始复合物。IF-1 和 IF-3 脱离复合物。IF-2 具有核糖体依赖性鸟苷三磷酸酶（Guanosine Triphosphatase，GTPase）活性，水解 GTP 后脱离复合物。此时 fMet-tRNA^f 占据着 P 位，而 A 位为空位。

三、翻译延长

> **提　示**
>
> 　　延长阶段是依托核糖体的 3 个位点，在 mRNA 密码子的指导下把氨基酸连接成肽链的过程。翻译延长是一个循环过程，包括进位、成肽、移位三个步骤，每一循环连接一个氨基酸。肽链延长需要延长因子（EF）EF-Tu、EF-Ts 和 EF-G 参与，还消耗 GTP，如图 11 - 8 所示。
>
>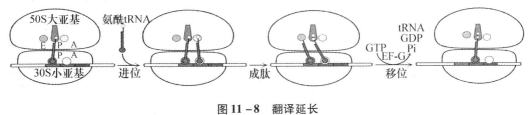
>
> 图 11 - 8　翻译延长

（一）进位

氨酰 tRNA 进入 A 位。在蛋白质合成起始阶段完成时，70S 核糖体复合物三个位点的状态不同：E 位是空的；P 位对应 mRNA 的第一个密码子 AUG，结合了 fMet-tRNA^{fMet}；A 位对应 mRNA 的第二个密码子，是空的。何种氨酰 tRNA 进位由 A 位对应的 mRNA 密码子决定，并且需要延长因子 EF-Tu 和 EF-Ts 的协助，通过进位循环完成。

进位循环过程如下：①EF-Tu·GTP 复合物与氨酰 tRNA 形成氨酰 tRNA-EF-Tu·GTP 三元复合物。②三元复合物进入核糖体 A 位，氨酰 tRNA 反密码子与 mRNA 密码子结合，EF-Tu 水解所结合的 GTP，转化成 EF-Tu·GDP，脱离核糖体。③EF-Ts 使 EF-Tu 释放 GDP。④EF-Ts 使 EF-Tu 结合 GTP，重新形成 EF-Tu·GTP 复合物，开始下一进位循环。进位循环如图 11 - 9 所示。

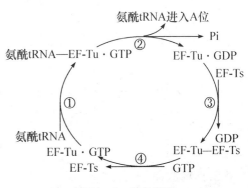

图 11 - 9　进位循环

（二）成肽

P 位 fMet-tRNA^fMet 甲酰甲硫氨酸（及合成中的肽链）的 α-羧基与 A 位氨酰 tRNA 所携带的氨基酸的 α-氨基缩合，形成肽键。成肽反应由 23S rRNA 的肽酰转移酶活性中心催化，既不消耗高能化合物，也不需要其他因子。

（三）移位

肽键形成之后，A 位结合的是肽酰 tRNA，P 位点结合的是脱酰 tRNA。接下来是移位，核糖体向 mRNA 的 3'端移动一个密码子，而脱酰 tRNA 及肽酰 tRNA 与 mRNA 之间没有相对移动。

移位的结果：①脱酰 tRNA 从核糖体 P 位移到 E 位再脱离核糖体。②肽酰 tRNA 从核糖体 A 位移到 P 位。③A 位成为空位，并对应 mRNA 的下一个密码子。④核糖体恢复 A 位为空位时的构象，可以接受下一个氨酰 tRNA – EF-Tu·GTP 三元复合物，开始下一延长循环。

移位需要延长因子 EF-G（也称移位酶）与一分子 GTP 形成的 EF-G·GTP 复合物。EF-G·GTP 水解其 GTP，转化成 EF-G·GDP，推动核糖体移位。

四、翻译终止

> **提 示**
>
> 当核糖体通过移位读到终止密码子时，蛋白质合成进入终止阶段，由释放因子协助终止翻译。

（一）终止过程

当核糖体沿着 mRNA 分子移动到 A 位出现终止密码子时，没有相应的氨酰 tRNA 与之对应，一种释放因子（Release Factor, RF）与终止密码子及核糖体 A 位结合，另一种释放因子随之结合，改变肽酰转移酶的特异性，催化 P 位肽酰 tRNA 水解，从而使肽链从核糖体上释放，如图 11–10 所示。接下来，释放因子促使脱酰 tRNA 脱离核糖体。核糖体解离成亚基并脱离 mRNA。

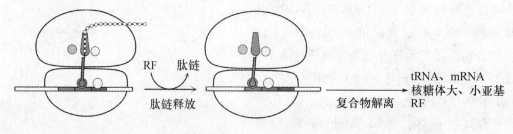

图 11–10　翻译终止

（二）释放因子

大肠埃希菌有 3 种释放因子（RF）：RF1、RF2 和 RF3。RF1 识别终止密码子 UAA 和

UAG，RF2 识别终止密码子 UAA 和 UGA，RF3 不识别终止密码子，但具有核糖体依赖性 GTP 酶活性，与 GTP 结合后可以协助 RF1 或 RF2 使翻译终止。

（三）多核糖体循环

当原核生物及真核生物合成蛋白质时，许多核糖体会同时结合在一个 mRNA 分子上，形成多核糖体结构，进行翻译；此外，核糖体在一轮翻译完成后可以回到 mRNA 的 5′端，重新装配，开始新一轮翻译合成，形成循环。多核糖体循环大大地提高了翻译的效率，如图 11 - 11所示。

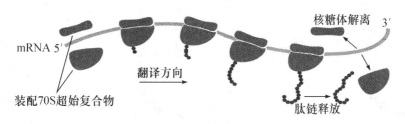

图 11 - 11　多核糖体循环

> **重点提示**
>
> 蛋白质的生物合成过程是一个需要消耗能量的过程。活化一分子氨基酸要消耗两个高能磷酸键（来自 ATP），肽链延长阶段在进位和移位时分别消耗一个高能磷酸键（来自 GTP）。因此，当蛋白质的生物合成起始后，每连接一个氨基酸要消耗四个高能磷酸键。

五、蛋白质空间构象折叠与其翻译后的加工

> **提　示**
>
> 在核糖体上合成的多肽链还没有生物活性，需要在细胞内进一步加工修饰并折叠成一定的空间构象，才能成为有活性的蛋白质，这一过程称为翻译后修饰。翻译后修饰包括一级结构的修饰、高级结构的修饰和靶向转运。

（一）一级结构的修饰

蛋白质一级结构的修饰包括肽链 N 端的修饰、氨基酸 R 基的修饰、肽键的断裂和肽段的切除。

1. 水解修饰

典型的水解修饰包括去除 N 末端的甲酰甲硫氨酸或甲硫氨酸、影响蛋白质活性的某些氨基酸。新生肽链 N 端第一个氨基酸总是甲酰甲硫氨酸（原核生物）或者甲硫氨酸（真核

生物），而天然蛋白质 N 端的第一个氨基酸大多不是甲硫氨酸，因此，新生肽链 N 末端的 *N*-甲酰基、甲酰甲硫氨酸或甲硫氨酸要被切掉。酶原激活就是切除了酶原中的特殊氨基酸或部分肽段。从前胰岛素原到有活性的胰岛素转变的过程就是先切除一段 24 个氨基酸的信号肽，并形成二硫键，生成胰岛素原，再切除两对碱性氨基酸和 C 肽后，才生成有活性的胰岛素，如图 11 - 12 所示。

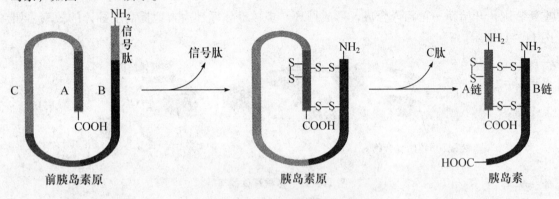

图 11 - 12　胰岛素的翻译后修饰

2. 氨基酸修饰

因功能需要，新生肽链的一些标准氨基酸需要修饰。氨基酸修饰包括羟化、甲基化、羧化、磷酸化、乙酰化、核苷酸化等。例如，胶原蛋白中的羟脯氨酸和羟赖氨酸就是脯氨酸和赖氨酸羟化而成的。磷酸化主要发生在特定丝氨酸、苏氨酸或酪氨酸的 R 基的羟基上，对蛋白质的功能调节至关重要。

（二）高级结构的修饰

> **提　示**
>
> 辅基的结合及亚基的聚合都属于高级结构的修饰。

1. 辅基结合

生物体内很多蛋白质都属于缀合蛋白质，缀合蛋白质需要与辅基结合之后才具有生物活性。例如，珠蛋白与血红素结合，形成血红蛋白亚基。

2. 亚基聚合

具有四级结构的蛋白质分子是由多个亚基构成的，各亚基借助非共价键形成寡聚体之后才能发挥作用。例如，血红蛋白是一个四聚体（$\alpha_2\beta_2$），原核生物 RNA 聚合酶是一个六聚体（$\alpha_2\beta\beta'\sigma\omega$）。

3. 肽链折叠

新生肽链需折叠成一定的构象才能成为具有功能的蛋白质。蛋白质的一级结构是其构象的基础，有些新生肽链在生理条件下能够自发折叠，形成稳定的天然构象。但大多数新生肽链在体内的折叠还需要一些辅助蛋白的协助，如蛋白质二硫键异构酶、肽基脯氨酰异构酶和蛋白伴侣等。

（三）靶向转运

重点提示

靶向转运是指新合成的蛋白质转运到其功能场所的过程。

由于真核生物的结构和功能复杂，蛋白质的生物合成主要在细胞液中进行，因此有大量的蛋白质合成后需要转运到特定的部位。分泌到细胞外的蛋白质（分泌蛋白）进入内质网腔的过程最具有代表性，下面简要介绍。

难点提示

绝大多数分泌蛋白质的 N 端有一段短肽，称为信号肽，信号肽的功能是引导新生肽链进入内质网，之后就被切除，所以成熟的分泌蛋白不含信号肽，如图 11 - 13 所示。

牛生长激素 Met Met Ala Ala Gly Pro **Arg** Thr Ser Leu Leu Leu Ala Phe Ala Leu Leu Cys Leu Pro Trp Thr Gln Val Val Gly Ala…

人前胰岛素原   Met Ala Leu Trp Met **Arg** Leu Leu Pro Leu Leu Ala Leu Leu Ala Leu Trp Gly Pro Asp Pro Ala Ala Ala Phe…

人流感病毒A   Met Lys Ala Lys Leu Leu Val Leu Leu Tyr Ala Phe Val Ala Gly Asp…

图 11 - 13 分泌蛋白的信号肽

信号肽位于肽链 N 端，有 13 ~ 36 个氨基酸。N 端有 1 ~ 2 个带正电荷的氨基酸；中间有 10 ~ 15 个疏水氨基酸；C 端为蛋白酶剪切点，含有极性氨基酸，靠近剪切点处为小分子氨基酸，以丙氨酸最为常见。

分泌蛋白的合成是在游离核糖体上开始的，之后由信号肽引导核糖体锚定于内质网膜上并继续合成，新生肽链直接进入内质网腔，即合成与转运同时进行，所以该过程称为共翻译转运。核糖体锚定于内质网膜上的过程还需要两个关键成分：信号识别颗粒（Signal Recognition Particle，SRP）和 SRP 受体。SRP 可以同时与信号肽、核糖体 60S 大亚基、SRP 受体形成瞬时结合。SRP 与新生肽链的结合抑制肽链的合成，因为肽链的合成不利于转运。

分泌蛋白向内质网腔的转运过程如下：① 核糖体合成信号肽。② SRP 与信号肽结合。③ SRP 与 GTP 结合并使肽链合成暂停，此时肽链长约 70 个氨基酸；mRNA-核糖体-肽链-SRP·GTP 向内质网移动，与内质网表面 SRP 受体结合。④ 核糖体与贯穿内质网膜的易位子结合，易位子通道开放，信号肽引导新生肽链穿过，同时 SRP 及其受体水解各自结合的 GTP 并解离。⑤ 肽链合成继续，并穿过易位子进入内质网腔，内质网腔内的信号肽酶切除信号肽。⑥ 肽链继续合成并进入内质网腔。⑦ 肽链合成完毕，核糖体解离，同时易位子通道闭合。⑧ 新生肽链在内质网腔内进一步加工。分泌蛋白进入内质网腔的机制如图 11 - 14 所示。

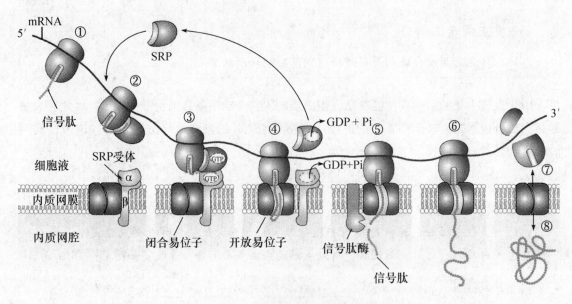

图 11 - 14 分泌蛋白进入内质网腔的机制

肽链在内质网腔内进一步加工并形成转运小泡，向高尔基体转运，在高尔基体内被进一步修饰和包装，然后分泌到细胞外。

第三节 蛋白质合成与医学

一、分子病

> **重点提示**
>
> 由 DNA 分子结构的遗传缺陷，引起蛋白质结构或合成量异常而导致的疾病称为分子病。例如，镰状细胞贫血就是典型的分子病。患者血红蛋白的 β-亚基 N 端第六个氨基酸——谷氨酸被缬氨酸取代。谷氨酸的 R 基是极性的，带一个负电荷；而缬氨酸的 R 基是非极性疏水的，不带电荷。因此，患者的血红蛋白分子比正常血红蛋白分子少两个负电荷，并且极性弱。这种变化使其溶解度降低，在脱氧状态下能形成棒状复合体，使红细胞扭曲成镰状，损害细胞膜，受损红细胞易被脾脏清除，发生溶血性贫血。

二、抗生素对蛋白质合成的影响机制

（一）抗生素的作用

抗生素是一类由细菌或真菌产生的可抑制其他微生物生长或杀死其他微生物的代谢物，既可以从生物材料中提取，又可以利用化工工艺制备。不同抗生素的作用机制不同，目前临床常用的抗生素主要作用于翻译过程的某个环节，直接抑制病原体蛋白质的合成。由于真核生物和原核生物的复制、转录和翻译过程既相似又有差别，某些抗生素能特异地与原核生物核糖体结合，在起始或延长阶段抑制蛋白质合成，所以它们可以广泛应用于抗感染治疗。

（二）抗生素的分类

1. 大环内酯类

大环内酯类抗生素包括红霉素、阿奇霉素和泰利霉素等。抑制金黄色葡萄球菌、各组链球菌等革兰阳性菌的蛋白质合成。机制是不可逆地结合到细菌核糖体大亚基上，抑制核糖体移位，是治疗耐药金黄色葡萄球菌感染的有效药物。

2. 氨基糖苷类

氨基糖苷类抗生素包括链霉素、卡那霉素、庆大霉素和阿米卡星等。对各种需氧革兰阴性菌具有强大抗菌活性，主要是抑制细菌蛋白质合成。

（1）链霉素：与原核生物核糖体小亚基蛋白 S12 结合，阻止 fMet-tRNA^{fMet} 与小亚基结合，抑制翻译起始。

（2）卡那霉素：与原核生物核糖体小亚基结合，引起读码错误或抑制翻译。

（3）庆大霉素：与原核生物核糖体小亚基结合，抑制蛋白质合成。

（4）阿米卡星：与原核生物核糖体小亚基结合，引起读码错误，抑制蛋白质合成。

3. 四环素

四环素属广谱抗生素，对革兰阳性菌的抑制作用强于阴性菌，可与 16S rRNA 结合而使小亚基变构，抑制氨酰 tRNA 进入 A 位，从而抑制肽链延长。

4. 氯霉素

氯霉素为广谱、速效抑菌药，高浓度时有杀菌作用，对革兰阴性菌的作用强于阳性菌。可与原核生物大亚基结合，抑制肽酰转移酶活性，在肽链延长阶段抑制细菌蛋白质合成。

5. 白喉毒素

白喉是白喉杆菌引起的急性呼吸道传染病。存在于上呼吸道的白喉杆菌产生的白喉毒素是这种疾病致死的主要原因。几毫克的白喉毒素就足以使未接受疫苗的人死亡，其致死机制主要是抑制真核生物蛋白质的合成。真核生物延长因子（eukaryotic Elongation Factor，eEF）eEF-2 的一个组氨酸在自身蛋白质合成的翻译后修饰中产生白喉酰胺，白喉毒素有 ADP-核糖基转移酶活性，可以催化 NAD$^+$ 的 ADP-核糖基转移到白喉酰胺的 N 上，形成 eEF-2 腺苷二磷酸核糖衍生物，从而使 eEF-2 失活。

6. 干扰素

干扰素是真核细胞受到病毒感染后产生的能对抗病毒的细胞因子，在某些病毒双链核糖核酸（double-stranded RNA，dsRNA）存在条件下，诱导特异蛋白激酶活化，此活化的蛋白激酶使真核生物起始因子（eukaryotic Initiation Factor，eIF）eIF-2 磷酸化而失活，从而抑制病毒蛋白质合成。另外干扰素还可与 dsRNA 共同活化特殊的 $2',5'$-寡聚腺苷酸合成酶，以 ATP 为原料合成 $2',5'$-寡聚腺苷酸，$2',5'$-寡聚腺苷酸可活化核糖核酸酶 L（Ribonuclease L，RNaseL，是一种核酸内切酶），后者使病毒 mRNA 发生降解从而阻断病毒蛋白质合成。

📖 本章小结

蛋白质的生物合成在真核细胞和原核细胞中大同小异，都在胞质内进行。

mRNA 带着 DNA 的遗传信息（三个相邻的碱基为一个密码子，代表相应的氨基酸）作为指导蛋白质合成的模板，共有64个密码子，其中61个密码子代表20种氨基酸、3个是终止密码子和1个起始密码子。密码子具有方向性、连续性、通用性和简并性等重要特性。rRNA 含有大小两个亚基游离在胞质内，大亚基含有转肽酶，小亚基可结合在 mRNA 分子上。当蛋白质合成时，大、小亚基与 mRNA 结合在一起提供蛋白质合成的场所。tRNA 不仅可特异地运载氨基酸，而且具有能与 mRNA 分子上的密码子反向配对的反密码子结合。蛋白质的合成过程包括氨基酸的活化和转运，以及核糖体循环合成多肽链。核糖体循环可分为起始、延长及终止三个阶段。蛋白质合成过程是一个耗能的、不可逆的反应。随着多肽链的脱落，大小亚基重新游离于胞质。需要合成时，又可重新组合。合成的多肽链还需要最后加工、修饰成为具有各种功能的蛋白质。

蛋白质的合成与医学有着密切联系。例如，分子病，以及多种抗生素的抗菌、抗肿瘤作用均与蛋白质合成过程有关。

◎ 本章重点名词解释

1. 翻译
2. 密码子
3. SD 序列
4. 信号肽

◉ 思考与练习

一、选择题

1. 蛋白质的生物合成过程又称（　　　）。

A. 翻译　　　　　　　　　　　　　　B. 复制

C. 转录　　　　　　　　　　　　　　D. 反转录

2. 指导蛋白质合成的直接模板是（　　　）。

A. rRNA　　　　　　　　　　　　　B. tRNA

C. mRNA　　　　　　　　　　　　　D. DNA 编码链

3. 编码氨基酸的密码子有（　　　）。

A. 16 个　　　　　　　　　　　　　B. 20 个

C. 60 个　　　　　　　　　　　　　D. 61 个

4. 蛋白质合成的机器是（　　　）。

A. 溶酶体　　　　　　　　　　　　B. 核糖体

C. 核小体　　　　　　　　　　　　D. 微粒体

5. 蛋白质生物合成后加工的方式有（　　　）。

A. 切除多肽链 N 端的羟赖氨酸　　　B. 甲硫键的形成

C. 氨基残基侧链的修饰　　　　　　D. 改变空间结构

6. 人体内不同细胞合成不同蛋白质是因为（　　　）。

A. 各种细胞的基因不同　　　　　　B. 各种细胞的基因相同，而基因表达不同

C. 各种细胞的蛋白酶活性不同　　　D. 各种细胞的蛋白激酶活性不同

7. 关于 tRNA 的正确叙述是（　　　）。

A. 含有较少稀有碱基　　　　　　　B. 二级结构呈灯草结构

C. 含有反密码环，环上有密码子　　D. 5'-端有-C-C-A-OH

8. 真核生物遗传密码 AUG 代表（　　　）。

A. 起始密码　　　　　　　　　　　B. 终止密码

C. 色氨酸密码　　　　　　　　　　D. 羟酪氨酸密码

9. 组成 mRNA 的四种核苷酸能组成多少种密码子（　　　）。

A. 16　　　　　　　　　　　　　　B. 46

C. 64　　　　　　　　　　　　　　D. 32

10. 肽链合成后加工形成的氨基酸是（　　　）。

A. 色氨酸　　　　　　　　　　　　B. 甲硫氨酸

C. 谷氨酰胺　　　　　　　　　　　D. 羟赖氨酸

11. 现有一 DNA 片段，它的顺序是 3'…ATTCAG…5' 转录从左向右进行，生成的 RNA 顺序应是（　　　）。

A. 5'…GACUU…3'　　　　　　　　B. 5'…AUUCAG…3'

C. 5'…UAAGUC…3'　　　　　　　　D. 5'…CTGAAT…3'

12. 翻译的产物是（　　）。

  A. rRNA   B. mRNA

  C. 蛋白质   D. 核酸

13. 决定蛋白质合成的起始密码是（　　）。

  A. UAG   B. AUG

  C. AGU   D. UGA

14. 密码子的特点是（　　）。

  A. 连续性   B. 连续复制

  C. 还原性   D. 氧化性

15. 催化 tRNA 携带氨基酸的酶是（　　）。

  A. 酯酶   B. ATP 酶

  C. 氨酰 tRNA 合成酶   D. 蛋白质合成酶

二、简答题

1. 简述密码子的基本特点。

2. 简述蛋白质合成所需要的物质及其作用。

3. 简述真核生物蛋白质合成之后的加工修饰。

第十二章 CHAPTER

肝脏生物化学

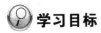 学习目标

掌握：
1. 肝脏在物质代谢中的作用
2. 生物转化的概念

熟悉：
1. 生物转化的反应类型
2. 胆色素的分解代谢
3. 常用肝功能试验的临床意义

了解：
1. 肝功能受损时物质代谢紊乱的表现
2. 各类物质在肝脏代谢中的联系

本章知识导图

肝脏生物化学
- 肝脏在物质代谢中的作用
  - 肝脏在糖代谢中的作用
  - 肝脏在脂类代谢中的作用
  - 肝脏在蛋白质代谢中的作用
  - 肝脏在维生素代谢中的作用
  - 肝脏在激素代谢中的作用
- 肝脏的生物转化作用
  - 肝脏中非营养性物质的来源
  - 生物转化作用概述
  - 生物转化反应的类型及酶系
  - 影响生物转化作用的因素
- 胆色素代谢与黄疸
  - 胆红素的来源与生成
  - 胆红素在血液中的运输
  - 胆红素在肝内的转变
  - 胆红素在肠中的转变
  - 黄疸
- 常用的肝功能检验
  - 血清蛋白质、血氨、胆汁酸的测定
  - 血清中酶的测定
  - 肝炎免疫测定及肿瘤标志物测定
  - 肝脏的生物转化和排泄功能

重点提示

肝脏是人体的"物质代谢中枢"。它不仅与糖、脂类、蛋白质、维生素和激素代谢有密切的联系，而且在生物转化、胆汁酸和胆色素代谢中也发挥了重要作用。

肝脏多方面的功能取决于其组织结构及生化组成上的四大特点：① 肝脏有肝动脉和门静脉双重血液供应。它既可以从肝动脉的血液中接受由肺和其他组织运来的氧及代谢产物，又可以从门静脉的血液中获取由消化道吸收来的营养物质。② 肝脏富含血窦。由于血流速度缓慢，肝细胞与血液的接触面积大且时间长，有利于物质的交换。③ 肝脏有两条输出途径。肝静脉与体循环相连，可以将消化道吸收来的营养物质和肝内的代谢产物随血液运到肝外其他组织，又可以使肝的部分代谢终产物进入肾随尿而排出体外；胆道系统与肠道相通，有利于非营养性物质的代谢转变与排泄。④ 肝细胞内含有丰富的酶类，其中有些酶是肝外组织所没有或极少的。以上特点确立了肝脏是人体"物质代谢中枢"的地位。

第一节　肝脏在物质代谢中的作用

一、肝脏在糖代谢中的作用

重点提示

肝脏主要通过肝糖原的合成、分解和糖异生作用来维持血糖浓度的相对恒定，确保全身各组织，特别是大脑和红细胞的能量来源。

餐后，血糖浓度升高，人体能利用血液中的葡萄糖合成糖原而储存，其中肝脏和肌肉的储存量最大，肝糖原含量占肝重的 5% ~ 6%，约 100 g；肌糖原含量占肌重的 1% ~ 2%，约 300 g。

饥饿时，由于肝脏含有葡萄糖-6-磷酸酶，所以肝糖原分解能直接补充血糖；但肌肉内无此酶，肌糖原只能通过糖酵解生成乳酸，再经肝脏的糖异生作用转变为葡萄糖。如果仅靠肝糖原来供能，饥饿 8 ~ 12 h，体内的肝糖原就被耗尽了，此时糖异生作用成为维持血糖浓度相对恒定的主要途径，空腹 24 ~ 48 h 后糖异生达最大速度。

另外，体内的其他单糖，如果糖、半乳糖，也可以在肝中转变成葡萄糖供机体利用。

重点提示

肝脏在维持血糖浓度的相对恒定中起着重要作用，故当肝功能严重障碍时，进食后可能出现一时性高血糖，饥饿时又发生低血糖，糖耐量曲线异常。

二、肝脏在脂类代谢中的作用

肝脏在脂类的消化、吸收、分解、合成及运输等过程中均起重要作用。

（一）胆汁酸盐有助于脂类的消化和吸收

> **提　示**
>
> 　　肝脏是胆固醇转化排泄的场所，约 1/2 的胆固醇在肝中转变成胆汁酸盐，它是强乳化剂，促进脂类的消化吸收。肝胆疾病的患者可出现脂类消化不良，甚至脂肪泻和脂溶性维生素缺乏症。

（二）肝脏是脂肪酸合成、分解、改造和酮体生成的主要场所

> **难点提示**
>
> 　　肝细胞富含合成脂肪酸和促进脂肪酸 β-氧化的酶，而且只有肝脏含有合成酮体所需要的酶，故肝脏是脂肪酸合成、β-氧化最主要的场所，也是酮体生成的唯一场所。酮体是脂肪酸在肝外组织氧化供能的另一种形式，当血糖浓度过低时，心、脑、肾和骨骼肌可直接利用酮体氧化供能。另外从食物中吸收而来的脂肪酸进行饱和度和碳链长度的改造，大部分也是在肝中进行的。

（三）肝脏是合成脂蛋白的主要场所

> **重点提示**
>
> 　　肝脏合成磷脂非常活跃，特别是卵磷脂。肝脏还合成载脂蛋白 C-Ⅱ（ApoC-Ⅱ），载脂蛋白和磷脂是合成脂蛋白的原料。脂蛋白是脂类的运输形式，VLDL 和大部分 HDL 均在肝中合成，而 LDL 又是由 VLDL 转变而来的，所以肝脏是合成脂蛋白的主要场所。由于 VLDL 能有效地将肝细胞内的甘油三酯运送到肝外组织，当肝功能受损，脂蛋白合成减少或合成卵磷脂的原料胆碱和甲硫氨酸等活性甲基供体前身物质缺乏时，肝内脂肪转运不出去，造成堆积，导致脂肪肝。

　　另外，从脂库中动员出来的游离脂肪酸也要与肝脏合成的血浆清蛋白结合而运输。

（四）肝脏是胆固醇代谢的主要器官

> **提 示**
>
> 人体内的胆固醇约 1/3 来自食物，约 2/3 由体内合成。体内许多组织都能合成胆固醇，但肝脏是合成胆固醇的主要场所，约占体内合成总量的 3/4。血浆胆固醇酯的生成也需要肝脏合成的卵磷脂胆固醇脂酰转移酶（Lecithin Cholesterol Acyl Transferase，LCAT）催化。故当肝功能严重受损时，胆固醇脂/游离胆固醇的值降低。
>
> 体内的胆固醇约有 1/2 在肝脏转变成胆汁酸盐，胆汁酸盐通过肠肝循环可反复利用。高胆固醇血症的病人服用"消胆胺"可减少胆汁酸盐的肠肝循环，使胆汁酸盐的排出增加，从而降低患者血中胆固醇的水平。

三、肝脏在蛋白质代谢中的作用

肝脏进行的蛋白质代谢包括合成代谢和分解代谢。

（一）合成多种血浆蛋白质

> **重点提示**
>
> 肝内的蛋白质代谢极为活跃。它不但合成自身的结构蛋白质，而且还合成多种血浆蛋白质，如全部的清蛋白、凝血酶原、纤维蛋白原、多种载脂蛋白（ApoA、ApoB、ApoC、ApoE）和部分球蛋白（α_1-球蛋白、α_2-球蛋白、β-球蛋白），故肝脏在维持血浆蛋白与全身组织蛋白之间的动态平衡中起重要作用。成人肝脏每日约合成 12 g 清蛋白，它在维持血浆胶体渗透压方面起着举足轻重的作用，故肝功能严重受损时会出现水肿、腹水、A/G（Albumin/Globulin，清蛋白与球蛋白的比值）值下降。在肝昏迷前后，病人出现凝血时间延长，各脏器有出血倾向，甚至大出血。

> **难点提示**
>
> 胎儿的肝脏可合成甲胎蛋白（Alpha Fetoprotein，AFP），出生后其合成受到抑制，正常人血浆中的甲胎蛋白含量极低。肝癌细胞内的甲胎蛋白基因被激活，血浆中的甲胎蛋白明显升高，这是目前诊断原发性肝癌最好的指标。

（二）氨基酸脱氨基和合成尿素解氨毒

肝脏在氨基酸分解代谢中也起重要作用。除了支链氨基酸（亮氨酸、异亮氨酸、缬氨酸）以外的所有氨基酸的转氨基、转甲基、脱硫、脱羧基及脱氨基等反应在肝中进行得均十分活跃。

重点提示

肝脏受损时，肝细胞膜通透性增加或肝细胞坏死，使血中某些酶活性测定值增高，临床生化中常以此作为诊断肝脏疾病的辅助指标。

联合脱氨基作用在肝中进行得非常活跃。

难点提示

肝脏通过鸟氨酸循环将有毒的氨合成无毒的尿素随尿排出体外而解氨毒。鸟氨酸氨甲酰转移酶和精氨酸酶主要存在于肝脏，故肝脏是合成尿素的唯一器官。其次肝脏也可将氨转变成谷氨酰胺。当肝功能严重衰竭时，由于尿素合成障碍，血氨升高可引起肝昏迷。

肝脏是芳香族氨基酸和芳香胺类的清除器官。苯丙氨酸和酪氨酸在肠道细菌腐败作用下脱羧基后分别生成苯乙胺和酪胺。正常时，它们在肝脏经生物转化后极性增强，可随胆汁经肠道排出体外。

重点提示

严重肝脏疾患时，患者肝脏的生物转化能力下降，或者肝硬化患者由于门脉高压，侧支循环建立，产生的苯乙胺和酪胺不再经过生物转化，而是直接经体循环进入脑细胞。二者在脑中分别羟化为苯乙醇胺和 β-羟酪胺，由于它们与正常的儿茶酚胺类神经递质结构相似，故称其为芳香胺类假神经递质。它们与正常神经递质竞争和神经递质受体结合，干扰神经传导，引起神经活动紊乱，这就是肝昏迷的假神经递质学说。

四、肝脏在维生素代谢中的作用

肝脏在维生素的吸收、储存、运输和代谢方面均起重要作用。

提示

肝脏合成的胆汁酸盐是强乳化剂，它有利于脂溶性维生素的吸收。当胆道梗阻或肝功能损伤时，胆汁不能进入肠道或胆汁酸盐合成不足，均可导致脂溶性维生素吸收障碍。

肝脏是体内含维生素（维生素 A、维生素 K、维生素 B_1、维生素 B_2、维生素 B_6、维生素 B_{12}、泛酸及叶酸）较多的器官，维生素 A、维生素 E、维生素 K 和维生素 B_{12} 主要储存于

肝脏。例如，肝储存的维生素 A 约占体内维生素 A 总量的95%。

> **难点提示**
>
> 维生素 A 是视紫红质的组分，与维持暗视觉有关；维生素 E 与抗氧化有关；维生素 K 参与肝细胞中凝血酶原及凝血因子Ⅱ、凝血因子Ⅶ、凝血因子Ⅸ及凝血因子Ⅹ的合成；维生素 B_{12} 参与甲基转移，参与胸腺嘧啶合成。故多进食动物肝脏能防止出现夜盲症、出血倾向和婴幼儿因缺乏维生素 B_{12} 所致的巨幼红细胞贫血。

肝脏还合成维生素 D 结合球蛋白和视黄醇结合蛋白，通过血液循环运输维生素 D 和维生素 A。

> **提示**
>
> 辅酶是 B 族维生素的衍生物，在肝内维生素 PP 可转化为辅酶Ⅰ（NAD^+）和辅酶Ⅱ（$NADP^+$）。维生素 B_1 可转化为焦磷酸硫胺素（TPP）。泛酸可转化为辅酶 A（CoASH）。维生素 D_3 在肝脏转化为 25-羟维生素 D_3，再进一步在肾转化为 $1,25-(OH)_2D_3$。活化的维生素 D_3 在钙磷代谢中起重要作用。β-胡萝卜素也可以在肝脏被转变为维生素 A。

五、肝脏在激素代谢中的作用

多种激素在发挥其调节作用后，主要在肝脏转化，降解或失去活性，这一过程称为激素的灭活。灭活后的产物大部分随尿排出。灭活过程对于激素作用时间的长短及强度具有调控作用，而激素在调节人体生理和代谢功能方面起着重要作用。

> **难点提示**
>
> 肝病严重时，由于激素的灭活功能降低，体内雌激素、肾上腺皮质激素、醛固酮和抗利尿激素等水平升高，可出现男性乳房女性化、蜘蛛痣、肝掌（雌激素对小血管的扩张作用）、高血压，并使重症肝病患者出现水肿或腹水。

第二节　肝脏的生物转化作用

一、肝脏中非营养性物质的来源

机体内的某些物质既不能构成组织细胞的结构成分，又不能彻底氧化用于供能，其中一些物质对人体有一定的生物学效应或毒性作用，常统称为非营养性物质。一般而言，非营养物质具有脂溶性强、水溶性低或有毒等化学性质，需要及时清除出体外，以保证各种生理活动的正常进行。根据来源不同，非营养性物质可分为内源性和外源性两类。

（一）内源性

内源性物质为体内代谢产生的各种生物活性物质，如激素、神经递质和其他胺类物质，还有一些对机体有毒的代谢产物，如胺和胆红素等。

（二）外源性

外源性物质为外界进入体内的药物、食品添加剂、色素、误服的毒物及蛋白质在肠道的腐败产物（如胺类物质）等。

二、生物转化作用概述

（一）生物转化作用的概念

> **重点提示**
>
> 非营养物质在肝脏内进行氧化、还原、水解和结合反应后，其极性（水溶性）增强，更易于随胆汁或尿液排出体外，这一过程称为肝脏的生物转化作用。

（二）生物转化作用的部位

虽然肾、肠、肺、皮肤及胎盘等肝外组织有部分的生物转化能力，但肝脏中与生物转化有关的酶含量高，种类多，所以是机体生物转化的主要器官。

（三）生物转化作用的特点

1. 反应类型的多样性

生物转化具有多样性的特点，即同一类物质可因结构上的差异而进行许多类型的反应，甚至同一种物质在体内也可以进行多种生物转化反应。例如，水杨酸既可进行羟化反应，又可与甘氨酸进行结合反应，呈现反应多样性。

2. 反应的连续性

大多数物质经氧化、还原或水解反应后，极性仍不够大，还需要继续进行结合反应，水溶性增强后才能排出体外，这体现了生物转化的连续性。

3. 解毒与致毒的两重性

生物转化作用具有解毒与致毒的两重性。大多数物质经生物转化作用后，毒性减弱或消失，但也有少数物质毒性反而出现或增强。

> **难点提示**
>
> 例如，香烟中所含的 3，4-苯并芘并无直接致癌作用，但进入人体后，经肝脏微粒体中的单加氧酶作用后，成为有很强致癌作用的 7,8-二氢二醇-9,10-环氧化物。所以不能将肝脏的生物转化作用简单地看作"解毒作用"。

三、生物转化反应的类型及酶系

提示

生物转化作用分为两相，氧化、还原和水解反应称为第一相反应，结合反应称为第二相反应。肝内催化生物转化的酶类概括为表 12 – 1。

表 12 – 1　参与肝生物转化的酶类

酶类	细胞内定位	反应底物或辅酶	结合基团的供体
第一相反应			
氧化酶类			
单加氧酶系	微粒体	RH；NADPH、O_2、FAD	
单胺氧化酶	线粒体	胺类；O_2	
脱氢酶系	胞液或微粒体	醇或醛；NAD^+	
还原酶类	微粒体	硝基苯等；NADPH 或 NADH	
水解酶类	胞液或微粒体	脂类、酰胺类或糖苷类化合物	
第二相反应			
葡萄糖醛酸基转移酶	微粒体	含羟基、疏基、氨基、羧基化合物	尿苷二磷酸葡萄糖醛酸（UDPGA）
硫酸转移酶	胞液	苯酚、醇、芳香胺类	3′-磷酸腺苷-5′-磷酸硫酸（PAPS）
乙酰基转移酶	胞液	芳香胺、胺	乙酰 CoA
谷胱甘肽转移酶	胞液与微粒体	环氧化物、卤化物	谷胱甘肽（GSH）
酰基转移酶	线粒体	酰基 CoA（如苯甲酰 CoA）	甘氨酸
甲基转移酶	胞液与微粒体	含羟基、氨基、疏基化合物	S-腺苷甲硫氨酸（SAM）

（一）第一相反应

1. 氧化反应

肝细胞的微粒体、线粒体和胞液中含有参与生物转化的不同氧化酶系，催化不同类型的氧化反应。

（1）单加氧酶系。氧化反应是最多见的生物转化反应，其中最重要的是存在于微粒体中的单加氧酶系。

提示

此酶系是肝内重要的用于代谢药物及毒物的酶系，并参与维生素 D_3、肾上腺皮质激素、性激素和胆汁酸盐的羟化和灭活。另外，加单氧酶系除了可催化底物羟化反应外，还可以催化脱烷基反应、氧化反应等，故有重要的生理意义。

单加氧酶系催化分子氧中的一个氧原子掺入底物，而另一个氧原子被 NADPH 还原为水分子。由于一个氧分子发挥了两种功能，故又称其为混合功能氧化酶。又由于其氧化产物是羟化物，故又称其为羟化酶。其催化的反应通式如下：

$$NADPH + H^+ + O_2 + RH \xrightarrow{\text{单加氧酶}} NADP^+ + H_2O + ROH$$

单加氧酶系由细胞色素 P450、NADPH-细胞色素 P450 还原酶（其辅酶为 FAD）和细胞色素 b_5 还原酶组成。

（2）单胺氧化酶。单胺氧化酶（Monoamine Oxidase，MAO）存在于线粒体膜上，是一种黄素蛋白，从肠道吸收的腐败产物（如组胺、酪胺、色胺、尸胺、腐胺）和体内许多生理活性物质（如 5-羟色胺、儿茶酚胺等）均可在此酶催化下氧化为醛和氨。其反应通式如下：

$$RCH_2NH_2 + O_2 + H_2O \xrightarrow{\text{单胺氧化酶}} RCHO + NH_3 + H_2O_2$$

（3）脱氢酶。醇脱氢酶及醛脱氢酶存在于胞液和微粒体中，均以 NAD^+ 为辅酶，使醇或醛氧化生成相应的醛或酸。其反应通式如下：

$$RCH_2OH \xrightarrow[\substack{NAD^+ \quad NADH+H^+}]{\text{醇脱氢酶}} RCHO \xrightarrow[\substack{H_2O+NAD^+ \quad NADH+H^+}]{\text{醛脱氢酶}} RCOOH$$

2. 还原反应

肝细胞微粒体中含有硝基还原酶和偶氮苯还原酶类，分别催化硝基化合物与偶氮化合物从 NADPH 接受氢，还原成相应的芳香胺类。

$$3NAD(P)H + 3H^+ + \text{〈}\bigcirc\text{〉}-NO_2 \xrightarrow{\text{硝基还原酶}} \text{〈}\bigcirc\text{〉}-NH_2 + 3NAD(P)H^+ + 2H_2O$$

硝基苯　　　　　　　　　　　　苯胺

3. 水解反应

肝细胞的胞液和微粒体中含有多种水解酶，如酯酶、酰胺酶及糖苷酶等，它们可以将脂类、酰胺类和糖苷类化合物水解，以减少或消除其生物活性，如普鲁卡因水解。

$$H_2N-\text{〈}\bigcirc\text{〉}-OOCH_2CH_2N(C_2H_5)_2 + H_2O \longrightarrow H_2N-\text{〈}\bigcirc\text{〉}-COOH + (C_2H_5)_2NC_2H_4OH$$

普鲁卡因　　　　　　　　　　　　对氨基苯甲酸　　　二乙基氨基乙醇

这些水解产物，通常还需要进一步进行第二相反应后才能排出体外。体内活性物质及外源性的药物、毒物一般经过上述氧化、还原或水解的第一相反应后，还需要进一步进行第二相的结合反应才能完成生物转化作用。

（二）第二相反应

重点提示

第二相反应是结合反应，它是体内最重要的生物转化方式。凡含有羟基、巯基、氨基、羧基等功能基团的激素，药物或毒物，均可与极性很强的小分子结合基团的供体（如葡萄糖醛酸、硫酸、谷胱甘肽和乙酰辅酶A等物质）发生结合反应（详见表12-1），增加其水溶性，使其易于排出体外。其中以葡萄糖醛酸、硫酸和酰基的结合反应最为普遍，尤其以葡萄糖醛酸结合反应最为重要。

---

1. 葡萄糖醛酸结合反应

在糖醛酸途径中所产生的尿苷二磷酸葡萄糖醛酸（Uridine Diphosphate Glucuronic Acid，UDPGA）作为活性供体，在肝细胞微粒体中 UDP-葡萄糖醛酸转移酶催化下，将葡萄糖醛酸基转移到含羟基、巯基、氨基羧基的化合物上，生成相应的葡萄糖醛酸苷。这是第二相反应中最为普遍和重要的结合方式。

$$UDPGA + ROH \xrightarrow{\text{UDPGA 转移酶}} 葡萄糖醛酸苷 + UDP$$

2. 硫酸结合反应

醇、苯酚或芳香胺类化合物可与活性硫酸（3′-磷酸腺苷-5′-磷酸硫酸，3′-phospho-adenosine-5′-phosphosulfate，PAPS）反应，在硫酸转移酶催化下，生成相应的硫酸酯，这是较常见的一种结合反应，例如，雌酮形成其硫酸酯而灭活。严重肝病患者的生物转化功能下降后血中雌激素过多，可能出现蜘蛛痣或肝掌。

3. 乙酰基结合反应

各种芳香胺、胺或氨基酸的氨基与活化的乙酰基供体乙酰 CoA 在乙酰基转移酶催化下，生成相应的乙酰化衍生物。例如，抗结核病药物异烟肼和大部分磺胺类药物均通过这种形式灭活，但应指出，磺胺类药物经乙酰化后，其溶解度反而降低，在酸性尿中易于析出，故在服用磺胺类药物时应服用适量的小苏打，以提高其溶解度，利于随尿排出。

4. 谷胱甘肽结合反应

谷胱甘肽在肝细胞胞液中谷胱甘肽转移酶的催化下，与有毒的环氧化物或卤代物结合后可消除其毒性，对肝细胞起保护作用。

5. 甘氨酸结合反应

有些药物、毒物等的羧基和 CoA 结合形成酰基 CoA 后，可再与甘氨酸结合，在肝细胞线粒体酰基转移酶催化下，生成相应的结合产物。例如，苯甲酰 CoA 生成马尿酸，胆汁酸和脱氧胆酸与甘氨酸或牛磺酸结合生成结合胆汁酸，均属此类反应。

6. 甲基结合反应

含有羟基、巯基和氨基的化合物都可进行甲基化反应。在肝细胞胞液和微粒体中的多种甲基转移酶催化下，由 S-腺苷甲硫氨酸提供甲基，生成相应的甲基化衍生物。儿茶酚胺、5-

羟色胺和组胺等均可通过甲基化而失去其生物活性。

四、影响生物转化作用的因素

肝的生物转化作用常受年龄、性别、疾病及诱导物等体内外因素的影响。例如，新生儿肝微粒体的酶还不够完善，葡萄糖醛酸转移酶在出生后才逐渐增加，8 周才达到成人水平。90% 的氯霉素是与葡萄糖醛酸结合后解毒的，故新生儿易发生氯霉素中毒。老年人对药物的转化能力降低，对药物反应敏感。如老年人对氨基比林、保泰松等药物转化能力较差，长期服用后，药物蓄积可使药效过大和副作用增大，故用药要慎重。女性转化能力一般比男性强，如氨基比林在男性体内半衰期约为 13.4 h，而在女性体内半衰期只有 10.3 h。

> **提 示**
>
> 肝功能低下可降低肝的生物转化能力，故对肝病患者用药要慎重；单加氧酶系特异性较差，能催化多种物质进行不同类型的氧化反应。例如，长期服用苯巴比妥的病人，对氨基比林等药物的转化能力也增强，产生耐药性。用药时还应考虑用药配伍对药物生物转化的影响。另外利用苯巴比妥能诱导葡萄糖醛酸基转移酶的合成，此酶可催化脂溶性的游离胆红素转变为水溶性的胆红素葡萄糖醛酸酯（结合胆红素），故临床用苯巴比妥治疗新生儿高胆红素血症，以防止发生"核黄疸"（胆红素脑病）。

第三节　胆色素代谢与黄疸

胆色素是铁卟啉的主要分解代谢产物，包括胆绿素、胆红素、胆素原和胆素。除胆素原无色外，其他均有颜色，故统称为胆色素。它们随胆汁排泄。

> **提 示**
>
> 胆色素代谢异常时，可导致高胆红素血症，引起黄疸。

一、胆红素的来源与生成

（一）胆红素的来源
体内含铁卟啉的化合物有血红蛋白、肌红蛋白、细胞色素、过氧化氢酶和过氧化物酶等。

重点提示

胆红素主要来源于衰老红细胞中血红蛋白的分解，占 70%～80%，其他则来自非血红蛋白的含铁卟啉化合物的分解。正常成人每天生成 250～350 mg 胆红素。

（二）胆红素的生成

红细胞的平均寿命约为 120 天，每天有 6～8 g 血红蛋白来自衰老红细胞的分解。衰老红细胞由于细胞膜的变化，可被肝、脾和骨髓的单核吞噬细胞系统识别并吞噬。血红蛋白分解为珠蛋白和血红素。珠蛋白按一般蛋白质分解途径进行代谢；血红素在微粒体血红素加氧酶的催化下，消耗氧分子和 NADPH，血红素原卟啉IX环上的 α-次甲基桥（＝CH—）被氧化断裂，释放出等物质的量的 CO、Fe^{2+} 并生成胆绿素。释放出的 Fe^{2+} 可与运铁蛋白结合后被机体再利用或以铁蛋白形式储存。

提 示

在胆红素生成过程中，血红素单加氧酶是血红素氧化及胆红素形成的限速酶。胞液中含有活性很高的胆绿素还原酶，可使胆绿素被 $NADPH + H^+$ 还原成胆红素。胆红素生成过程如图 12-1 所示。

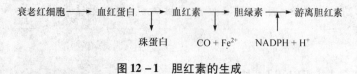

图 12-1　胆红素的生成

二、胆红素在血液中的运输

重点提示

在血液中，胆红素主要与血浆清蛋白结合成血胆红素而运输。

游离胆红素 + 清蛋白——→血胆红素（未结合胆红素）

在单核巨噬细胞系统中生成的胆红素是亲脂的，它能自由通过细胞膜进入血液。在血液中，它主要与血浆清蛋白结合为血胆红素，少量与球蛋白结合成复合物而运输，这样既增加了胆红素的溶解度又降低了其毒性。正常成人血胆红素含量仅为 3.4～17.1 μmol/L（0.1～1 mg/dL），而每 100 mL 血浆中的清蛋白能结合 20～25 mg 游离胆红素，故足以防止其进入脑组织而产生毒性作用。

重点提示

过剩的游离胆红素因其脂溶性强可透过血-脑脊液屏障与神经核团结合，而引起胆红素脑病。为防止此病发生，临床上给高胆红素血症患儿静脉点滴含有丰富清蛋白的血浆。

提示

某些有机阴离子（如磺胺药、抗生素、利尿剂等）均可竞争性地与清蛋白结合，将胆红素游离出来，故新生儿要慎用此类药物。同时，酸中毒也可促使胆红素进入细胞，故高胆红素血症患儿要防止酸中毒。

血胆红素尚未进入肝脏进行结合反应，故其又被称为未结合胆红素、游离胆红素或间接胆红素。由于它与清蛋白结合相对分子质量变大，不能经过肾小球滤过随尿排出，故正常人尿中无血胆红素。血胆红素如果沉着于皮肤中，并暴露于强烈蓝光（波长 $440 \sim 500$ nm）下，则发生光照异构作用，分子内双键构型转向内侧，影响分子内氢键的形成，故极性增加，水溶性增大。此种异构体称为光胆红素，它可迅速释放到血液中，不经结合即可排出，因此临床上采用蓝光照射治疗新生儿黄疸。

三、胆红素在肝内的转变

（一）肝细胞对胆红素的摄取

胆红素的进一步代谢主要在肝内进行。血浆清蛋白运输的间接胆红素并不直接进入细胞，当血胆红素在肝血窦与肝细胞膜直接接触时，胆红素与清蛋白分离，然后迅速地被肝细胞摄取。胆红素进入肝细胞后可与两种载体蛋白即 Y 或 Z 蛋白相结合形成复合物，并以此形式进入内质网。Y 蛋白比 Z 蛋白对胆红素的亲和力强，且含量丰富。胆红素优先与 Y 蛋白结合，只有在 Y 蛋白结合达到饱和时，Z 蛋白的结合量才增多。

难点提示

甲状腺素和磺溴酞钠（Bromsulphalein，BSP）等均可竞争性地与 Y 蛋白结合，影响肝细胞对胆红素的摄取。婴儿出生后 7 周，Y 蛋白才达到成人水平，这是新生儿出现生理性（非溶血性）黄疸的原因。苯巴比妥可诱导新生儿合成 Y 蛋白，加强胆红素转运，故临床上用其清除新生儿生理性黄疸或治疗新生儿高胆红素血症。

（二）肝细胞对胆红素的转化作用

胆红素 Y 蛋白复合物被转运至滑面内质网，大部分胆红素在 UDP-葡萄糖醛酸基转移酶催化下，与尿苷二磷酸葡萄糖醛酸（UDPGA）结合，生成胆红素单葡萄糖醛酸酯和胆红素双葡萄糖醛酸酯，以后者为主，占 $70\% \sim 80\%$。还有小部分胆红素分别与 PAPS、甲基、乙酰基等结合，这些结合产物统称为结合胆红素。

$$\text{胆红素} + \text{UDPGA} \xrightarrow{\text{UDP-葡萄糖醛酸基转移酶}} \text{胆红素单葡萄糖醛酸酯} + \text{UDP}$$

$$\text{胆红素单葡糖萄醛酸酯} + \text{UDPGA} \xrightarrow{\text{UDP-葡萄糖醛酸基转移酶}} \text{胆红素双葡萄糖醛酸酯} + \text{UDP}$$

> **重点提示**
>
> 结合胆红素又被称为肝胆红素。结合胆红素的水溶性强，易溶于胆汁而从胆道排泄。故正常时在血和尿中无结合胆红素。只有在胆道阻塞，毛细胆管因压力过高而破裂时，它才可能逆流入血，在血或尿中出现。另外，胆汁酸盐可增加胆红素、胆固醇等胆汁成分在水中的溶解度，如果胆汁酸盐与胆红素比例失调，也可引起胆红素性结石。血和肝中两种胆红素的区别如表 12-2 所示。

表 12-2　两种胆红素性质比较

性　　质	游离胆红素	结合胆红素
常见其他名称	间接胆红素	直接胆红素
	血胆红素	肝胆红素
与葡萄糖醛酸结合	未结合	结合
与重氮试剂反应	慢或者间接反应	迅速、直接反应
溶解性	脂溶性	水溶性
经肾可随尿排出	不能	能
进入脑组织产生毒性作用	大	无

四、胆红素在肠中的转变

经肝细胞转化生成的结合胆红素排入肠道后，在肠道细菌作用下，脱去葡萄糖醛酸，并逐步还原为 D-尿胆素原、I-胆素原和胆素，三者统称为胆素原族。在肠道下段，这些无色的胆素原族被空气分别氧化为黄色的 D-尿胆素、I-尿胆素和尿胆素，这是粪便颜色的来源。三者统称为胆素，日排出量为 50～250 mg。

> **重点提示**
>
> 在胆道完全阻塞时，结合胆红素进入肠道受阻，不能生成胆素原和胆素，故粪便呈灰白色。

> **提示**
>
> 生理情况下，小肠下段生成的胆素原大部分随粪便排出，只有约 20% 被肠黏膜细胞重吸收，再经门静脉入肝。除了有部分胆素原进入体循环外，其中大部分随胆汁排入肠道，此过程称为胆素原的肠肝循环。

进入体循环的胆素原可经肾随尿排出，即为无色的尿胆素原。它与空气接触后被氧化成黄色的尿胆素，这是尿颜色的来源，每日经肾排出的尿胆素原为 0.5~4.0 mg，如图 12-2 所示。

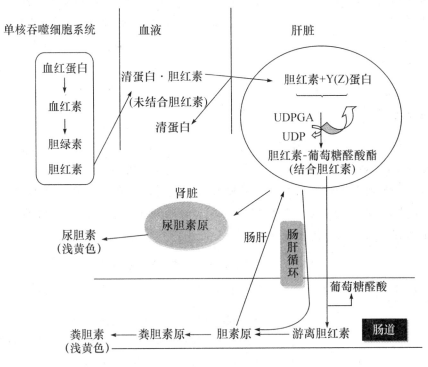

图 12-2　胆红素代谢示意图

难点提示

某些因素可以影响尿胆素原的排泄。例如，碱性尿可以促进尿胆素的排泄，而酸性尿则相反；当各种原因引起的胆素原来源增加时，在肠道形成的胆素原增加，重吸收后进入体循环随尿排出的尿胆素原也增加；反之亦然。当肝功能严重受损阻塞时，从肠道吸收的胆素原不能随胆汁排入肠道，大部分进入体循环，使血和尿中胆素原增加；当胆道完全阻塞时，结合胆红素不能排入肠道，也就无胆素原的肠肝循环，故尿中无胆素原。

五、黄疸

在正常情况下，胆红素不断地生成并随胆汁排泄，所以其来源和去路保持动态平衡。某些因素可以使胆红素生成过多，或在肝脏摄取、转化和排泄的某个环节发生障碍，导致胆红素代谢紊乱，使血浆中的胆红素增多，出现高胆红素血症。

重点提示

　　血浆游离胆红素过多，易扩散入组织，将组织黄染，临床上称这一体征为黄疸。

　　正常人血清总胆红素小于 17.1 μmol/L（1 mg/dL），其中游离胆红素占 4/5，其余为结合胆红素。血清总胆红素为 17.1～34.2 μmol/L（1～2 mg/dL）时，肉眼不易观察到黄染，称为隐性黄疸；当大于 34.2 μmol/L（2 mg/dL）时，巩膜和皮肤均出现明显黄染，称为显性黄疸。

难点提示

　　黄疸的发生是胆红素代谢异常的结果，总胆红素增高，不外乎胆红素来源增多（如大量红细胞破坏）、去路不畅（如胆道阻塞）或肝脏疾病（如重症肝炎）这三种情况。这三种不同的原因均可引起血中总胆红素浓度升高，临床上分别称为溶血性黄疸（肝前性黄疸）、阻塞性黄疸（肝后性黄疸）和肝细胞性黄疸（肝源性黄疸）。现将三种黄疸的病因，血、尿、便检查结果列于表 12-3。

表 12-3　三种黄疸的病因，血、尿、便改变

比较项目	正常	溶血性黄疸	阻塞性黄疸	肝细胞性黄疸
病因		先天或后天原因造成的红细胞破坏过多。如镰状细胞贫血、球形红细胞增多症、疟疾、输血和用药不当等	各种原因引起的肝内或肝外胆道阻塞，使结合胆红素逆流回血，如胆道结石、寄生虫、手术或伤后狭窄和肝癌压迫等	各种原因引起的肝细胞对胆红素摄取、转化、排泄能力下降；毛细胆管阻塞，如由病毒、药物、毒物和乙醇等引起的肝脏病变
血清总胆红素	<17.1 μmol/L（<1 mg/dL）	>17.1 μmol/L（>1 mg/dL）	>17.1 μmol/L（>1 mg/dL）	>17.1 μmol/L（>1 mg/dL）
结合胆红素	<3.4 μmol/L（<0.2 mg/dL）	↑↑	↑↑	↑
尿三胆				
尿胆红素	—	—	＋＋	＋＋
游离胆红素	<13.6 μmol/L（<0.8 mg/dL）	↑↑	↑↑	↑
尿胆素原/尿胆素	少量	↑	↓	不一定
粪便颜色	正常	变深	完全阻塞时，陶土色，不完全阻塞时，色浅	变浅或者正常

第四节　常用的肝功能检验

　　肝脏是人体重要器官之一，具有复杂多样的生物学功能。临床上常用的肝功能检验项目一般是根据肝脏的某方面代谢功能而设计的，只能反映肝功能的一个侧面。还应考虑到：肝脏具有较强的再生和代偿能力，故当轻度或局部性病变时，肝功能检查可能出现假阴性；肝脏的功能与全身物质代谢密切相关，而目前常用的检验项目特异性地反映肝脏功能的较少，肝外器官的病变也可能导致假阳性；加之不同的肝脏疾病各项肝功能受损程度不同，病变程度不一定与肝功能异常相一致。

一、血清蛋白质、血氨、胆汁酸的测定

> **提　示**
>
> 　　临床上要根据病因、病史、症状、体征及选择几个恰当的检验项目，为肝脏疾病的诊断和治疗提供有价值的依据。目前临床常用的肝功能检验如表 12 - 4 所示。

表 12 - 4　血清蛋白质、血氨、胆汁酸的测定

检验项目	英文缩写	检验方法	参考值（范围）	临床意义
血清总蛋白	TP	双缩脲法	$60 \sim 80$ g/L	肝脏或肾损伤时清蛋白可降低。慢性肝病时清蛋白合成减少，球蛋白合成量增加
血清清蛋白	ALB	溴甲酚绿法	$35 \sim 55$ g/L	
血清球蛋白	G	计算法	$25 \sim 35$ g/L	
清蛋白/球蛋白	A/G	计算法	$(1.5 \sim 2.5)$ /1	比值倒置常见于慢性肝炎及肝硬化、肾病综合征
前清蛋白	PAB	免疫投射比浊法	$170 \sim 420$ mg/L	肝病时变化早于清蛋白
血氨	NH_3	谷氨酸脱氢酶法	$11 \sim 35$ μmol/L	严重肝损伤；上消化道出血；尿毒症和肝外门脉系统分流时
血清总胆汁酸	TBA	酶法	$0 \sim 10$ μmol/L	升高见于急性、慢性和药物性肝炎，肝硬化，肝癌和乙醇肝

二、血清中酶的测定

难点提示

肝细胞内的酶种类和含量非常丰富，有些酶具有组织特异性，测定血清酶活性可用于诊断肝胆疾病。例如：有些酶存在于肝细胞中，当肝细胞损伤或坏死时，细胞膜的通透性增加或破裂，肝细胞内的酶进入血液后使酶活性增加，如血清丙氨酸氨基转移酶等；有些酶是肝细胞合成的，如卵磷脂胆固醇脂酰转移酶在严重肝脏疾患时活性降低；血浆中也可以出现肝细胞外分泌酶，当胆道梗阻时，其排泄受阻，致使血清中这些酶活性升高，如碱性磷酸酶等；有些酶在肝脏存在占位性病变时升高，如表 12 - 5 所示。

表 12 - 5　血清中酶的测定

检验项目	英文缩写	检验方法	参考值（范围）	临床意义
丙氨酸氨基转移酶	ALT	连续监测法	5 ~ 40 IU/L	急性、慢性和药物性肝炎、肝硬化、心肌梗死、肝内外胆汁淤积时 ALT 和 AST 均升高，且 ALT/AST >1；但爆发性肝炎时，此比值小于 1
天冬氨酸氨基转移酶	AST	连续监测法	8 ~ 40 IU/L	
γ-谷氨酰转肽酶	GGT	连续监测法	7 ~ 50 IU/L	血清中的 GGT 主要来自肝胆系统。胆道阻塞性疾病、急慢性、病毒性酒精性肝炎、肝癌和肝硬化时升高
单胺氧化酶	MAO	苄醛偶氮萘酚法	12 ~ 40 U/mL	肝中的 MAO 来源于线粒体，是肝纤维化的指标。80% 以上重症肝硬化和肝癌其活性升高

三、肝炎免疫测定及肿瘤标志物测定

目前肝脏疾病的免疫学和分子生物学检查有了很大进展，对甲、乙、丙、丁、戊和庚型肝炎均可检测。常规检测的方法有酶联免疫吸附测定法（Enzyme-Linked Immuno Sorbent Assay，ELISA）、放射免疫分析法（Radioimmunoassay，RIA）、病毒 RNA 或 DNA 的斑点杂交、病毒 RNA 的反向聚合酶链反应（Inverse Polymerase Chain Reaction，RT-PCR）和病毒 DNA 的聚合酶链反应（Polymerase Chain Reaction，PCR）等，如表 12 -6 所示。

表 12 -6 甲、乙、丙、丁、戊和庚型肝炎病毒标志物检测

测定项目	甲型	乙型	丙型	丁型	戊型	庚型	参考值
相应病毒抗原	测定			测定			ELISA 和 RIA 均阴性
相应病毒 RNA	测定		测定	测定			斑点杂交或 RT-PCR 阴性
相应病毒抗体	测定			测定		测定	ELISA 和 RIA 均阴性
乙肝病毒表面抗原		测定					
乙肝病毒表面抗体		测定					
乙肝病毒 e 抗原		测定					
乙肝病毒 e 抗体		测定					ELISA 和 RIA 均阴性
乙肝病毒核心抗原		测定					
乙肝病毒核心抗体		测定					
乙肝病毒 DNA		测定					斑点杂交或 PCR 均阴性
相应病毒抗体 IgM			测定	测定			ELISA 和 RIA 均阴性
相应病毒抗体 IgG			测定	测定			

肿瘤标志物测定对肝病的筛选、早期诊断、预后判断和监测复发恶性肿瘤有重要意义。

肿瘤标志物按本身的化学特性分类，主要包括以下六类：① 肿瘤胚胎性抗原标志物；② 糖类标志物；③ 酶类标志物；④ 激素类标志物；⑤ 蛋白类标志物；⑥ 基因类标志物。如表 12 -7 所示。

表 12 -7 肿瘤标志物的测定

检验项目	英文缩写	分类及性质	参考值（范围）	临床意义（相关癌肿）
甲胎蛋白	AFP	肿瘤胚胎性抗原标志物，糖蛋白	< 25 μg/L （ELISA）	诊断原发性肝癌的最佳标志物
癌胚抗原	CEA	肿瘤胚胎性抗原标志物，糖蛋白	< 2.5 μg/L （RIA）	诊断结肠癌、直肠癌、胃癌、胰腺癌、肺癌及乳腺癌
胰癌胚抗原	POA	肿瘤胚胎性抗原标志物，糖蛋白	<7 kU/L	诊断胰腺癌（阳性率为 95%）
糖类抗原 CA$_{50}$	CA$_{50}$	唾液酸化，糖类	<20 kU/L（RIA）	诊断胰腺癌、结肠癌、直肠癌，对肝癌诊断也有较高的价值
α-L-岩藻糖苷酶	AFU	溶酶体酸性水解酶，酶类（水解酶）	（324 ± 90）μmol/L（化学法）	诊断原发性肝癌的又一敏感、特异的新标志物

四、肝脏的生物转化和排泄功能

肝脏是人体进行药物和毒物转化与排泄最主要的器官。当肝功能受损或肝血流量减少时，排泄功能降低，故检验时给予人工色素（染料）、药物等来了解肝脏的摄取与排泄功能。

（一）靛氰绿滞留试验

靛氰绿（Indocyanine Green，ICG）是一种感光染料，静脉注射后，其清除率取决于肝血流量、正常肝细胞数目和胆道排泄的通畅程度。其参考范围为 15 min 内滞留率 0～10%。肝功能受损伤或者胆道阻塞时，ICG 滞留率增加。它还可用于不同先天性黄疸的鉴别诊断。

（二）利多卡因试验

肝脏对利多卡因摄取率较高，它经肝内细胞色素 P450 酶系作用后转变为单乙基甘氨酰二甲苯胺（Monoethylglycinexylidide，MEGX），测定 MEGX 的浓度可反映肝脏功能状态，参考范围为（100±18）μg/L。当慢性肝炎、肝硬化和原发性肝癌时，MEGX 下降。利多卡因试验还可作为肝移植时选择供肝的依据，并用于预测肝移植后移植肝的存活情况。

📖 本章小结

肝脏在糖、脂类、蛋白质、维生素和激素等物质代谢中起着十分重要的作用。例如：通过肝糖原的合成、分解和糖异生作用维持血糖浓度的相对恒定；肝合成的胆汁酸盐乳化脂肪，合成的 VLDL、HDL 以及 LCAT 参与脂类运输和胆固醇酯化，肝脏是合成酮体的最主要器官，同时肝脏是体内合成磷脂和胆固醇的重要器官；血浆蛋白、凝血酶原、纤维蛋白原只在肝脏中合成，肝脏是除了支链氨基酸外所有氨基酸分解代谢的场所，尿素主要在肝中合成，以解除氨毒；维生素的吸收、储存、转化、代谢以及激素的灭活等均在肝中进行。

机体将非营养物质在肝脏进行化学转变，增加其极性（水溶性），使其易随胆汁或尿液排出，这个过程称为生物转化作用。其反应类型包括第一相的氧化、还原、水解和第二相的结合反应。生物转化具有多样性、连续性、解毒和致毒双重性的特点。生物转化中最重要的酶是单加氧酶系，它是可诱导的，在药物、毒物、维生素 D_3 活化、类固醇激素和胆汁酸盐合成等代谢中均有重要意义。结合反应中最常见的结合基团有葡萄糖醛酸（UDPGA）、活性硫酸根（PAPS）、乙酰基（乙酰 CoA）、甲基（SAM）、甘氨酸和谷胱甘肽等。

胆色素是含铁卟啉化合物在体内的主要分解代谢产物，包括胆红素、胆绿素胆素原和胆素。衰老红细胞中血红蛋白的分解是胆红素的主要来源，血红素在单核吞噬细胞系统血红素加氧酶催化下生成胆绿素，进一步还原成胆红素。胆红素在血中与清蛋白结合成间接胆红素运输至肝，脱掉清蛋白，与载体蛋白 Y 或 Z 结合后运至内质网，与葡萄糖醛酸结合成水溶性强的直接胆红素。后者经胆道排入肠道，在肠菌酶作用下还原为胆素原族。10%～20% 的胆素原可进行"肠肝循环"。小部分进入体循环的胆素原族可经肾由尿排出。在体外，胆素原族氧化成黄色的胆素族。凡使血浆胆红素浓度升高的因素均可引起黄疸。按病因不同，临床上可出现溶血性、阻塞性和肝细胞性三类黄疸。各类黄疸有其独特的生化检查指标。

本章重点名词解释

1. 生物转化作用
2. 未结合胆红素
3. 结合胆红素
4. 胆素原的肠肝循环
5. 黄疸

思考与练习

一、选择题

1. 肝脏在糖代谢中最重要的作用是（　　　　）。
   A. 使血糖来源减少
   B. 使血糖来源增多
   C. 使血糖浓度升高
   D. 使血糖浓度维持相对稳定

2. 肝内胆固醇的主要去路是（　　　）。
   A. 转化成 7-脱氢胆固醇
   B. 转化成胆固醇酯
   C. 转化成胆汁酸
   D. 转化成肾上腺皮质激素

3. 只在肝内合成的是（　　　）。
   A. 胆固醇
   B. 磷脂
   C. 清蛋白
   D. 糖原

4. 血氨升高的主要原因是（　　　）。
   A. 便秘使肠道吸收氨过多
   B. 肝功能障碍
   C. 慢性肾功能衰竭
   D. 体内合成非必需氨基酸过多

5. 胆红素在血浆中的运输形式是（　　　）。
   A. 胆红素-Y 蛋白
   B. 胆红素—清蛋白
   C. 胆红素二葡萄糖醛酸酯
   D. 胆素

6. 可进入肠肝循环的是（　　　）。
   A. 胆红素—清蛋白
   B. 胆碱
   C. 胆绿素
   D. 胆素原

7. 生物转化最活跃的器官是（　　　）。
   A. 肺
   B. 肝脏
   C. 皮肤
   D. 肾脏

8. 不属于胆色素的是（　　　）。

    A. 结合胆红素　　　　　　　　　　　B. 胆红素

    C. 血红素　　　　　　　　　　　　　D. 胆绿素

9. 生物转化中，第二相反应包括（　　　）。

    A. 结合反应　　　　　　　　　　　　B. 羧化反应

    C. 水解反应　　　　　　　　　　　　D. 氧化反应

10. 严重肝疾患的男性患者出现男性乳房发育、蜘蛛痣，主要是由于（　　　）。

    A. 雌性激素分泌过多　　　　　　　　B. 雌性激素分泌过少

    C. 雌性激素灭活不好　　　　　　　　D. 雄性激素分泌过多

11. 肝功能严重受损时可出现（　　　）。

    A. 血氨下降　　　　　　　　　　　　B. 血中尿素增加

    C. 有出血倾向　　　　　　　　　　　D. 血中性激素水平降低

12. 肝脏在脂代谢中的作用之一是（　　　）。

    A. 合成 LCAT、CM　　　　　　　　　B. 合成 VLDL 和 LDL

    C. 合成 CM、HDL　　　　　　　　　D. 合成酮体给肝外组织提供能量

13. 饥饿时体内的代谢可能发生（　　　）。

    A. 糖异生增强　　　　　　　　　　　B. 磷酸戊糖旁路增强

    C. 血酮体降低　　　　　　　　　　　D. 血中游离脂肪酸减少

14. 肝脏不能合成的蛋白质是（　　　）。

    A. 清蛋白（白蛋白）　　　　　　　　B. 凝血酶原

    C. 纤维蛋白原　　　　　　　　　　　D. γ-球蛋白

15. 关于胆色素的叙述，正确的是（　　　）。

    A. 是铁卟啉化合物的代谢产物

    B. 血红素还原成胆红素

    C. 胆红素还原变成胆绿素

    D. 胆素原是肝胆红素在肠道细菌作用下与乙酰 CoA 形成的

二、简答题

1. 简述肝脏在糖、脂类、蛋白质、维生素和激素代谢中的作用。

2. 体内进行生物转化作用的非营养物质有哪些？

3. 简述生物转化的反应类型及意义。

4. 简述胆色素的正常代谢过程，并说出三种类型黄疸鉴别的生化机制。

5. 简述两种胆色素的区别。

6. 简述严重肝病患者出现黄疸、水肿、出血和肝性脑病的生化原因。

第十三章 CHAPTER

血 液 生 化

学习目标

掌握：

1. 血浆蛋白质的组成及主要功能
2. 血液非蛋白含氮化合物的种类及临床意义
3. 钙磷代谢的生理功能及其调节机制

熟悉：

1. 血液的化学组成
2. 成熟红细胞的代谢特点
3. 血钙与血磷乘积的正常值及临床意义

了解：

1. 钙磷代谢的异常与骨质疏松的关系
2. 血红素的生物合成过程

本章知识导图

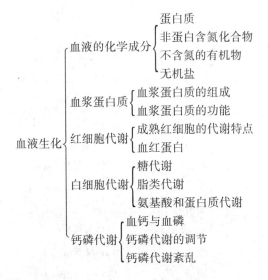

血液是体液的重要组成成分，在封闭的血管内循环，可以发挥运输、免疫、维持内环境稳定等重要作用。正常人体的血液总量约占体重的8%，由血浆和悬浮在其中的红细胞、白细胞、血小板等有形成分组成。加入抗凝剂的血液离心后血细胞下沉，浅黄色的上清液即为血浆。血液在体外凝固后析出的淡黄色透明液体称作血清。可见，血清与血浆的主要区别是血清中不含纤维蛋白原。

第一节　血液的化学成分

血液的化学成分非常复杂。由于其流经全身，与各组织器官之间不断地进行着物质交换，所以血液的化学成分可以反映机体的代谢情况。生理情况下，血液中各种成分的含量相对稳定，但一些病理原因可导致血液中某些化学成分含量发生改变。

正常人血液含水量为77%~81%，其中血细胞含水较少，而血浆含水较多，占93%~95%。血液中还溶有少量O_2、CO_2等气体和一些可溶性固体。血液中的固体成分包括各类蛋白质（血红蛋白、血浆蛋白）、非蛋白含氮化合物、不含氮有机物（脂类、糖、乳酸、酮体等）、无机盐等，如表13-1所示。

表13-1　正常成人血液的固体成分及参考值

化学成分	分析材料	参考值或参考范围
血红蛋白	全血	男：120~160 g/L　女：110~150 g/L
血清总蛋白	血清	60~80 g/L
血清清蛋白	血清	35~55 g/L
血清球蛋白	血清	25~35 g/L
纤维蛋白原	血浆	2.0~4.0 g/L
非蛋白氮（NPN）	全血	14.3~25.0 mmol/L
尿素（Urea）	血清	1.7~8.3 mmol/L
氨	全血	6~35 μmol/L
尿酸（UA）	血清	155~428 μmol/L
肌酐（CREA）	血清	18~104 μmol/L
肌酸	血清	0.19~0.23 mmol/L
氨基酸氮	血清	2.6~5.0 mmol/L
总胆红素	血清	3.4~23.3 μmol/L
葡萄糖（GLU）	血清	3.9~6.1 mmol/L
甘油三酯（TG）	血清	0.45~2.25 mmol/L
总胆固醇（TCH）	血清	3.24~5.7 mmol/L
磷脂（以磷计）	血清	1.7~3.2 mmol/L
酮体	血清	<33 μmol/L
乳酸	全血	0.6~1.8 mmol/L
钠 Na^+	血清	135~145 mmol/L

化学成分	分析材料	参考值或参考范围
钾 K^+	血清	$3.5 \sim 5.5$ mmol/L
钙 Ca^{2+}	血清	$2.1 \sim 2.7$ mmol/L
镁 Mg^{2+}	血清	$0.8 \sim 1.2$ mmol/L
氯 Cl^-	血清	$96 \sim 108$ mmol/L
碳酸氢根 HCO_3^-	血浆	$22 \sim 27$ mmol/L
无机磷	血清	$1.0 \sim 1.6$ mmol/L

一、蛋白质

（一）血红蛋白

血红蛋白是红细胞中主要的蛋白质成分，占成熟红细胞湿重的32%、干重的97%。正常成年人血液中血红蛋白含量男性为 $120 \sim 160$ g/L，女性为 $110 \sim 150$ g/L。

> **提　示**
>
> 血红蛋白的减少是指单位容积血液中血红蛋白低于正常值。临床上通过检测血红蛋白的含量来诊断有无贫血。

血红蛋白是一种双向呼吸载体，它既能将 O_2 从肺部运往组织，又能将 CO_2 从组织运到肺部，它运输 O_2 的能力比血浆大65倍，是血液中气体运输的主要工具。

（二）血浆蛋白质

血浆蛋白质是血浆中含量最多的固体成分，总浓度为 $60 \sim 80$ g/L。血浆蛋白质种类很多，功能各异（详见第二节）。

二、非蛋白含氮化合物

血液中除蛋白质以外的含氮化合物有尿素、尿酸、肌酐、肌酸、氨和胆红素、氨基酸等，主要是蛋白质和核酸的代谢终产物，由血液运输到肾脏排出。这些非蛋白含氮物质中所含的氮总称为非蛋白氮（Nonprotein Nitrogen，NPN），正常含量为 $14.3 \sim 25.0$ mmol/L。其含量变化可反映机体蛋白质和核酸的代谢情况以及肾脏的排泄功能。

> **难点提示**
>
> 当肾脏有某些疾患时，NPN排出受阻，可使血中NPN升高。但肾脏有强大的代偿功能，所以轻度肾功能不全时，血中NPN并不升高；一旦NPN升高，则肾功能损伤已较为严重。因此，检测血中NPN对判断病情和估计预后有重要意义。

尿素是体内蛋白质代谢的终产物，由血液运输到肾脏排出体外。

血液尿素氮（Blood Urea Nitrogen，BUN）占血液 NPN 总量的 1/3~1/2，所以临床上检测尿素氮的意义和测定 NPN 的意义大致相同，都能判断肾脏的排泄功能。

> **提 示**
>
> 血中尿素氮浓度与体内蛋白质分解代谢有关，当蛋白质分解加强（如糖尿病）时，尿素合成增加，血中浓度上升。

尿酸是人体内嘌呤分解代谢的主要终产物，由肾脏排出。

> **提 示**
>
> 痛风是体内核酸分解增多（如白血病、恶性肿瘤）或肾功能障碍时，血尿酸升高所致。

肌酸是以甘氨酸、精氨酸和甲硫氨酸为原料在肝脏中合成的，随血液运至肌肉，在肌肉组织中合成磷酸肌酸，肌酸脱水或磷酸肌酸脱去磷酸即为肌酐。肌酸和肌酐均由尿排出体外。正常人血中肌酸为 0.19~0.23 mmol/L，肌酐为 18~104 μmol/L。每日随尿液排出的肌酐量比较恒定。

血液中含有微量氨，正常人血氨为 6~35 μmol/L。体内的氨主要在肝脏生成尿素，由肾脏排出。

> **重点提示**
>
> 当肝功能严重受损时，尿素合成发生障碍，血氨浓度升高。

胆红素是铁卟啉的化合物。正常人血浆中含量很少，为 3.4~23.3 μmol/L，黄疸患者血浆胆红素升高。

三、不含氮的有机物

血浆中不含氮的有机物主要有葡萄糖、乳酸、酮体、脂类等，其含量与糖代谢和脂类代谢有密切关系。

四、无机盐

血浆中的无机盐主要以离子状态存在。阳离子主要有 Na^+、K^+、Ca^{2+}、Mg^{2+} 等，阴离子主要有 Cl^-、HCO_3^-、HPO_4^{2-} 等。这些离子在维持血浆渗透压、酸碱平衡和神经肌肉兴奋性等方面发挥重要作用。

第二节　血浆蛋白质

一、血浆蛋白质的组成

血浆蛋白质种类很多，目前已知有 200 多种。其中既有单纯蛋白质，如清蛋白，又有结合蛋白质，如糖蛋白和脂蛋白，绝大多数血浆蛋白质是糖蛋白。用不同的方法可将血浆蛋白质分离成不同的组分，如表 13 - 2 所示。

表 13 - 2　人血浆中分离出的一些重要蛋白质

血浆蛋白质名称	生物学作用
前清蛋白	参与甲状腺激素、视黄醇转运
清蛋白	维持血浆渗透压及 pH、运输营养
α-球蛋白	
皮质激素传递蛋白	肾上腺皮质激素载体
甲状腺素结合球蛋白	与甲状腺激素特异结合
铜蓝蛋白	有亚铁氧化酶活性
结合珠蛋白	特异性地与血红蛋白结合
α-脂蛋白	运输脂类
β-球蛋白	
β-脂蛋白	运输脂类
运铁蛋白	运输铁
血红素结合蛋白	与血红素特异结合
免疫球蛋白 G、A、M、D、E	抗体活性
纤溶酶原	纤溶酶前体，活化后能分解纤维蛋白
纤维蛋白原	凝血因子

电泳是分离蛋白质最常用的方法，即利用不同蛋白质的分子大小和表面电荷不同，在电场中的泳动速度不同而将其分离。使用醋酸纤维薄膜电泳可将血浆蛋白质分成五条区带：清蛋白、α_1-球蛋白、α_2-球蛋白、β-球蛋白和 γ-球蛋白，如图 13 - 1 所示。

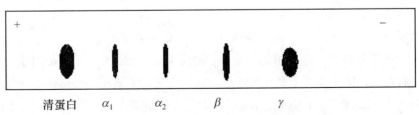

图 13 - 1　血清蛋白醋酸纤维薄膜电泳图

使用分辨率更高的电泳（如聚丙烯酰胺凝胶电泳）可将血浆蛋白质分成30多种成分。其中清蛋白是人体血浆中最主要的蛋白质，浓度为 38 ~ 48 g/L，球蛋白的浓度为 15 ~ 30 g/L，正常清蛋白与球蛋白浓度比值（A/G）为（1.5 ~ 2.5）/1。

超速离心是根据蛋白质的密度不同将其分离，如血浆脂蛋白的分离。

盐析法是利用不同的蛋白质在不同浓度盐溶液中溶解度的不同而加以分离。用硫酸铵、氯化钠可将血浆蛋白质分为清蛋白、球蛋白及纤维蛋白原。清蛋白可被饱和硫酸铵沉淀，球蛋白和纤维蛋白原可被半饱和硫酸铵沉淀，纤维蛋白原又可被半饱和氯化钠沉淀。

二、血浆蛋白质的功能

血浆蛋白质的功能尚未完全阐明，已知的主要有如下几方面：

（一）维持血浆胶体渗透压

血浆胶体渗透压对水在血管内外的分布起着决定性的作用。正常人血浆胶体渗透压的大小取决于血浆蛋白质的摩尔浓度。由于清蛋白的相对分子质量小，摩尔浓度高，且在生理 pH 条件下电负性高，能使水分子聚集在其分子表面，所以清蛋白能最有效地维持血浆胶体渗透压。由清蛋白产生的胶体渗透压占总胶体渗透压的 75% ~ 80%。

（二）维持血浆正常的 pH

正常血浆的 pH 为 7.35 ~ 7.45，而血浆蛋白质的等电点大多为 4.0 ~ 7.3，所以在生理 pH 环境下，血浆蛋白质为弱酸，其中一部分可与 Na^+ 等形成弱酸盐，弱酸与弱酸盐组成缓冲对，参与维持血浆正常的 pH。

（三）运输作用

血浆蛋白质分子表面有众多的亲脂性结合位点，所以可结合运输脂溶性物质；此外血浆蛋白还能和一些易被细胞摄取或易随尿液排出的小分子物质结合，防止它们从肾丢失。例如：清蛋白可运输脂肪酸、胆红素、金属离子（Ca^{2+}、Zn^{2+} 等）和药物（磺胺药、阿司匹林等）等；球蛋白中有许多特异性载体蛋白（甲状腺素结合球蛋白、运铁蛋白等），这些载体蛋白除运输血浆中物质外，还能调节被运输物质的代谢。

（四）免疫作用

血浆中可发挥免疫作用的蛋白质有免疫球蛋白（抗体）和补体。抗原（病原菌等）刺激机体可产生特异性抗体，它能识别特异性抗原并与之结合成抗原抗体复合物，继而激活补体系统来清除抗原。

免疫球蛋白大多数是 γ-球蛋白，少部分是 α-球蛋白和 β-球蛋白。免疫球蛋白由两条重链（H 链）和两条轻链（L 链）组成，每条重链由 450 个或 570 个氨基酸组成，重链间有二硫键相连。而每条轻链由 214 个氨基酸组成，以二硫键与重链相连。机体中免疫球蛋白共分五类：IgG、IgA、IgM、IgD 和 IgE。在免疫球蛋白多肽链氨基端，轻链 1/2 与重链 1/4 区域内的氨基酸种类、排列顺序与构型变化很大，称为可变区，是抗原特异性结合的部位。而在轻链近羧基端 1/2 和重链近羧基端 1/4 部位的氨基酸种类、排列顺序与构型相对恒定，称为恒定区，恒定区上有同种异型的遗传标志。

在正常生理情况下，绝大多数补体以酶原或非活化形式存在。只有被某些物质激活后，补体固有成分才能按一定顺序呈现酶促连锁反应，发挥溶菌、溶细胞作用。

（五）催化作用

血浆中的酶根据其来源和功能，可分为以下三类：

1. 血浆功能酶

血浆功能酶主要在血浆中发挥催化作用，绝大多数由肝细胞合成后分泌入血，如参与凝血和纤溶的一系列蛋白酶、铜蓝蛋白、肾素和脂蛋白脂肪酶等。

2. 外分泌酶

外分泌酶是由外分泌腺分泌的酶，如唾液淀粉酶、胃蛋白酶、胰蛋白酶、胰脂肪酶、胰淀粉酶等。这些酶生理条件下很少逸入血浆，与血浆正常功能无直接关系，但血浆中，这些酶的活性可反映相应腺体的功能状态，有助于临床上对相关疾病的诊断。

> **重点提示**
>
> 急性胰腺炎时，血浆淀粉酶活性升高。

3. 细胞酶

细胞酶是存在于细胞和组织中参与物质代谢的酶类，在细胞更新过程中可释放入血，但正常时血浆含量甚微。这类酶大多数无器官特异性，有少部分可来源于特定器官，血浆中相应酶活性升高时，往往反映相关脏器细胞破损或细胞膜通透性升高。

> **重点提示**
>
> 肝炎时可检测到血浆中丙氨酸氨基转移酶活性升高，有助于对疾病的诊断和预后判断。

（六）营养作用

体内的某些细胞，如单核吞噬细胞系统，可吞饮血浆蛋白质，这些蛋白质被细胞内的酶消化分解为氨基酸后汇入氨基酸代谢池，可用于合成组织蛋白，也可转变成其他含氮化合物、经过糖异生途径生成糖或氧化分解提供能量。

（七）凝血、抗凝血和纤溶作用

参与血液凝固的因子统称为凝血因子，目前已知的凝血因子主要有 14 种，如表 13 – 3 所示。除因子Ⅲ不存在于血浆中，因子Ⅳ为 Ca^{2+} 外，其余凝血因子均为存在于血浆中的蛋白质。

表 13－3　凝血因子的某些特征

因子	别名	化学本质	生成部位	血浆中浓度/（mg/L）	血清中有无	功能
Ⅰ	纤维蛋白原	糖蛋白	肝	2 000～4 000	无	结构蛋白
Ⅱ	凝血酶原	糖蛋白	肝	150～200	无	蛋白酶原
Ⅲ	组织因子	脂蛋白	组织、内皮、单核细胞	0	—	辅因子
Ⅳ		Ca^{2+}		90～110	有	辅因子
Ⅴ	易变因子（前加速因子）	糖蛋白	肝	5～10	无	辅因子
Ⅶ	稳定因子	糖蛋白	肝	0.5～2	有	蛋白酶原
Ⅷ	抗血友病球蛋白	糖蛋白	肝、内皮细胞	0.1	无	辅因子
Ⅸ	Christmas因子血浆凝血活酶成分	糖蛋白	肝	3～4	有	蛋白酶原
Ⅹ	Stuart-Prower因子	糖蛋白	肝	6～8	有	蛋白酶原
Ⅺ	血浆凝血活酶前体	糖蛋白	肝	4～6	有	蛋白酶原
Ⅻ	Hageman因子	糖蛋白	肝	2.9	有	蛋白酶原
ⅩⅢ	纤维蛋白稳定因子	糖蛋白	骨髓	25	无	转谷氨酰胺酶原
	前激肽释放酶	糖蛋白	肝	1.5～5	有	蛋白酶原
	高相对分子质量激肽原	糖蛋白	肝	7.0	有	辅因子

当血管内皮损伤，血液流出血管时，凝血因子参与连锁酶促反应，使水溶性纤维蛋白原转变成凝胶状纤维蛋白，并聚合成网状，黏附血细胞，形成血凝块而止血。

难点提示

在生理情况下，也可能发生血管内皮损伤、血小板活化和少量凝血因子激活，从而发生血管内凝血。血浆中存在的抗凝成分和纤溶系统，与凝血系统维持动态平衡，保证了血流通畅。主要的抗凝成分有抗凝血酶-Ⅲ（AT-Ⅲ）、蛋白C系统和组织因子途径抑制物，其化学本质均为蛋白质。抗凝血酶-Ⅲ是一种 α_2-球蛋白，主要由肝合成，能持久灭活凝血酶，抑制某些凝血因子而抗凝。蛋白C系统包括蛋白C、蛋白S和蛋白C抑制物。蛋白C被凝血酶、胰蛋白酶等激活后能降低凝血因子Ⅹa的凝血活性，还能促进纤维蛋白溶解；蛋白S可作为辅助因子加强蛋白C抗凝作用；蛋白C抑制物可阻碍蛋白C的活化。组织因子途径抑制物能直接抑制凝血因子Ⅹa而抗凝。

纤溶过程包括纤溶酶原的激活和纤维蛋白的溶解。纤溶酶原由790个氨基酸残基组成，经蛋白酶水解为纤溶酶后，可特异性催化纤维蛋白或纤维蛋白原中由精氨酸或赖氨酸残基的羧基构成的肽键水解，产生一系列降解产物，使血凝块溶解，防止血栓形成。

第三节　红细胞代谢

红细胞在血液中是数量最多的血细胞，占血细胞总数的99%。正常成年男性的红细胞数量为$4.0 \times 10^{12} \sim 5.5 \times 10^{12}$个/L，女性$3.5 \times 10^{12} \sim 5.0 \times 10^{12}$个/L。红细胞的主要成分是血红蛋白，男性的正常值为$120 \sim 160$ g/L，女性为$110 \sim 150$ g/L。

> **提　示**
>
> 红细胞的主要功能是运输O_2和CO_2，维持酸碱平衡。

一、成熟红细胞的代谢特点

红细胞是由骨髓造血干细胞定向分化而成的红系细胞，在发育过程中经历了原始红细胞、早幼红细胞、中幼红细胞、晚幼红细胞、网状红细胞、成熟红细胞各阶段。红细胞在成熟过程中经历一系列的形态和代谢的改变。成熟红细胞除质膜和胞质外，无其他细胞器，所以代谢比较简单，不能合成蛋白质，不能进行葡萄糖有氧氧化，只保留对其生存和功能发挥重要作用的少数代谢途径，如糖酵解途径、2,3-二磷酸甘油酸支路和磷酸戊糖途径等。

（一）糖代谢

红细胞中的葡萄糖的90% ~95% 经糖酵解途径和2,3-二磷酸甘油酸 ［2,3-B(D)PG］ 旁路代谢，5% ~10% 通过磷酸戊糖途径代谢，以获得$NADPH + H^+$。

1. 糖酵解和2,3-DPG 旁路

红细胞中含有糖酵解过程所需要的全部酶和中间代谢产物，其基本反应与其他组织中的糖酵解过程相同，糖酵解是成熟红细胞获得能量的唯一途径。通过这一途径产生的能量，主要有以下作用：

（1）维持红细胞膜上钠泵的正常功能，进而维持红细胞的离子平衡以及红细胞容积和双凹盘状形态。

（2）维持红细胞膜上钙泵的正常功能以维持红细胞内的低钙状态，防止钙聚集并沉淀于红细胞膜，从而防止膜趋于僵硬而易被破坏。

（3）红细胞膜的脂质需要不断更新，这个过程需要消耗ATP。若ATP 缺乏，脂质更新受阻，会使红细胞的可塑性降低而易于破坏。

（4）用于合成谷胱甘肽、NAD^+；也可用于活化葡萄糖，启动糖酵解过程。

红细胞中糖酵解途径还存在侧支循环，即2,3-DPG 旁路，如图13 -2 所示。

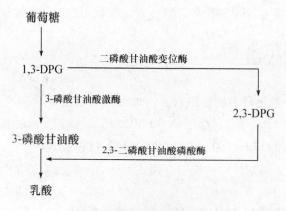

图 13－2　2,3- DPG 旁路

在糖酵解过程中，二磷酸甘油酸变位酶可催化 1,3-DPG 转变为 2,3-DPG，进而在 2,3-二磷酸甘油酸磷酸酶作用下，又可生成 3-磷酸甘油酸，继续循糖酵解过程分解，最后生成乳酸。这条由 1,3-DPG 经 2,3-DPG 生成 3-磷酸甘油酸的途径，就是 2,3-DPG 旁路。正常情况下，2,3-DPG 对二磷酸甘油酸变位酶的负反馈作用大于其对 3-磷酸甘油酸激酶的抑制作用，所以 2,3-DPG 旁路仅占糖酵解的 15% ~ 50%。但由于 2,3-二磷酸甘油酸磷酸酶的活性较低，使得 2,3-DPG 的生成大于分解，所以红细胞中 2,3-DPG 的含量很高。

红细胞中的 2,3-DPG 分子带有高密度负电荷（磷酸基、羧基），与血红蛋白（Hemoglobin，Hb）分子的正电荷结合可稳定 Hb 构象，降低血红蛋白与氧气的亲和力。在血液流经 PO_2（氧分压）较高的肺部时，2,3-DPG 的影响不大，但当血液流经 PO_2 较低的组织时，红细胞中存在的 2,3-DPG 会显著增加 O_2 的释放，供给组织需要。2,3-DPG 氧化时也可产生 ATP，所以它也是红细胞中能量的储存形式。

2. 磷酸戊糖途径

红细胞中磷酸戊糖途径的过程与其他细胞相同，主要生理意义是为机体提供 NADPH，磷酸戊糖途径是红细胞产生 NADPH 唯一途径。

代谢过程中产生的 NADPH 可维持细胞内还原型谷胱甘肽的含量，保护红细胞膜蛋白、血红蛋白和酶蛋白的巯基不被氧化，维持细胞的正常功能，如图 13-3 所示。

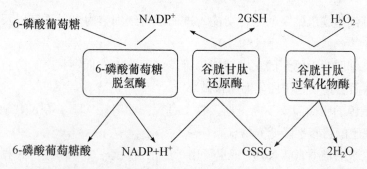

图 13 - 3　磷酸戊糖途径与谷胱甘肽的氧化还原

> **重点提示**
>
> 若患者缺乏 6-磷酸葡萄糖脱氢酶，磷酸戊糖途径不能正常进行，NADPH 生成障碍，会使还原型谷胱甘肽不足，膜蛋白、血红蛋白和酶蛋白的巯基被氧化而易发生溶血。服用蚕豆或某些药物（如磺胺类、阿司匹林等）可促使过氧化氢和超氧化物的生成，易诱发这类患者溶血的发生。

> **提　示**
>
> 红细胞内还会因为各种氧化作用而产生少量高铁血红蛋白（Metahemoglobin，MHb），其中的三价铁不能携带氧，需要借助与红细胞内的氧化还原系统来将 MHb 还原才能防止发绀等缺氧症状的发生。红细胞内存在 NADH-高铁血红蛋白还原酶和 NADPH-高铁血红蛋白还原酶，可催化 MHb 还原成 Hb；另外，还原型谷胱甘肽和抗坏血酸也能还原 MHb。抗坏血酸被氧化生成脱氢抗坏血酸后还可以被还原型谷胱甘肽重新还原成抗坏血酸。

由于以上还原系统的存在，红细胞内的 MHb 只占 Hb 总量的 1%～2%。

（二）脂类代谢

成熟的红细胞不能从头合成脂肪酸，其脂类几乎全部存在于细胞膜。红细胞膜上的脂质通过不断与血浆脂蛋白中的脂质交换来维持其正常的脂类组成、结构和功能，维持红细胞的生存。

二、血红蛋白

血红蛋白是红细胞的主要成分，由珠蛋白和血红素缔合而成，血红蛋白是由 4 个亚基构成的多聚体（$\alpha_2\beta_2$），Fe^{2+} 位于其中心。血红蛋白参与血液中氧和二氧化碳的运输。

（一）血红蛋白的代谢

1. 血红素的合成原料和场所

> **提　示**
>
> 血红素的基本合成原料是甘氨酸、琥珀酰 CoA 和 Fe^{2+}。以骨髓和肝脏合成最为活跃，其他组织也能少量合成。

前者提供血红素以合成血红蛋白，后者则主要将其用于合成细胞色素类。血红素是在有核红细胞和网织红细胞阶段的线粒体及胞液中合成的。成熟红细胞没有线粒体，所以不能合成血红素。血红素的生物合成过程可分为四个阶段：

（1）δ-氨基-γ-酮戊酸（δ-aminolevulinic Acid，ALA）的合成。在线粒体中，琥珀酰CoA与甘氨酸在ALA合成酶的催化下脱羧，生成ALA。

> **提 示**
>
> ALA合成酶是血红素生物合成的限速酶，其辅酶是磷酸吡哆醛。该酶的活性可受血红素的反馈抑制，磷酸吡哆醛的缺乏或与之竞争的药物也可使酶活性降低，而肾脏产生的促红细胞生成素、某些类固醇激素（如雄激素和雌二醇）和一些杀虫剂、致癌物等却可以诱导此酶合成。
>
> $$\underset{\text{琥珀酰 CoA}}{HOOC-CH_2-CH_2-CO \sim SCoA} + \underset{\text{甘氨酸}}{NH_2-CH_2-COOH} \xrightarrow[\text{ALA 合成酶}]{\overset{\text{CoA}\sim\text{SH} \quad CO_2}{\uparrow \qquad \uparrow}} \underset{\text{ALA}}{HOOC-CH_2-CH_2-CO-CH_2-NH_2}$$

（2）胆色素原的生成。ALA生成后从线粒体进入胞液。在胞液中，2分子ALA脱水生成1分子胆色素原。

> **重点提示**
>
> 催化此反应的酶是ALA脱水酶，该酶含有巯基，易被铅等重金属抑制。所以铅中毒时的特征性表现之一就是ALA升高而胆色素原不增加。

（3）尿卟啉原和粪卟啉原的生成。胞液中生成的胆色素原在胆色素原脱氨酶、尿卟啉原Ⅲ合酶的依次催化下生成尿卟啉原Ⅲ。尿卟啉原Ⅲ经尿卟啉原Ⅲ脱羧酶催化，最终生成粪卟啉原Ⅲ。

（4）血红素的生成。粪卟啉原Ⅲ在胞液中生成后又进入线粒体，在粪卟啉原Ⅲ氧化脱羧酶的催化下生成原卟啉原Ⅸ，继而在原卟啉原Ⅸ氧化酶作用下转变成原卟啉Ⅸ。原卟啉Ⅸ与Fe^{2+}在亚铁螯合酶的催化下生成血红素。

> **提 示**
>
> 亚铁螯合酶又称血红素合成酶，对铁的缺失很敏感，铅等重金属可抑制该酶活性，血红素对它也有反馈调节作用。血红素生物合成的全过程总结如图13-4所示。

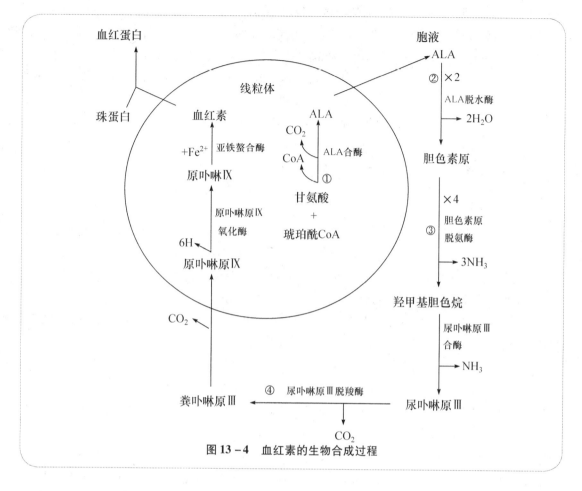

图 13 – 4 血红素的生物合成过程

2. 血红蛋白的合成

血红素合成后即从线粒体转运到胞液，再与珠蛋白结合就生成血红蛋白。其中珠蛋白的合成受血红素的调节，血红素的氧化产物高铁血红素可促进珠蛋白的合成。

（二）血红蛋白的分解

提 示

正常红细胞的平均寿命是 120 天左右，衰老的红细胞被肝、脾、骨髓等吞噬细胞系统破坏后释放出血红蛋白，血红蛋白又可分解为珠蛋白与血红素。珠蛋白按一般蛋白质代谢途径进行分解，血红素的铁进入"铁代谢池"被再利用，而卟啉环则在一系列酶的催化下转变成胆红素而代谢排出。

（三）血红蛋白的功能

1. 运输氧

O_2 在血液中以物理溶解和化学结合两种方式进行运输，其中物理溶解状态的 O_2 仅占血

液中 O_2 总量的 1.5%，98.5% 的 O_2 是与血红蛋白（Hb）结合成 HbO_2 的形式来运输的。

Hb 与 O_2 的结合是可逆的，当血液流经 PO_2 高的肺部时，O_2 与 Hb 结合成 HbO_2 运输；血液经过 PO_2 低的组织时，HbO_2 迅速解离释放出 O_2 供组织利用。Hb 与 O_2 的结合或解离曲线呈 S 形（图 13-5），这与血红蛋白的变构效应有关。O_2 与 Hb 的结合总是先与 α-亚基结合，由于受 β-亚基邻近的缬氨酸残基的阻碍，O_2 不易进入 β-亚基。当一个 α-亚基与 O_2 结合后，引起盐键断裂而变构，去掉了缬氨酸残基的阻碍作用，使 β-亚基可与 O_2 结合，所以血红蛋白的一个亚基与 O_2 结合后，其他亚基更易与 O_2 结合；同样氧合血红蛋白的一个亚基释放 O_2 后，其他亚基也易于释放 O_2，这种协同效应使血红蛋白氧解离曲线呈 S 形而不是抛物线形。

难点提示

S 形氧解离曲线具有重要的生理意义。氧解离曲线的上段（PO_2 为 7.98~13.3 kPa，即 60~100 mmHg）是 Hb 与 O_2 结合的部分，这部分曲线平坦，表明 PO_2 的变化对 Hb 氧饱和度影响不大，所以在血液流经 PO_2 高的肺部时，即使环境 PO_2 有一定程度的降低，如在高原、高空或呼吸系统疾病时，也不致影响肺部 Hb 与 O_2 的结合，血液仍可携带足够的 O_2 供组织利用。氧解离曲线的中段（PO_2 为 7.98~5.32 kPa，即 60~40 mmHg）是 HbO_2 释放 O_2 的部分，该段曲线陡峭，说明血液流经组织时，PO_2 的轻微降就可引起低 HbO_2 的大量解离，迅速释放出 O_2 满足组织需要。氧解离曲线的下段（PO_2 为 5.32~2.0 kPa，即 40~15 mmHg）代表 Hb 对 O_2 的储备，该段曲线最为陡峭，表明 PO_2 稍有下降，HbO_2 就急骤解离，O_2 的利用系数（血液流经组织时释放出的 O_2 占动脉血 O_2 含量的百分数）提高到安静时的 3 倍，这有利于机体适应组织活动加强时 PO_2 的降低。

通常用 P_{50} 表示 Hb 与 O_2 的亲和力。P_{50} 指的是血液氧饱和度达到 50% 时的 PO_2 值，其正常值为 3.5 kPa（26.6 mmHg）。P_{50} 减小，表示 Hb 与 O_2 的亲和力增加，氧解离曲线左移；反之，P_{50} 增加，表示 Hb 与 O_2 的亲和力降低，氧解离曲线右移。

血红蛋白的氧合功能可受 pH、PCO_2、2,3-DPG 及温度等因素的影响。

血液 pH 降低、PCO_2 升高时，血红蛋白与氧的亲和力降低，P_{50} 增加，氧解离曲线右移；反之，血液 pH 升高、PCO_2 降低时，血红蛋白与氧的亲和力增加，P_{50} 减小，氧解离曲线左移，如图 13-5 所示。这种现象的生理意义在于当血液流经组织时，PCO_2 的升高，促进 HbO_2 解离释放出 O_2 供组织利用；当血液流经肺泡时，PCO_2 降低，又可增加 Hb 与 O_2 的结合。

红细胞中糖酵解支路产物 2,3-DPG 可降低血红蛋白与 O_2 的亲和力，缺氧时糖酵解作用增强，2,3-DPG 增加，也可促进 HbO_2 解离释放出 O_2 供组织利用。

温度也可影响血红蛋白与 O_2 的结合。当温度低于正常时，血红蛋白与 O_2 的亲和力增大，结合更牢固，氧解离曲线左移；温度升高时，血红蛋白与 O_2 的亲和力减小，曲线右移，增加 O_2 的释放。这种影响也具有重要的生理意义。在发热或肌肉运动使体温升高时，HbO_2 释放的 O_2 增加，以适应代谢率的增加。

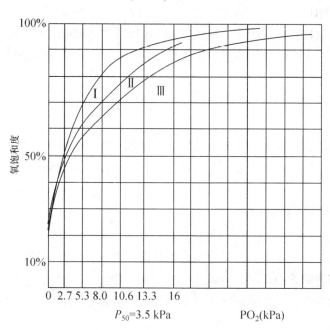

$$Hb \cdot NH_2 + CO_2 \rightleftharpoons HbNHCOOH$$

图 13 – 5 pH 和 PCO_2 对血红蛋白氧解离曲线的影响

Ⅰ：pH = 7.6（PCO_2 = 3.4 kPa），P_{50} 减小

Ⅱ：pH = 7.4（PCO_2 = 5.3 kPa），P_{50} = 3.5 kPa

Ⅲ：pH = 7.2（PCO_2 = 8.2 kPa），P_{50} 增大

2. 运输二氧化碳

CO_2 在血液中也是以物理溶解（占总量的 8.8%）和化学结合（占总量的 91.2%）两种方式进行运输的。化学结合的 CO_2 主要形成碳酸氢盐（占总量的 77.8%）和氨基甲酸血红蛋白（HbNHCOOH，占总量的 13.4%）。氨基甲酸血红蛋白是由血红蛋白肽链的 N 末端氨基与 CO_2 结合生成的。

第四节 白细胞代谢

人体白细胞由粒细胞、淋巴细胞和单核吞噬细胞三大系统组成，可对外来入侵起抵抗作用。淋巴细胞将在免疫学中详细介绍，这里主要介绍粒细胞和吞噬细胞的代谢。

一、糖代谢

粒细胞的线粒体很少，所以糖代谢的主要途径是糖酵解，通过糖酵解为细胞的吞噬作用提供能量。中性粒细胞约有 10% 的葡萄糖通过磷酸戊糖途径进行代谢，产生大量 NADPH。

单核吞噬细胞虽能进行有氧氧化，但糖酵解仍占很大比例。单核吞噬细胞通过磷酸戊糖途径产生大量 NADPH。

中性粒细胞和单核吞噬细胞中产生的 NADPH 可通过 NADPH 氧化酶递电子体系使 O_2 接受单电子还原，生成大量超氧阴离子，进而转变成 H_2O_2 等，发挥杀菌作用。

二、脂类代谢

中性粒细胞不能从头合成脂肪酸。粒细胞和单核吞噬细胞均可在脂氧化酶的催化下将花生四烯酸转变成白三烯，这是速发型过敏反应中产生的慢反应物质。

三、氨基酸和蛋白质代谢

粒细胞中氨基酸含量很大，尤其组氨酸的代谢产物——组胺的浓度很高，组胺可参与变态反应。成熟粒细胞缺乏内质网，所以蛋白质合成很少。

单核吞噬细胞蛋白质代谢活跃，可合成多种酶、补体和细胞因子。

第五节　钙磷代谢

钙盐和磷盐是体内含量最多的无机盐。绝大部分的钙磷存在于骨骼和牙齿中，其余的存在于体液及软组织中。骨骼中的钙磷与体液中的钙磷保持着动态平衡。血液中的钙磷浓度虽低，但可反映体内钙磷的代谢情况，所以在钙磷代谢中占有重要的地位。

一、血钙与血磷

（一）血钙

> **提　示**
>
> 血钙通常是指血浆钙，因为血液中的钙几乎全部存在于血浆中。健康人血钙浓度为 $2.25 \sim 2.75$ mmol/L（$9 \sim 11$ mg/dL），无年龄差异。

血钙包括离子钙和结合钙两部分，包括与蛋白质（清蛋白）结合的蛋白结合钙（约为 40%）和少部分与柠檬酸等结合的柠檬酸结合钙（称复合钙，约占 15%）。复合钙和离子钙均易透过毛细血管壁，又称可扩散钙，而蛋白结合钙不能透过毛细血管壁，通常称非扩散钙。

血浆蛋白结合钙与离子钙之间可相互转化，保持动态平衡，但受血液 pH 的影响。

$$蛋白结合钙 \underset{[HCO_3^-]}{\overset{[H^+]}{\rightleftharpoons}} 蛋白质 + Ca^{2+}$$

由上式可见，当血浆中 $[H^+]$ 升高时，蛋白结合钙向离子钙转化增加，$[Ca^{2+}]$ 升高；当血液中 $[HCO_3^-]$ 增高时，离子钙向结合钙转化增加，$[Ca^{2+}]$ 降低。

重点提示

由于 Ca^{2+} 具有降低神经肌肉兴奋性的作用，所以血浆中 Ca^{2+} 低于 0.87 mmol/L 时，神经肌肉兴奋性升高，临床上可出现手足搐搦。这是临床上发现碱中毒的病人血中总钙浓度不低，但会出现手足搐搦的原因。

（二）血磷

血磷通常指血液中的无机磷，以无机磷酸盐（HPO_4^{2-}、$H_2PO_4^-$ 等）形式存在。成人血磷浓度为 1.1~1.3 mmol/L（3.5~4.0 mg/dL）；儿童为 1.2~2.1 mmol/L（4.5~6.5 mg/dL）。血磷浓度不如血钙稳定，成人血磷也有一定的生理变动，如摄入糖、注射胰岛素和肾上腺素等情况下，细胞内磷的利用增加，也可引起低血磷。

重点提示

血钙、血磷浓度之间有一定关系，当以 mmol/L 来表示健康成人血钙和血磷浓度时，它们的乘积是一个常数为 2.5~3.5，即 $[Ca] \times [P] = 2.5~3.5$。乘积大于 3.5 时，钙磷以骨盐形式沉积在骨组织中；若小于 2.5，则会影响骨组织钙化，甚至使骨盐再溶解，导致儿童发生佝偻病，成人可发生软骨病。

二、钙磷代谢的调节

提示

参与钙磷代谢调节的激素主要有 1,25-二羟维生素 D_3 [1,25-$(OH)_2D_3$]、甲状旁腺素、降钙素。它们主要通过对小肠、骨和肾三种靶组织的调节作用来维持血钙、血磷浓度的正常水平，以保证钙、磷代谢的正常进行。

（一）1,25-$(OH)_2D_3$

1. 1,25-$(OH)_2D_3$ 的生成与调节

维生素 D 属于类固醇衍生物，重要的维生素有维生素 D_2 和维生素 D_3 两种。维生素 D_2 主要存在于植物中，维生素 D_3 是动物体内维生素 D 的主要形式。另外还有酵母及植物中的麦角固醇（维生素 D_2 原）及人体内 7-脱氢胆固醇（维生素 D_3 原），经日光中紫外线照射后可转变为维生素 D_2 和维生素 D_3，所以人体只要充分接受日光照射，一般不会缺乏维生素 D。

但维生素 D_2 和维生素 D_3 的生理活性很低，必须在体内经代谢转变，即在肝和肾中经羟化酶的作用生成 $1,25\text{-}(OH)_2D_3$ 的形式，才能表现生物活性，维生素 D_3 的主要活性形式是 $1,25\text{-}(OH)_2D_3$。成人日生成量仅为 $0.3 \sim 1.0\ \mu g$，血液中仅为 $4\ ng/mL$。由于 $1,25\text{-}(OH)_2D_3$ 是在一定的组织（肝、肾）生成后经血液运至靶组织发挥生理功能，所以将 $1,25\text{-}(OH)_2D_3$ 列为激素。

（1）维生素 D_3 在肝中的羟化作用。在肝细胞的微粒体中含有维生素 D_3-25-羟化酶，可催化维生素 D_3 生成25-羟维生素 $D_3[25\text{-}(OH)\text{-}D_3]$，反应过程需 NADPH、$Mg^{2+}$ 及 O_2 参加，反应如下：

$$维生素\ D_3 \xrightarrow[\text{25-羟化酶系（肝微粒体）}]{O_2 \quad NADPH+H^+} 25\text{-}(OH)\text{-}D_3$$

产物 $25\text{-}(OH)\text{-}D_3$ 具有反馈抑制25-羟化酶的作用，以控制 $25\text{-}(OH)\text{-}D_3$ 的生成量。生成的 $25\text{-}(OH)\text{-}D_3$ 可与血中 α_2-球蛋白结合而运至肾脏，在生理浓度下 $25\text{-}(OH)\text{-}D_3$ 无直接生理活性，只是维生素 D 在血液中的运输形式。

（2）在肾中的羟化作用。$25\text{-}(OH)\text{-}D_3$ 在肾小管上皮细胞的线粒体中经 $1\text{-}\alpha\text{-}$羟化酶系的催化作用，使 $25\text{-}(OH)\text{-}D_3$ 在1位上进一步羟化生成 $1,25\text{-}(OH)_2\text{-}D_3$，它是维生素 D_3 在体内的主要活性形式，生理作用最强。此反应体系还需黄素蛋白、铁硫蛋白和细胞色素 P450、NADPH 和 O_2 参加。反应如下：

$$25\text{-}(OH)\text{-}D_3 \xrightarrow[\text{1-}\alpha\text{-羟化酶系(肾细胞线粒体)}]{O_2 \quad NADPH+H^+} 1,25\text{-}(OH)_2\text{-}D_3$$

肾脏中还有另一种羟化酶——24-羟化酶，它催化 $25\text{-}(OH)\text{-}D_3$ 转变为 $24,25\text{-}(OH)_2\text{-}D_3$。$1,25\text{-}(OH)_2\text{-}D_3$ 可反馈抑制肾中 $1\text{-}\alpha\text{-}$羟化酶活性，但可诱导肾中24-羟化酶生成，24-羟化酶可催化 $25\text{-}(OH)\text{-}D_3$ 生成无活性的 $24,25\text{-}(OH)\text{-}D_3$，这对 $1,25\text{-}(OH)_2\text{-}D_3$ 的生成量、防治维生素 D 中毒具有重要的生理意义。反应如下：

$$25\text{-}(OH)\text{-}D_3 \xrightarrow[\text{24-羟化酶系（肾细胞线粒体）}]{O_2 \quad NADPH+H^+} 24,25\text{-}(OH)_2\text{-}D_3$$

另外，低血磷、低血钙、甲状旁腺素均可促进 $1,25\text{-}(OH)_2\text{-}D_3$ 的生成，降钙素则抑制 $1,25\text{-}(OH)_2\text{-}D_3$ 的生成。

维生素 D_3 的代谢转变过程如图 13-6 所示。

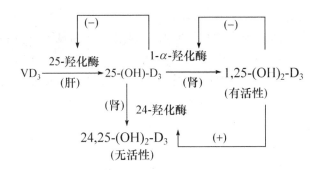

(+)表示促进 (-)表示抑制

图 13-6 维生素 D_3 代谢转变

2. 1,25-(OH)$_2$-D$_3$ 的生理功能

（1）促进小肠对钙磷的吸收与转运。1,25-(OH)$_2$-D$_3$ 可通过与靶细胞肠黏膜细胞、上皮细胞、骨细胞内特异受体蛋白结合后生成 1,25-(OH)$_2$-D$_3$-受体复合物而发挥下列作用：① 使膜卵磷脂及不饱和脂肪酸含量增加，改变膜的组成和结构，增加膜对钙的通透性。② 作用于细胞核，加快 DNA 转录 mRNA，并合成与 Ca^{2+} 吸收和转运有关的蛋白——钙结合蛋白（Ca-BP）。Ca-BP 可使细胞内钙浓集于线粒体，使胞浆内 Ca^{2+} 降低，间接促进小肠对钙的吸收；Ca-BP 还可使线粒体内的钙转运到基底膜，并在 Ca^{2+}/2H-ATP 酶及 Na$^+$ – K$^+$ – ATP 酶的共同作用下将 Ca^{2+} 转运至血液。

1,25-(OH)$_2$-D$_3$ 还能促进小肠对磷的吸收，一方面是通过加强对钙吸收而间接促进磷的吸收；另一方面是直接促进磷的吸收，因此，活性维生素 D$_3$ 可提高血钙和血磷的含量。

（2）促进骨组织的生长与更新。1,25-(OH)$_2$-D$_3$ 可提高破骨细胞的数量及活性，促进骨盐溶解，释放钙和磷。并与甲状旁腺素协同，促进钙磷的周转，有利于新骨的钙化。所以 1,25-(OH)$_2$-D$_3$ 既促进老骨溶解，又促进新骨钙化，从而维持骨组织的生长和更新。

（3）增强肾小管对钙磷的重吸收作用，但作用较弱。

（二）甲状旁腺素

甲状旁腺素（Parathyroid Hormone，PTH）是甲状旁腺主细胞合成并分泌的一种由 84 个氨基酸组成的单链多肽，相对分子质量为 9 500。

1. PTH 的生成与调节

PTH 的合成与分泌与血钙浓度呈负相关关系。当低血钙时，促进 PTH 的分泌；高血钙时，PTH 分泌减少。血中 1,25-(OH)$_2$-D$_3$ 增高或高浓度的磷酸盐对 PTH 分泌均有抑制作用。

2. PTH 的生理功能

PTH 是维持血钙正常水平的最主要因素，它有升高血钙、降低血磷和酸化血液等作用。其靶组织主要有骨骼、肾及小肠，也作用于肌肉、胸腺、唾液腺及乳腺等。

PTH 对靶细胞内钙代谢调节的机制是：活化靶细胞膜上腺苷酸环化酶系统，增加胞质内 cAMP 及焦磷酸盐浓度。cAMP 能促进线粒体中钙转移至胞质，焦磷酸则使细胞膜外侧的钙进入细胞，结果使胞质内钙浓度增加，并激活膜上的"钙泵"，将钙主动转运至细胞外液，使血钙升高。

（1）对骨的作用。PTH 可提高破骨细胞的活性及数量，并使破骨细胞胞质内 $[Ca^{2+}]$ 升高而引起下列生理效应：① 促使溶酶体释放包括胶原酶在内的各种水解酶，使骨盐及骨的有机质水解；② 抑制异柠檬酸脱氢酶活性，使酸性物质（柠檬酸、乳酸）增加，促进骨盐溶解；③ 抑制破骨细胞转变成骨细胞。

（2）对肾的作用。PTH 对肾的作用主要是促进肾小管加强对磷的排泄及对钙的重吸收作用，从而提高血钙、降低血磷。

（3）PTH 对小肠的作用。PTH 对小肠的作用是通过促进肾中 1-羟化酶的合成，提高 $1,25-(OH)_2-D_3$ 的含量，间接促进小肠对钙磷的吸收，但作用较慢。

（三）降钙素

降钙素（Calcitonin, CT）是甲状腺滤泡旁细胞（又称 C 细胞）合成、分泌的一种由 32 个氨基酸组成的肽类化合物，相对分子质量为 3 500。

1. CT 的生成与调节

CT 的分泌受血钙浓度的调节，二者呈正相关关系。

2. CT 的生理功能

（1）对骨的作用。CT 可抑制破骨细胞的生成和活性，抑制骨盐溶解及骨基质的水解，抑制破骨细胞的生成，促使间充质细胞分化为肝细胞，促进骨盐沉积、降低血钙。

（2）对肾的作用。CT 可抑制肾小管对磷的重吸收，使尿磷增加、血磷降低。

（3）对小肠的作用。CT 通过抑制 $1,25-(OH)_2-D_3$ 的生成，间接降低小肠对钙磷的吸收，使血钙和血磷降低。

三种激素对钙磷代谢的影响及相互关系如表 13 - 4 所示。

表 13 - 4　三种激素对钙磷代谢的影响

调节因素	肠钙吸收	溶骨	成骨	肾排钙	肾排磷	血钙	血磷
$1,25-(OH)_2-D_3$	↑↑	↑	↑	↓	↓	↑	↑
PTH	↑	↑↑	↓	↓	↑	↑	↓
CT	↓	↓	↑	↑	↑	↓	↓

注：↑表示升高，↑↑表示显著升高，↓表示降低。

三、钙磷代谢紊乱

$1,25-(OH)_2-D_3$、PTH、CT 是调节钙磷代谢的三种主要因素。正常情况下，它们之间相互促进、相互制约、相互依赖，从而保证钙磷代谢的动态平衡。任何一个环节发生障碍，均会影响体内钙磷浓度正常，甚至可以引起代谢性骨病。

（一）佝偻病及骨软化症

> **提　示**
>
> 1. 佝偻病
>
> 佝偻病是婴幼儿由于长期缺乏维生素 D，肠道对钙磷吸收受到影响，血钙血磷降低。因血钙降低，继发引起 PTH 分泌增加，加速老骨溶解，肾排磷保钙，使血磷降低、血钙回升，但如病情不能及时控制或加重，也可导致低血钙症状。此病主要表现为"X"形或"O"形腿，鸡胸、方颅等。

生化指标主要为血磷降低、血清碱性磷酸酶（AKP）活性升高，可高达 $50 \sim 60$ 布氏单位（正常为 $5 \sim 15$ 布氏单位），但血钙稍低或接近正常。

> **提　示**
>
> 2. 骨软化症
>
> 成人长期缺乏维生素 D，可导致骨软化症（又称软骨病）。因成人骨骼已形成，一般不表现畸形，主要表现为骨质脱钙，密度降低，易发生骨折。
>
> 此病应以预防为主，如多晒太阳，对病人应补充适量维生素 D 制剂（如鱼肝油）及钙剂。

（二）抗维生素 D 佝偻病

> **难点提示**
>
> 1. 肝性佝偻病
>
> 肝性佝偻病主要是 25-(OH)-D_3 含量减少所致。例如：严重肝病时，25-羟化酶活性降低，维生素 D_3 在 25 位上羟化受阻，25-(OH)-D_3 生成减少；某些药物（如苯巴比妥等）可刺激肝细胞微粒体中细胞色素 P450 酶活性升高，导致 25-(OH)-D_3 分解加强，25-(OH)-D_3 含量也减少。25-(OH)-D_3 是 1,25-$(OH)_2$-D_3 的前体物质，所以 1,25-$(OH)_2$-D_3 生成量减少，导致肠道对钙磷吸收障碍而引起佝偻病。
>
> 2. 肾性佝偻病
>
> 肾性佝偻病主要是 1,25-$(OH)_2$-D_3 生成减少所致。例如：尿毒症、慢性肾功能衰竭等严重肾病时，肾中 1-羟化酶活性降低；肾小管先天性障碍，肾中缺乏 1-羟化酶，均可使 25-(OH)-D_3 在 1 位上羟化受阻，使 1,25-$(OH)_2$-D_3 生成减少，影响钙磷吸收，导致佝偻病。

（三）骨质疏松症

提 示

　　骨质疏松症不是因维生素 D 缺乏，而是由于作为骨的有机质成分的蛋白质合成失常，致使骨盐不能正常沉积而引起的一种代谢性骨病。此病多见于老年人，尤其是绝经期妇女，因雌激素分泌减少，成骨细胞得不到正常刺激，使骨的有机质不能正常形成，老年人因肾中 1-羟化酶活性降低，使钙磷吸收障碍，导致骨盐形成受阻，均可引起骨质疏松症。此外，营养不良，甲状腺功能亢进、库欣病患者及长期卧床者，因分解代谢增加和蛋白质代谢异常等均可并发此症。临床主要表现为疼痛、皮肤菲薄及骨质疏松，有的患者可伴有自发性骨折。

本章小结

　　血液由血浆和红细胞、白细胞、血小板等有形成分组成。加入抗凝剂的血液离心后血细胞下沉，浅黄色的上清即为血浆。血液在体外凝固后析出的淡黄色透明液体称作血清。

　　血液的化学成分非常复杂。正常人血液含水量为 77% ~ 81%，另外血液中还溶有少量 O_2、CO_2 等气体和一些可溶性固体。血液中的固体成分包括各类蛋白质（血红蛋白、血浆蛋白等）、非蛋白含氮化合物、不含氮有机物（糖、脂类、乳酸酮体等）、无机盐等。血浆蛋白质种类很多，常用电泳和盐析法将其进行分类，血浆蛋白质主要成分为：清蛋白、α_1-球蛋白、α_2-球蛋白、β-球蛋白、纤维蛋白原和 γ-球蛋白。血浆蛋白质的主要功能有：维持血浆胶体渗透压；维持血浆正常的 pH；运输作用；免疫作用；催化作用；营养作用；凝血、抗凝血和纤溶作用。

　　成熟红细胞中的葡萄糖的 90% ~ 95% 经糖酵解途径和 2,3-DPG 旁路代谢，5% ~ 10% 通过磷酸戊糖途径代谢。糖酵解是成熟红细胞获得能量的唯一途径。2,3-DPG 旁路产生的 2,3-DPG 可降低血红蛋白与 O_2 的亲和力。磷酸戊糖途径是红细胞产生 NADPH 的唯一途径。

　　血红蛋白由珠蛋白和血红素组成，是由 4 个亚基构成的多聚体（$\alpha_2\beta_2$），血红素是血红蛋白的辅基，以甘氨酸、琥珀酰 CoA 和 Fe^{2+} 为基本原料，在有核红细胞和网织红细胞阶段的线粒体及胞液中合成。ALA 合成酶是血红素生物合成的限速酶，其辅基是磷酸吡哆醛。血红蛋白的主要功能是运输 O_2 和 CO_2，Hb 与 O_2 的结合或解离曲线呈 S 形，S 形氧解离曲线具有重要的生理意义，有利于满足机体在不同情况下对氧的需求。pH、PCO_2 及 2,3-DPG、温度等因素可影响血红蛋白的氧合功能。血红蛋白可以氨基甲酸血红蛋白的形式运输部分 CO_2。

　　钙磷是人体内含量最多的无机盐。在体内主要以羟磷灰石的形式构成骨骼和牙齿。其余分布在体液及软组织中。骨骼是机体的支架，又是钙磷的储库。骨骼中的钙磷与体液中的钙磷呈动态平衡。血钙主要指血浆钙，包括结合钙和离子钙，二者可相互转化，但受血液酸碱度及血浆蛋白质浓度的影响。正常人血液中血钙与血磷的乘积为 2.5 ~ 3.5，二者乘积大于

3.5 时，有利于骨钙化；二者乘积小于 2.5 时，影响骨的钙化而导致佝偻病和骨软化症。参与钙磷代谢调节的激素有维生素 D、甲状旁腺素及降钙素。它们作用的靶组织主要为小肠、骨和肾，维生素 D 经肝肾两次羟化生成 1,25-$(OH)_2$-D_3 后具有下列功能：促进小肠对钙磷的吸收与转运；促进骨组织的生长与更新；加强肾小管对钙磷的重吸收；提高血钙血磷浓度。甲状旁腺素的作用是提高血钙、降低血磷、酸化血液。降钙素的作用是降低血钙和血磷。钙磷代谢紊乱时，临床上表现为血钙、血磷浓度异常及代谢性骨病，如佝偻病和骨软化病、抗维生素 D 佝偻病、骨质疏松症。

本章重点名词

1. 血钙
2. 血磷
3. 佝偻病
4. 骨质疏松症
5. 非蛋白氮

思考与练习

一、选择题

1. 影响神经肌肉兴奋性的是（　　）。
   A. 柠檬酸钙　　　　　　B. 非扩散钙
   C. 离子钙　　　　　　　D. 可扩散钙

2. 具有升高血钙、降低血磷作用的激素是（　　）。
   A. 维生素 D_3　　　　　B. 甲状旁腺素
   C. 醛固酮　　　　　　　D. 降钙素

3. 每日排出钙的主要器官是（　　）。
   A. 肠道　　　　　　　　B. 肾脏
   C. 皮肤　　　　　　　　D. 肺

4. 降钙素的生理功能是（　　）。
   A. 促进成骨　　　　　　B. 促进尿钙减少
   C. 促进尿磷减少　　　　D. 促进破骨

5. 正常人血浆 pH 为（　　）。
   A. 7.25~7.45　　　　　B. 7.35~7.65
   C. 7.35~7.45　　　　　D. 7.25~7.65

6. 血浆中的非扩散钙主要是指（　　　）。

    A. 柠檬酸钙　　　　　　　　B. 碳酸钙

    C. 血浆蛋白结合钙　　　　　D. 离子钙

7. 甲状旁腺素对钙磷代谢的影响为（　　　）。

    A. 使血钙升高，血磷升高　　B. 使血钙升高，血磷降低

    C. 使血钙降低，血磷升高　　D. 使血钙降低，血磷降低

8. 影响钙吸收的主要因素是（　　　）。

    A. 肠道的 pH

    B. 酸性环境，如乳酸、草酸存在时

    C. 年龄

    D. 食物中含钙多

9. 血钙中直接发挥生理作用的物质为（　　　）。

    A. 钙离子　　　　　　　　　B. 血浆蛋白结合钙

    C. 磷酸氢钙　　　　　　　　D. 羟磷灰石

10. 下列参与成熟红细胞中 2,3-DPG 支路代谢的酶是（　　　）。

    A. 3-磷酸甘油醛脱氢酶　　　B. 6-磷酸葡萄糖变位酶

    C. 丙酮酸化酶　　　　　　　D. 2,3-二磷酸甘油酸磷酸酶

11. 关于佝偻病的叙述错误的是（　　　）。

    A. 骨盐溶解　　　　　　　　B. 维生素 D 缺乏

    C. 甲状旁腺素分泌减少　　　D. 血钙下降

12. 关于 Ca^{2+} 的生理功用，正确的是（　　　）。

    A. 增加神经肌肉兴奋性，增加心肌兴奋性

    B. 增加神经肌肉兴奋性，降低心肌兴奋性

    C. 降低神经肌肉兴奋性，增加心肌兴奋性

    D. 降低神经肌肉兴奋性，降低心肌兴奋性

13. 正常人血浆中 [Ca] × [P] 为（　　　）。

    A. 2.5～3.5　　　　　　　　B. 3.5～4.0

    C. 4.5～5.0　　　　　　　　D. 5.0～10.0

二、简答题

1. 简述血浆蛋白质的功能。

2. 简述 2,3-DPG 旁路的功能。

3. 简述血钙的生理存在形式，以及影响血钙和血磷浓度的因素，维生素 D、甲状旁腺素和降钙素对钙、磷代谢的调节。

4. 简述血钙与血磷乘积的正常值及其临床意义。

5. 调节钙磷代谢的因素有哪些？简述其各自的调节作用。

6. 老年人容易发生骨质疏松的生化机制是什么？

参 考 文 献

［1］NELSON D L，COX M M. Lehninger Principles of Biochemistry. 4th ed. New York：Worth Publishers，2005.

［2］LODISH H，et al. Molecular Cell Biology. 5th ed. New York：W. H. Freeman and Company，2004.

［3］STRYER L. Biochemistry. 6th ed. New York：W. H. Freeman and Company，2006.

［4］唐炳华，王和生，冯雪梅，等. 生物化学. 9 版. 北京：中国中医药出版社，2012.

［5］于秉治，王炜，王西明，等. 医用生物化学. 北京：中国协和医科大学出版社，2004.

［6］王继峰，李德淳，李震，等. 生物化学. 北京：中国中医药出版社，2007.

［7］王镜岩，朱圣庚，徐长法. 生物化学（上册）. 3 版. 北京：高等教育出版社，2002.

［8］王镜岩，朱圣庚，徐长法. 生物化学（下册）. 3 版. 北京：高等教育出版社，2002.

［9］查锡良，吴兴中，李金生，等. 生物化学. 北京：人民卫生出版社，2000.

［10］周爱儒，查锡良. 生物化学. 6 版. 北京：人民卫生出版社，2004.

［11］周爱儒，黄如彬，李载权，等. 医学生物化学. 2 版. 北京：北京大学医学出版社，2004.

［12］惠特福德. 蛋白质：结构与功能. 魏群，主译. 北京：科学出版社，2008.

［13］PENNINGTON S R，DUNN M J. 蛋白质组学：从序列到功能. 钱小红，贺福初，等译. 北京：科学出版社，2002.

［14］沃伊特 D，沃伊特 J G，普拉特. 基础生物化学（上册）. 朱德煦，郑昌学，主译. 北京：科学出版社，2003.

［15］沃伊特 D，沃伊特 J G，普拉特. 基础生物化学（下册）. 朱德煦，郑昌学，主译. 北京：科学出版社，2003.

［16］辛普森. 蛋白质与蛋白质组学实验指南. 何大澄，主译. 北京：化学工业出版社，2006.

［17］童坦君，陈瑞，李刚，等. 生物化学. 北京：北京大学医学出版社，2003.

［18］王浩，金国琴，张秋菊，等. 生物化学. 北京：人民卫生出版社，2002.

参 考 答 案

第一章

第二章　蛋白质化学

1. D	2. C	3. B	4. A	5. B	6. A
7. A	8. C	9. A	10. D	11. A	12. D
13. D	14. A	15. A	16. D	17. B	18. A
19. C	20. C	21. C	22. B	23. D	24. D
25. A	26. C	27. D	28. C	29. A	30. B
31. B	32. A	33. C	34. A	35. D	36. A
37. A	38. A	39. B	40. C	41. D	42. C
43. B	44. D	45. A	46. D	47. A	48. C
49. D	50. A				

第三章　核酸化学

1. B	2. A	3. D	4. C	5. B	6. C
7. B	8. B	9. A	10. C	11. A	12. D
13. A	14. B	15. C	16. B	17. B	18. B
19. D	20. C				

第四章　生物氧化

1. D	2. A	3. C	4. B	5. A	6. D
7. B	8. B	9. A	10. B	11. D	12. B
13. C	14. D	15. D	16. A	17. D	18. A

第五章　糖代谢

1. C	2. B	3. D	4. A	5. D	6. A
7. D	8. B	9. D	10. B	11. A	12. D
13. B	14. B	15. C	16. C	17. A	18. D

| 19. C | 20. B | 21. D | 22. C | 23. C | 24. B |
| 25. B | 26. B | 27. C | 28. A | 29. D | 30. B |

第六章　脂类代谢

1. A	2. B	3. C	4. A	5. A	6. D
7. C	8. D	9. D	10. C	11. B	12. D
13. D	14. B	15. C	16. D	17. C	18. B
19. C	20. B	21. A	22. D	23. C	24. D
25. A	26. B	27. C	28. C	29. A	30. D

第七章　蛋白质的分解代谢

1. D	2. B	3. B	4. A	5. D	6. D
7. C	8. B	9. C	10. B	11. A	12. A
13. C	14. C	15. D	16. A	17. A	18. B
19. B	20. A	21. D	22. B	23. B	24. D
25. B	26. A	27. B	28. D	29. B	30. C

第八章　核苷酸代谢

| 1. A | 2. D | 3. C | 4. D | 5. C | 6. D |
| 7. A | 8. B | 9. B | 10. D | 11. B | 12. C |

第九章　DNA 的生物合成

1. C	2. D	3. B	4. D	5. A	6. D
7. A	8. A	9. B	10. C	11. D	12. C
13. C	14. C	15. C	16. B	17. C	

第十章　RNA 的生物合成

| 1. B | 2. A | 3. B | 4. A | 5. D | 6. A |
| 7. B | 8. C | 9. A | 10. C | 11. C | 12. A |

第十一章　蛋白质的生物合成

1. A	2. C	3. D	4. B	5. C	6. B
7. A	8. A	9. C	10. D	11. C	12. C
13. B	14. A	15. C			

第十二章　肝脏生物化学

1. D	2. C	3. C	4. B	5. B	6. D
7. B	8. C.	9. A	10. C	11. C	12. D
13. A	14. D	15. A			

第十三章　血液生化

1. C	2. B	3. A	4. A	5. C	6. C
7. B	8. A	9. A	10. D	11. C	12. C
13. A					

考核册为附赠资源，适用于本课程采用纸质形考的学生。若采用网上形考或有其他疑问请咨询课程教师。

医学生物化学

形成性考核册

农林医药教学部　编

学校名称：_____

学生姓名：_____

学生学号：_____

班　　级：_____

中央广播电视大学出版社

形成性考核是学习测量和评价的重要组成部分。在教学过程中,对学生学习行为和成果进行考核,是教、学测评改革的重要举措。《形成性考核册》是根据课程教学大纲和考核说明的要求,结合学生的学习进度而设计的测评任务与要求的汇集。

通过完成形成性考核任务,学生可以达到以下目的:

1. 加深对所学内容的印象,巩固学习成果。
2. 增强学习中的情感体验,端正学习态度,激发学习积极性。
3. 实现对学习过程的自我监控,及时发现学习中的薄弱环节,并加以改进。
4. 学以致用,提高综合分析问题、解决问题的能力。
5. 获得相应的形成性考核成绩。

通过评阅学生完成的形成性考核任务,教师可以达到以下目的:

1. 对学生的学习态度、行为等进行综合评价。
2. 了解学生学习中存在的问题,及时反馈学习情况,有针对性地进行指导。
3. 对教学内容、进度、方法等进行调整,提高教学质量。
4. 帮助学生提高自主学习能力,让学生学会学习。
5. 记录学生的形成性考核成绩。

医学生物化学作业 1

姓　　名:______
学　　号:______
得　　分:______
教师签名:______

第一章~第三章

一、名词解释(每题 4 分,共 24 分)

1. 酶的必需集团

2. 酶的活性中心

3. 酶原

4. DNA 变性

5. DNA 杂交

← 每次作业做完后,由此剪下,请自行装订。

6. 蛋白质的一级结构

二、问答题(每题 10 分,共 40 分)

1. 简述蛋白质的结构与功能的关系。

2. 举例说明辅酶与维生素的关系。

3. 简述 DNA 双螺旋结构的特点。

4. 举例说明影响酶促反应的因素。

三、单项选择题(每题 2 分,共 36 分)

1. 蛋白质的一级结构和空间结构决定于(　　)。
   A. 分子中氢键
   B. 分子中次级键
   C. 氨基酸组成和顺序
   D. 分子内部疏水键
   E. 分子中二硫键的数量

2. 分子病主要是哪种结构异常(　　)。
   A. 一级结构
   B. 二级结构
   C. 三级结构
   D. 四级结构
   E. 空间结构

3. 芳香族氨基酸是(　　)。
   A. 苯丙氨酸
   B. 羟酪氨酸

C. 赖氨酸

D. 脯氨酸

E. 组氨酸

4. 蛋白质对紫外线的最大吸收波长是(　　)。

A. 320nm

B. 260nm

C. 280nm

D. 190nm

E. 220nm

5. 蛋白质的等电点是指(　　)。

A. 蛋白质溶液的 pH 值等于 7 时溶液的 pH 值

B. 蛋白质溶液的 pH 值等于 7.4 时溶液的 pH 值

C. 蛋白质分子呈正离子状态时溶液的 pH 值

D. 蛋白质分子呈负离子状态时溶液的 pH 值

E. 蛋白质分子的正电荷与负电荷相等时溶液的 pH 值

6. 变性蛋白质的特性有(　　)。

A. 溶解度显著增加

B. 生物学活性丧失

C. 不易被蛋白酶水解

D. 凝固或沉淀

E. 表面电荷被中和

7. 关于蛋白质的二级结构正确的是(　　)。

A. 一种蛋白质分子只存在一种二级结构类型

B. 是多肽链本身折叠盘曲而形成

C. 主要为 α-双螺旋和 β-片层结构

D. 维持二级结构稳定的键是肽键

E. 二级结构类型及含量多少是由多肽链长短决定的

8. DNA 水解后可得下列哪组产物(　　)。

A. 磷酸核苷

B. 核糖

C. 腺嘌呤、尿嘧啶

D. 胞嘧啶、尿嘧啶

E. 胞嘧啶、胸腺嘧啶

9. DNA 分子杂交的基础是(　　)。

A. DNA 变性后在一定条件下可复性

B. DNA 的黏度大

C. 不同来源的 DNA 链中某些区域不能建立碱基配对

D. DNA 变性双链解开后,不能重新缔合

E. DNA 的刚性和柔性

10. 有关 cAMP 的叙述是(　　　)。

    A. cAMP 是环化的二核苷酸

    B. cAMP 是由 ADP 在酶催化下生成的

    C. cAMP 是激素作用的第二信使

    D. cAMP 是 2',5' 环化腺苷酸

    E. cAMP 是体内的一种供能物质

11. DNA 分子中的碱基组成是(　　　)。

    A. A+C=G+T

    B. T=G

    C. A=C

    D. C+G=A+T

    E. A=G

12. 关于碱基配对,下列错误的是(　　　)。

    A. 嘌呤与嘧啶相配对,比值相等

    B. A 与 T(U)、G 与 C 相配对

    C. A 与 T 之间有两个氢键

    D. G 与 C 之间有三个氢键

    E. A–G,C–T 相配对

13. 维持 DNA 双螺旋结构稳定的因素有(　　　)。

    A. 分子中的 3',5'-磷酸二酯键

    B. 碱基对之间的氢键

    C. 肽键

    D. 盐键

    E. 主链骨架上磷酸之间的吸引力

14. 关于酶的叙述正确的一项是(　　　)。

    A. 所有的酶都含有辅酶或辅基

    B. 都只能在体内起催化作用

    C. 所有酶的本质都是蛋白质

    D. 都能增大化学反应的平衡常数加速反应的进行

    E. 都具有立体异构专一性

15. 关于酶与温度的关系,错误的论述是(　　　)。

    A. 最适温度不是酶的特征性常数

    B. 酶是蛋白质,即使反应的时间很短也不能提高反应温度

    C. 酶制剂应在低温下保存

    D. 酶的最适温度与反应时间有关

    E. 从生物组织中提取酶时应在低温下操作

16. 酶原所以没有活性是因为(　　　)。

    A. 酶蛋白肽链合成不完全

    B. 活性中心未形成或未暴露

    C. 酶原是一般蛋白质

D. 缺乏辅酶或辅基

E. 是已经变性的蛋白质

17. 酶的活性中心是指(　　　)。

A. 由必需基团组成的具有一定空间构象的区域

B. 是指结合底物但不参与反应的区域

C. 是变构剂直接作用的区域

D. 是重金属盐沉淀酶的结合区域

E. 是非竞争性抑制剂结合的区域

18. 对酶来说,下列不正确的有(　　　)。

A. 酶可加速化学反应速度,因而改变反应的平衡常数

B. 酶对底物和反应类型有一定的专一性(特异性)

C. 酶加快化学反应的原因是提高作用物(底物)的分子运动能力

D. 酶对反应环境很敏感

E. 多数酶在 pH 值近中性时活性最强

| 姓　　名: _____ |
| 学　　号: _____ |
| 得　　分: _____ |
| 教师签名: _____ |

医学生物化学作业2

第四章~第七章

一、名词解释(每题4分,共20分)

1. 生物氧化

2. 呼吸链

3. 蛋白质的腐败作用

4. 氧化磷酸化

5. 脂肪动员

二、问答题(每题 10 分,共 40 分)

1. 简述糖的有氧氧化和三羧酸循环的生理意义。

2. 什么是酮体? 如何产生,又如何被利用?

3. 如何判断蛋白质的营养作用?

4. 简要说明体内氨的来源及去路。

三、单项选择题(每题 2 分,共 40 分)

1. 调节三羧酸循环运转最主要的酶是(   )。
   A. 琥珀酸脱氢酶
   B. 丙酮酸脱氢酶
   C. 柠檬酸合成酶
   D. 苹果酸脱氢酶
   E. 异柠檬酸脱氢酶

2. 下列不能补充血糖的代谢过程是(   )。
   A. 肝糖原分解
   B. 肌糖原分解
   C. 食物糖类的消化吸收
   D. 糖异生作用
   E. 肾小球的重吸收作用

3. 胰岛素对糖代谢的主要调节作用是(   )。
   A. 促进糖的异生
   B. 抑制糖转变为脂肪
   C. 促进葡萄糖进入肌和脂肪细胞
   D. 降低糖原合成
   E. 抑制肝脏葡萄糖磷酸激酶的合成

4. 糖酵解途径中大多数酶催化的反应是可逆的,催化不可逆反应的酶是(   )。
   A. 丙酮酸激酶
   B. 磷酸己糖异构酶
   C. (醇)醛缩合酶
   D. 乳酸脱氢酶

　　　E. 3-磷酸甘油醛脱氢酶

5. 糖酵解与糖异生途径中共有的酶是（　　　）。

　　　A. 果糖二磷酸酶

　　　B. 丙酮酸激酶

　　　C. 丙酮酸羧化酶

　　　D. 磷酸果糖激酶

　　　E. 3-磷酸甘油醛脱氢酶

6. 可使血糖浓度下降的激素是（　　　）。

　　　A. 肾上腺素

　　　B. 胰高糖素

　　　C. 胰岛素

　　　D. 糖皮质激素

　　　E. 生长素

7. 糖酵解、糖异生、磷酸戊糖途径、糖原合成和糖原分解各条代谢途径交汇点上的化合物是（　　　）。

　　　A. 1-磷酸葡萄糖

　　　B. 6-磷酸葡萄糖

　　　C. 1,6-二磷酸果糖

　　　D. 3-磷酸甘油醛

　　　E. 6-磷酸果糖

8. 血浆蛋白质中密度最高的是（　　　）。

　　　A. α-脂蛋白

　　　B. β-脂蛋白

　　　C. 前 β-脂蛋白

　　　D. 乳糜微粒

　　　E. IDL

9. 合成脑磷脂和卵磷脂的共同原料是（　　　）。

　　　A. 3-磷酸甘油醛

　　　B. 脂肪酸和丙酮酸

　　　C. 丝氨酸

　　　D. 蛋氨酸

　　　E. GTP、UTP

10. 合成胆固醇和合成酮体的共同点是（　　　）。

　　　A. 乙酰 CoA 为基本原料

　　　B. 中间产物除乙酰 CoA 和 HMGCoA 外,还有甲基二羟戊酸(MVA)

　　　C. 需 HMGCoA 羧化酶

　　　D. 需 HMGCoA 还原酶

　　　E. 需 HMGCoA 裂解酶

11. 激素敏感脂肪酶是指（　　　）。

A. 组织脂肪酶

B. 脂蛋白脂肪酶

C. 胰脂酶

D. 脂肪细胞中的甘油三酯脂肪酶

E. 脂肪细胞中的甘油一酯脂肪酶

12. 抑制脂肪动员的激素是（　　）。

A. 胰岛素

B. 胰高血糖素

C. 甲状腺素

D. 肾上腺素

E. 甲状旁腺素

13. 正常血浆脂蛋白按密度由低到高顺序的排列为（　　）。

A. CM 到 VLDL 到 IDL 到 LDL

B. CM 到 VLDL 到 LDL 到 HDL

C. VLDL 到 CM 到 LDL 到 HDL

D. VLDL 到 LDL 到 IDL 到 HDL

E. VLDL 到 LDL 到 HDL 到 CM

14. 脂肪酸 β-氧化不需要（　　）。

A. NAD^+

B. CoA-SH

C. FAD

D. $NADPH+H^+$

E. H_2O

15. 下列具有运输内源性胆固醇功能的血浆脂蛋白是（　　）。

A. CM

B. LDL

C. VLDL

D. HDL

E. 以上都不是

16. 下列哪组氨基酸都是必需氨基酸？（　　）

A. 赖氨酸、苯丙氨酸、酪氨酸、色氨酸

B. 甲硫氨酸、苯丙氨酸、苏氨酸、赖氨酸

C. 甲硫氨酸、半胱氨酸、苏氨酸、色氨酸

D. 赖氨酸、缬氨酸、异亮氨酸、丙氨酸

E. 谷氨酸、色氨酸、甲硫氨酸、赖氨酸

17. 白化病是由于缺乏（　　）。

A. 色氨酸羟化酶

B. 酪氨酸酶

C. 脯氨酸羟化酶

D. 苯丙氨酸羟化酶

E. 赖氨酸羟化酶

18. 由氨基酸生成糖的过程称为( )。

    A. 糖原生成作用

    B. 糖原分解作用

    C. 糖酵解

    D. 糖异生作用

    E. 磷酸戊糖途径

19. 体内转运一碳单位的载体是( )。

    A. 叶酸

    B. 维生素 B_2

    C. 硫胺素

    D. 二氢叶酸

    E. 四氢叶酸

20. 直接参与鸟氨酸循环的氨基酸有( )。

    A. 鸟氨酸,赖氨酸

    B. 天冬氨酸,精氨酸

    C. 谷氨酸,鸟氨酸

    D. 精氨酸,N-乙酰谷氨酸

    E. 鸟氨酸,N-乙酰谷氨酸

医学生物化学作业 3

姓　　名:______
学　　号:______
得　　分:______
教师签名:______

第八章~第十一章

一、名词解释(每题 4 分,共 28 分)

1. 核苷酸的从头合成

2. 抗代谢物

3. 中心法则

4. 逆转录

5. 半保留复制

← 每次作业做完后,由此剪下,请自行装订。

6. 翻译

7. 密码子

二、问答题(每题 12 分,共 48 分)

1. 举例说明临床常用的抗代谢物的种类。

2. 简述密码子的基本特点。

3. 简述 DNA 损伤的机制。

4. 简述真核生物蛋白质合成之后的加工修饰。

三、单项选择题(每题 2 分,共 24 分)

1. 参加 DNA 复制的是(　　)。
 A. RNA 模板
 B. 四种核糖核苷酸
 C. 异构酶
 D. DNA 指导的 DNA 聚合酶
 E. 结合蛋白酶

2. 5-氟尿嘧啶(5-FU)治疗肿瘤的原理是(　　)。
 A. 本身直接杀伤作用
 B. 抑制胞嘧啶合成
 C. 抑制尿嘧啶合成
 D. 抑制胸苷酸合成
 E. 抑制四氢叶酸合成

3. 关于密码子,正确的叙述是(　　)。
 A. 一种氨基酸只有一种密码子
 B. 三个相邻核苷酸决定一种密码子
 C. 密码子的阅读方向为 3'到 5'
 D. 有三种起始密码子
 E. 有一种终止密码子

4. 对 tRNA 的正确叙述是(　　)。
 A. 含有较少稀有碱基
 B. 二级结构呈灯草结构
 C. 含有反密码环,环上有反密码子
 D. 5'-端有-C-C-A-OH
 E. 存在细胞核,携带氨基酸参与蛋白质合成

5. 真核生物遗传密码 AUG 代表(　　)。
 A. 启动密码
 B. 终止密码
 C. 色氨酸密码
 D. 羟酪氨酸密码
 E. 羟蛋氨酸密码

6. 代表氨基酸的密码子是(　　)。
 A. UGA
 B. UAG
 C. UAA
 D. UGG
 E. UGA 和 UAG

7. 有关 DNA 复制、转录及蛋白质的生物合成,叙述正确的是(　　)。
 A. 合成过程均经历起始、延长及终止三个阶段

  B. 合成方向都是 5'→3'

  C. 三者合成都是以 DNA 作为模板

  D. 三者合成的原料分别为 NTP、氨基酸

  E. 合成过程发生在细胞核

8. 现有一 DNA 片段,它的顺序是 3'……ATTCAG……5'

            5'……TAAGTA……3'

转录从左向右进行,生成的 RNA 顺序应是( )。

  A. 5'……GACUU……3'

  B. 5'……AUUCAG……3'

  C. 5'……UAAGUA……3'

  D. 5'……CTGAAT……3'

  E. 5'……ATTCAG……3'

9. 分解代谢的终产物是尿酸的化合物为( )。

  A. CMP

  B. UMP

  C. dUTP

  D. TMP

  E. GMP

10. DNA 复制的特点是( )。

  A. 半保留复制

  B. 连续复制

  C. 在一个起始点开始,复制向两边等速进行

  D. 复制的方向是沿模板链 3'到 5'

  E. 消耗四种 NTP

11. 比较 RNA 转录和复制,正确的是( )。

  A. 原料都是 dNTP

  B. 都在细胞内进行

  C. 链的延长均从 5'方向到 3'方向

  D. 合成产物均需剪接加工

  E. 与模板链的碱基配对均为 G–A

12. 参与损伤 DNA 切除修复的酶有( )。

  A. 核酸酶

  B. DNA 聚合酶

  C. RNA 指导的核酸酶

  D. DNA 解链酶

  E. 拓扑异构酶

医学生物化学作业 4

姓　　名:_____

学　　号:_____

得　　分:_____

教师签名:_____

第十二章~第十三章

一、名词解释(每题 4 分,共 16 分)

1. 肝脏的生物转化作用

2. 肠肝循环

3. 黄疸

4. 非蛋白氮

二、问答题(每题 12 分,共 60 分)

1. 简述胆色素的正常代谢过程,并解释三种类型黄疸的生化机制。

2. 简述肝脏在糖类、脂类代谢中的作用。

3. 简述血浆蛋白的主要功能。

4. 简述生物转化的反应类型及意义。

5. 简述肝脏在蛋白质、维生素和激素代谢中的作用。

三、单项选择题(每题2分,共24分)

1. 正常人血浆 pH 值为( )。
   A. 7.25~7.45
   B. 7.35~7.65
   C. 7.35~7.45
   D. 7.25~7.65
   E. 7.5±0.5

2. 甲状旁腺素对钙磷代谢的影响为( )。
   A. 使血钙升高,血磷升高
   B. 使血钙升高,血磷降低
   C. 使血钙降低,血磷升高
   D. 使血钙降低,血磷降低
   E. 使尿钙升高,尿磷降低

3. 关于胆色素的叙述,正确的是( )。
   A. 是铁卟啉化合物的代谢产物
   B. 血红素还原成胆红素
   C. 胆红素还原变成胆绿素
   D. 胆素原是肝胆红素在肠道细菌作用下与乙酰 CoA 形成的
   E. 胆红素与胆色素实际是同一物质,只是环境不同,而有不同命名

4. 不属于胆色素的是( )。
   A. 结合胆红素
   B. 胆红素
   C. 血红素
   D. 胆绿素
   E. 胆素原

5. 下列参与成熟红细胞中 2,3-DPG 支路代谢的酶是( )。
   A. 3-磷酸甘油醛脱氢酶
   B. 6-磷酸葡萄糖变位酶
   C. 丙酮酸化酶
   D. 2,3-二磷酸甘油酸磷酸酶
   E. 烯醇化酶

6. 生物转化中,第二相反应包括( )。
   A. 结合反应
   B. 羧化反应
   C. 水解反应
   D. 氧化反应
   E. 还原反应

7. 严重肝疾患的男性患者出现男性乳房发育、蜘蛛痣,主要是由于( )。
   A. 雌性激素分泌过多

    B. 雌性激素分泌过少

    C. 雌性激素灭活不好

    D. 雄性激素分泌过多

    E. 雄性激素分泌过少

8. 肝功能严重受损时可出现(　　　)。

    A. 血氨下降

    B. 血中尿素增加

    C. 有出血倾向

    D. 血中性激素水平降低

    E. $25-(OH)-D_3$ 增加

9. 关于 Ca^{2+} 的生理功用,正确的是(　　　)。

    A. 增加神经肌肉兴奋性,增加心肌兴奋性

    B. 增加神经肌肉兴奋性,降低心肌兴奋性

    C. 降低神经肌肉兴奋性,增加心肌兴奋性

    D. 低神经肌肉兴奋性,降低心肌兴奋性

    E. 维持细胞内晶体渗透压

10. 肝脏在脂代谢中的作用之一是(　　　)。

    A. 合成 LCAT,CM

    B. 合成 VLDL 和 LDL

    C. 合成 CM,HDL

    D. 生成胆汁酸盐促进脂类、糖类及蛋白质的消化吸收

    E. 合成酮体给肝外组织提供能量

11. 正常人血浆中[Ca]×[P]乘积为(　　　)。

    A. 25~30

    B. 35~40

    C. 45~50

    D. 5~10

    E. 15~20

12. 肝脏不能合成的蛋白质是(　　　)。

    A. 清蛋白(白蛋白)

    B. 凝血酶原

    C. 纤维蛋白原

    D. α-球蛋白

    E. γ-球蛋白

医学生物化学

学习资源包

扫描教材封底二维码获取全媒体数字教材等更多助学、助考资源。

学习包定价：39.00元